医药高等职业教育创新教材

ZHONGYAOZHIYAOZHUANMENJISHU

中药制药专门技术

主　编　曹月梅

副主编　王　秀

中国医药科技出版社

内 容 提 要

　　本书是医药高等职业教育创新教材之一，本书系统阐述了中药制剂生产中的主要剂型所涉及的操作技能和原理，在编号中，以医药产品生产的实际过程为主线，以设备的操作及维护、产品特性及质量要求、工艺卫生及相关的 GMP 知识为三大教学重点；有针对性地选取常用剂型和典型产品，分的片剂、颗粒剂、胶囊剂、丸剂、糖浆剂、注射剂六个部分。每个部分较为详细地介绍了中药制剂的工艺要点、难点及相关生产方法，设备操作、维护方法和注意事项；并在每一小节的第五项设有基本事实和补充资料，以满足不同层次读者的需要。

　　本书适合药学高职及相关专业使用。

图书在版编目（CIP）数据

中药制药专门技术/曹月梅主编 . —北京：中国医药科技出版社，2014.1
医药高等职业教育创新教材
ISBN 978 - 7 - 5067 - 6361 - 5

　Ⅰ.①中…　Ⅱ.①曹…　Ⅲ.①中成药 - 生产工艺 - 高等职业教育 - 教材
Ⅳ.①TQ461

　　中国版本图书馆 CIP 数据核字（2013）第 207357 号

美术编辑　陈君杞
版式设计　郭小平

出版　中国医药科技出版社
地址　北京市海淀区文慧园北路甲 22 号
邮编　100082
电话　发行：010 - 62227427　邮购：010 - 62236938
网址　www.cmstp.com
规格　787×1092mm $\frac{1}{16}$
印张　16
字数　319 千字
版次　2014 年 1 月第 1 版
印次　2014 年 1 月第 1 次印刷
印刷　北京市密东印刷有限公司
经销　全国各地新华书店
书号　ISBN 978 - 7 - 5067 - 6361 - 5
定价　35.00 元
本社图书如存在印装质量问题请与本社联系调换

医药高等职业教育创新教材建设委员会

近几年来，中国医药高等职业教育发展迅速，成为医药高等教育的半壁河山，为医药行业培养了大批实用性人才，得到了社会的认可。

医药高等职业教育承担着培养高素质技术技能型人才的任务，为了实现高等职业教育服务地方经济的功能，贯彻理论必需、够用，突出职业能力培养的方针，就必须具有先进的职业教育理念和培养模式。因此，形成各个专业先进的课程体系是办好医药高等职业教育的关键环节之一。

江苏联合职业技术学院徐州医药分院十分注重课程改革与建设。在对工作过程系统化课程理论学习、研究的基础上，按照培养方案规定的课程，组织了一批具有丰富教学经验和第一线实际工作经历的教师及企业的技术人员，编写了《中药制药专门技术》、《药物分析技术基础》、《药物分析综合实训》、《分析化学实验》、《药学综合实训》、《仪器分析实训》、《药物合成技术》、《药物分析基础实训》、《医疗器械监督管理》、《常见病用药指导》、《医药应用数学》、《物理》等高职教材。

江苏联合职业技术学院徐州医药分院教育定位是培养拥护党的基本路线，适应生产、管理、服务第一线需要的德、智、体、美各方面全面发展的医药技术技能型人才。紧扣地方经济、社会发展的脉搏，根据行业对人才的需求设计专业培养方案，针对职业要求设置课程体系。在课程改革过程中，组织者、参与者认真研究了工作过程系统化课程和其他课程模式开发理论，并在这批教材编写中进行了初步尝试，因此，这批教材有如下几个特点。

1. 以完整职业工作为主线构建教材体系，按照医药职业工作领域不同确定教材种类，根据职业工作领域包含的工作任务选择教材内容，对应各个工作任务的内容既保持相对独立，又蕴涵着相互之间的内在联系；

2. 教材内容的范围与深度与职业的岗位群相适应，选择生产、服务中的典型工作过程作为范例，安排理论与实践相结合的教学内容，并注意知识、能力的拓展，力求贴近生产、服务实际，反映新知识、新设备与新技术，并将 SOP 对生产操作的规范、《中国药典》2010 年版对药品质量要求、GMP、GSP 等法规对生产与服务工作质量要求引入教材内容中。项目教学、案例教学将是本套教材较为适用的教学方法；

3. 参加专业课教材编写的人员多数具有生产或服务第一线的经历，并且从事多年教学工作，使教材既真实反映实际生产、服务过程，又符合教学规律；

4. 教材体系模块化，各种教材既是各个专业选学的模块，又具有良好的衔接性；每种教材内容的各个单元也形成相对独立的模块，每个模块一般由一个典型工作任务构成；

5. 此批教材即适合于职业教育使用，又可作为职业培训教材，同时还可做为医药行业职工自学读物。

此批教材虽然具有以上特点，但由于时间仓促和其他主、客观原因，尚有种种不足之处，需要经过教学实践锤炼之后加以改进。

医药高等职业教育创新教材编写委员会
2013 年 3 月

改革开放和社会主义现代化建设的需要，当前医药事业新科学技术的飞速发展，全球化进程的日益深入，都向我国的医药职业教育体系提出了新的挑战。为了应对挑战，着眼于世界教育发展的前沿，本书抛弃了原有教材过于强调学科体系、忽略知识的实际运用、远离生产实际、教材与医药发展性脱节、内容陈旧等弊端，按照人类认知程序，即由实践到理论，由具体到一般的规律，组织编排相关内容；寓教于乐，使学生在做中学，学而知其用。

本书系统阐述了中药制剂生产中的主要剂型所涉及的操作技能和原理，在编写中，以医药产品生产的实际过程为主线，以设备的操作及维护、产品特性及质量要求、工艺卫生及相关的 GMP 知识为三大教学重点；有针对性地选取常用剂型和典型产品，分为片剂、颗粒剂、胶囊剂、丸剂、糖浆剂、注射剂六章。每章较为详细地介绍了中药制剂的工艺要点、难点及相关生产方法，设备操作、维护方法和注意事项；并在每一小节设有基本事实和补充资料，以满足不同层次读者的需要。教学中可根据实际情况作取舍，第六章注射剂重点介绍了中药注射剂的特点及相关的GMP 知识。课程内容以若干个引导主题的形式出现，教材体例适合于项目教学方式。

本书由江苏联合职业技术学院徐州医药分院曹月梅主编、王季副主编，并编写全书内容。

《中药制药专门技术》一书的编写是一项新的尝试性的工作，力求做到科学性、知识性、创新性、实用性并具。满足不同层次教学的需求和不同层次读者的需求。本教材适合高等职业教育中药制药技术等专业教学使用，也可作为企业中药制剂工种以及其他相关专业员工培训教材和参考书使用。

本书的编写经过了长期的准备与筹划，编写的内容经过多次推敲与反复修改；但由于教育理论的不断发展和变化，中药制剂工艺的发展日新月异，特别是中药制药领域涉及范围的广博性，工艺技术的多样性和本人知识水平的局限性，一旦成书出版，仍难免存在疏漏与不当之处，敬请广大读者不吝赐教。

编者

2013 年 10 月

M目录

第一章

片 剂

第一节 中药材的前处理

主题 复方丹参片原药材如何净选与加工?

【所需设施】

①洗药机;②往复式切药机;③电子秤;④烘房;⑤盛器。

【步骤】

1. 人员按 GMP 一更净化程序进入前处理岗

(1) 更鞋

①进大厅,在一更更鞋区脱鞋(雨具存放于指定地点)。

②将换下的鞋,套上专用塑料袋,放入鞋柜中。

③然后转身 180℃,取出拖鞋,穿拖鞋走入更衣室。

(2) 更衣

①脱外衣,取下所戴饰物、手表等生活用品,放入更衣柜。

②用流动的水、肥皂洗手,用消毒剂消毒,用烘干机将手烘干。

③进入一更穿衣间,戴口罩,带上工作帽,头发不得外露,穿上工作服。

④穿过缓冲间,走出一更室。

(3) 进岗位操作间 拉开操作间门,进入,立即关门。

2. 生产前的准备工作

(1) 检查生产场所是否符合前处理区域清洁卫生要求。

(2) 更换生产品种及规格前是否清过场,清场者、检查者是否签字,未取得"清场合格证"不得进行另一个品种的生产。

(3) 检查设备状态标志是否准确、明显,是否按规程进行清洁、洗涤、灭菌。

(4) 对所用计量容器、度量衡器及仪器仪表进行检查或校正准确。

(5) 检查与生产品种相应的生产指令、SOP 等生产管理文件是否齐全。

(6) 工具、容器清洗是否符合标准。

3. 原辅料的验收配料

(1) 按生产需料送料单验收药材,应先核对药材的品名、批号、数量、件数、规格（粒度）、质量、来源、日期、工号，要与生产流程卡及工艺要求相符，并附检验合格单，方可签名收料。

（2）验收中如发现不符合工艺要求、质量标准的，应及时填报"质量信息反馈单"，送交有关部门。接到相关的书面处理意见后，方可操作。

（3）投料操作者与复核者核对标签与实物相符后，开始生产操作并记录签名，如使用两个以上批号的原料时，要注明混合比例数。

（4）剩余原料应附标签，写明品名、数量、规格、日期、包装完好，及时返库，并做好记录签名。

4. 丹参的整理炮制

（1）净选　将定额领取的丹参进行筛拣，除去灰渣、泥沙、杂质等非药用部分。

（2）洗涤（用洗药机洗涤）。

①将进水与工艺进水管接通，排水与排水管道接通。开机前，将水箱注满水，严禁在水箱无水的情况下运转水泵。

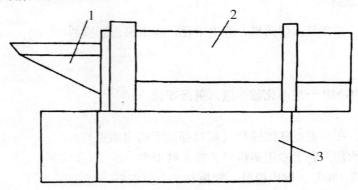

图 1-1　滚筒洗药机示意图

1. 加料槽　2. 滚筒　3. 水箱

②接通电源即可进行试运转，空车启动，先开滚筒主机，再开水阀，然后开水泵。注意滚筒电机运转方向，如果运转方向相反请立即停机调整。

③按工艺要求清洗丹参，不同的药材不能混洗；洗涤至干净。

④无载停车，先停滚筒主机，后停水泵，再关水阀。

⑤换洗新品种时，应进行整机清理，清洗滚筒及放净水箱中循环水，启动水泵，清洗水泵及喷水管，清洗时不能冲洗电器设备，以免漏电危及人身安全。

⑥工作结束按洗药机清洁 SOP 清洁本设备。

⑦清洗完毕，先关水泵停止按钮，再关闭滚筒停止按钮。

（3）用往复式切药机切药

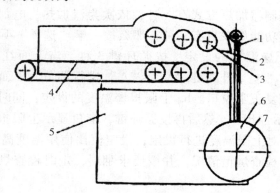

图1-2　往复式切药机示意图

1. 刀片　2. 刀床　3. 压辊　4. 传送带　5. 变速箱　6. 皮带轮　7. 曲轴

①新机开车前，操作人员应仔细阅读使用说明书，首先熟悉本机的结构特点和工作原理，然后按本使用方法操作。防止因对本机性能不熟悉，操作不当而造成事故。

②机器运转前必须先对需要润滑的部件进行检查，视情况进行加油。

③检查刀门位置及刀片安装位置是否正确，方法是先将刀片夹紧，螺栓松开，然后退出刀片架，转动皮带轮，使曲轴处于最下位，然后刀片装上，使刀刃口至刀门口下接着下沿塑料板，然后再调整刀架杆，打开盖，使刀刃口与刀门口的间隙在0.2~0.3mm间，然后将刀片夹紧，注意刀刃口与刀门口间隙应均匀。

④调整螺母，使送药链处于张紧状态，手压感觉没有松弛现象。

⑤调整偏心轮的偏心距，可改变切制厚度，偏心距变小切片变薄，偏心距加大切片变厚。

⑥上述工作完成后，可进行空车运转，送药或退药两种运动状态都要进行空运转试验。待空运转正常后方可进行实物切制。

⑦空车运转处于正常，即可加放实物进行工作，切片厚度如需调整请停机。

（4）用CT-C-Ⅱ型热风循环烘箱干燥

①操作前的准备工作　a. 检查烘箱各部位是否正常：阀门连接是否泄漏，打开放水阀放尽管内积水，关闭阀门；b. 检查风机叶片是否碰壳，转动是否灵活，有无异常噪声；风机转向是否正确；c. 检查电源线连接是否牢固，电热管的连线是否牢固。

②烘药　a. 将原药材均匀铺在烘盘内，厚度不超过1.5cm，并将烘盘按上至下顺序放入托架并将其推入烘箱，关闭箱门。b. 合上控制箱内空气开关，检查保险丝是否正常，通电时控制器面板左侧"控制"绿灯显示亮。c. 控制器开关均为乒乓开关，按一下"接通"，再按则"关闭"，都有相对应的指示灯显示。d. 控制器报警分为两种形式，一种为内部报警，面板显示报警红灯亮，里面蜂鸣器发出"嘟嘟"声。一种为普通电铃。只有当温度超过设定值时报警才有效。e. 当左侧"控制"相对应的绿灯亮时，说明通电正常。这时按一下电源总开关，相应指示灯亮。数字显示窗

显示测量温度。再按一下风机的"启动"键，这时风机进入正常运行。选择你所需要的加热方式。f. 控制器加热方式有三种：依次为汽加热，电加热，汽、电同时加热。你所配置的烘箱功能如果只有一种，那么按一下"选择"乒乓开关，确定加热方式。g. 物料所需干燥温度的设定：按循环键 3 秒，当上面红色数码显示窗显示"5U"时，用移位键"＜"升降键"∨""∧"进行调节，下面绿色显示窗显示相对应温度。调节完恢复正常窗口。h. 上限报警温度的设定：同时按循环键和上升键"∧" 3 秒，窗口显示"RL"，然后再按循环键，窗口显示上限报警数字"RH"，用升降键"∨""∧"对上限温度进行设定，设定值比使用温度高 10 ~ 15℃。i. 按产品工艺要求经常开门检查烘箱情况，并按要求翻料，定时检查烘箱温度，按工艺要求严格控制温度。

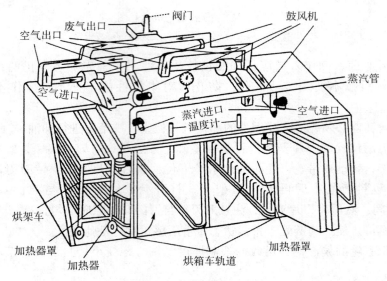

图 1 - 3　热风循环烘箱示意图

③出药　a. 出箱前先关闭蒸汽阀门或关闭电加热电源，根据加工工艺要求断续鼓风一定时间后，关闭鼓风电机，将物料按先下后上的顺序出料。b. 物料出烘箱后，按热风循环烘箱清洁 SOP 进行清洁。

【结果】

1. 根据工艺需要丹参被加工成饮片或段。

2. 写前处理工序原始生产记录。

3. 本批丹参处理完毕，按 SOP 清场，质检人员作清场检查，发清场合格证。待后续不同规格或不同产品的生产。

【相关知识和补充资料】

1. 丹参　为唇形科植物丹参的干燥根及根茎，有活血祛淤，安神，凉血功效。现代研究证明其有效成分为丹参酮、原儿茶醛、丹参酸等成分，且产地不同成分含量相差甚大，主要用于冠心病的治疗。现已有丹参注射剂、丹参滴丸、复方丹参片、复方丹参胶囊等多种剂型生产；本章以复方丹参片实际生产过程为主线展开相关的操作学习内容。

2. 丹参前处理工艺流程

按需料供料单备料 – 筛拣 – 洗涤 – 切片 – 干燥。上述的前处理过程，为一般药材的最基本处理方法。由于中药品种繁多和不同制剂需要，许多中药还要做进一步的炮制；象地黄蒸制成熟地黄、煅自然铜、炒白术等。

3. 中药材干燥温度

应视药材的性质而灵活掌握。一般性药材以不超过80℃为宜，含芳香挥发性成分的药材不超过60℃为宜。

4. 常用干燥设备

中药材的干燥除常见的电热烘房、蒸汽烘房干燥外，还有红外、远红外及微波等新型隧道式动态干燥设备。

5. 滚筒洗药机维护与保养

（1）定期向转动部位注润滑油，一年内应对全部转动部件内的润滑油进行更换。

（2）每次工作完毕，应进行整机清理。

（3）清理与检修时，需切断电源。

（4）运转中要经常注意机器，滚筒旋转有无异常声，如有立即予以排除。

（5）冬季使用，水泵内积水应放尽，否则容易冻坏及烧坏电机。

6. 往复式切药机操作注意事项及故障排除

（1）切割的药材，必须不掺有任何石块、金属物及杂物，防止造成事故。

（2）加料均匀，厚度适当，当加料过多致使传动困难时，不应用外力强行推进，应将手柄拨至退药位置，待药材退出，重新加放均匀。

（3）切割刀片必须保持锋利，经常检查，发现钝口立即磨刃，以免机器过载造成事故，且能使切片保持好的光洁度。

（4）发现加料均匀正常而进料力度不够，则须打开盖，检查摩擦片压紧拉簧是否失效，并视情况更换。

（5）发现连刀，可能是刀钝或间隙过大，应磨刃或调整间隙。

7. 往复式切药机维护与保养

（1）每班前各润滑点用油枪加注机械油1～2次。

（2）机器每运转8小时后应定期对运送链内侧进行检查，打开盖并用硬刷进行清扫，不得存有药渣及异物，以免影响正常送药。

（3）机器每半年进行一次大保养，各轴承中油脂应添加或更换采用锂基润滑脂。

（4）经常检查易损件五星滚轮，防止进料力度不够。

8. CT－C－Ⅱ型热风循环烘箱设备维护与保养

（1）操作人员应严格按本操作规程进行操作。

（2）本设备应由专人进行操作及维护保养。

（3）操作人员每天班前班后对烘箱进行检查，确认部件、配件齐全，各连接有无松脱现象；确认管路无跑、冒、滴、漏；保持设备内干净，无油污、灰尘、铁锈、杂物。

（4）工作完毕对整个烘箱及烘盘进行彻底清场。

（5）使用中，出现异常时，应关闭汽与电，待维修好后，方可重新进行操作。

（6）以维修人员为主，烘箱每半年检修一次，更换损坏部件。

（7）经常检查电磁阀的工作情况，保证温度的正常控制。

9. 中药片剂原料前处理的一般原则

中药片剂原料习惯上分为人工制成品和天然中药材二大类。

人工制成品：如人工麝香、人工牛黄等，其质量标准应符合《中国药典》或部颁标准的各项规定，如外观、色泽、含量、菌检等。

天然中药材：如地龙、人参、黄芪、半夏、石膏等动物、植物、矿物药材。

有关其处理原则介绍如下：

（1）首先应根据《中国药典》收载各品种中［炮制］项下的规定进行前处理。

（2）若《中国药典》未收载该品种，应根据部颁标准或省标所载各品种中［炮制］项下规定进行前处理。

（3）前处理后，应根据企业各品种内控菌检要求进行灭菌处理后方能投料使用。

上述是中药片剂原料的前处理原则，中药成分比较复杂，除含有效成分外，还含有大量无效成分如纤维素、淀粉、糖、树脂等，在复方中应作具体分析，选择一些药物粉碎成细粉作稀释剂和崩解剂，利用其药物特性以减少辅料用量并达到减少服用剂量的目的，如不作具体分析把处方全部粉碎成细粉或片面追求全部提取后，再加辅料制粒压片，就会给压片带来极大困难，不但剂量大而且提高了原料成本。因此应对中药的各种成分作具体分析，然后根据分析的结果区别对待，做到去粗取精。含淀粉较多的药材、贵重药材、少量芳香性药材、矿物类药物均宜粉碎成细粉，过 80 或 100 目筛；含挥发性成分较多的药材可用单提或用双提法提取挥发油；含已知有效成分的可根据其成分的特性采取相应的提取方法；含纤维较多，质地泡松，黏性较大以及质地坚硬的药材，可用相应的提取方法制得流浸膏或浸膏。

此外，对于麝香、冰片、挥发油等易挥发性物料，一般在制粒干燥后，整粒时加入。可用筛网筛出一定量的细颗粒，与挥发油混合均匀后，再与所有的颗粒搅拌均匀。将有挥发油的颗粒密闭放置 12 小时以上，让挥发油在颗粒内充分扩散。否则会使得压出的片剂表面有花斑。

颗粒中的油类成分过多时，会减弱颗粒间的黏合力，易出现裂片。此时，可用一些吸收剂，如二氧化硅、磷酸氢钙、轻质氧化镁等吸附油类成分，再与颗粒混合均匀。

此外，还可将挥发油用 β - 环糊精包合或制成微囊，与其他原辅料共同制粒，压片。

【课堂讨论】

1. 丹参前处理收率一般在93%左右，你能说出其消耗主要原因吗？

2. 醇提和水提药材的前处理在粒度和水分含量方面有何不同要求吗？

3. 中药片剂原料前处理的一般性原则是什么？

4. 举例说明中药前处理与疗效的关系？

词汇积累

1. 前处理 2. 洗药机 3. 往复式切药机 4. 热风循环烘箱

今日思考

爬梯子时必须从第一节开始。

第二节 回 流 法

主题一 丹参酮的溶解特点是什么？提取方法如何选择

【所需试剂和容器】

①试管三个，需编号；②95% 乙醇、50% 乙醇、蒸馏水各 10ml；③丹参酮样品 0.3g。

【步骤】

1. 各取 0.1g 丹参酮样品分置于三烧杯内，并注意观察其形态和色泽。

2. 分别加入上述三种溶剂，同时不断搅拌，观察各烧杯内现象有何不同。

3. 根据丹参酮在三种溶剂中的溶解状况，结合以前知识，推测丹参酮的溶解性能。

【结果】

学生在演示中了解丹参酮能溶于高浓度的乙醇，属亲脂性成分；而物质的溶解性能是决定其提取方法及溶剂选择的主要因素。

【相关知识和补充资料】

丹参酮：丹参酮是复方丹参片质量标准中含量测定项目之一，是丹参中的脂溶性成分，为菲醌类化合物，为橙色至暗棕色的结晶。用于治疗冠心病及一些血管闭塞性疾病。在实验室，可用乙醚提取，大生产中，多用 95% 乙醇提取。个别企业已采用超临界流体萃取法提取，大大提高了提取效率和产品质量。

【课堂讨论】

1. 大生产中为何用95%乙醇提取丹参酮？乙醇作溶剂的优缺点有哪些？
2. 还有哪些中药化学成分可用95%乙醇提取？
3. 丹参酮的化学性质如何？
4. 影响丹参酮稳定的因素有哪些？
5. 什么是超临界流体萃取法？
6. 用超临界流体萃取法提取丹参酮的优点是什么？

1. 丹参酮 2. 脂溶性 3. 超临界流体萃取法 4. 乙醇提取

教育不是一种训练，而是帮助你我娱乐的过程，是一个朋友，一种思想。

主题二 如何用回流法从丹参中提取丹参酮与原儿茶醛？

【所需设施和原辅料】

①多功能中药提取罐；②贮液罐；③卫生泵；④丹参5kg；⑤95%乙醇70kg。

【步骤】

1. 人员按GMP一更净化程序进入生产岗。

2. 生产前的准备工作

（1）检查生产场所是否符合该区域清洁卫生要求。

（2）更换生产品种及规格前是否清过场，清场者、检查者是否签字，未取得"清场合格证"不得进行另一个品种的生产。

（3）检查设备状态标志是否准确、明显，是否按规程进行清洁/洗、灭菌。

（4）对所用计量容器、度量衡器及仪器仪表进行检查或校正准确。

（5）检查与生产品种相应的生产指令、SOP等生产管理文件是否齐全。

（6）工具、容器清洗是否符合标准。

3. 原辅料的验收配料

（1）按生产需料送料单验收所用原辅料，应先核对原辅料的品名、批号、数量、件数、规格（粒度）、质量、来源、日期、工号，要与生产流程卡及工艺要求相符，并附检验合格单，方可签名收料。

（2）对有理化指标的原辅料其检验合格单应有各项检验指标的检测结果，如本次提取中的原料丹参其丹参酮含量应不低于现行版《中国药典》一部标准或企业内控标准。乙醇应符合现行版《中国药典》二部乙醇项下的有关标准。以指导投料。

（3）验收中如发现不符合工艺要求、质量标准的，应及时填报"质量信息反馈单"，送交有关部门；接到相关的书面处理意见后，方可操作。

（4）投料操作者与复核者核对标签与实物相符后，称取丹参粗粉5kg、投料并记录签名，如使用两个以上批号的原料时，要注明混合比例数。

（5）剩余原辅料应附标签，写明品名、数量、规格、日期，包装完好，及时返库或转中间站贮存，并做好记录签名。

4. 用多功能中药提取罐回流提取丹参酮（图1-4）

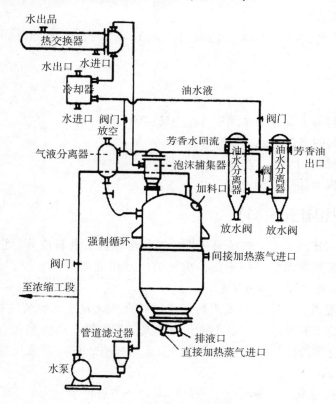

图1-4 多功能中药提取罐示意图

（1）操作前准备

①全面检查电气线路、压缩空气控制系统是否正确，控制箱是否接地，控制箱中针形阀开度必须合适。

②检查投料门、排渣门工作是否顺利到位，关闭底部排渣门，出料阀。

③全面检查设备其他各机件，仪表是否完好无损、动作是否灵敏，各气路是否畅通。

④检查各气路及各气路安全装置，要保证设备工作压力不得超压。

（2）正常操作

①打开投料口，将处方规定使用的丹参加入罐内，至5kg。

②锁紧投料口，打开排空口，打开进溶媒阀门，加乙醇40kg。

③开启夹套加热蒸汽阀，同时打开疏水阀并作检查。

④开启冷凝器、冷却器之冷却水使其运转，关上排空阀，观察压力表是否在正常范围内，温度一般在95℃上下，同时从视镜观察液面起泡状况，并以蒸汽阀门调节，不致大量起泡，由此1.5小时后，提取完成，关闭蒸汽，打开出药液阀门，开始出液。

⑤所得药液经过滤器进入药液贮罐。用原药材6倍量的50%乙醇即30kg 50%乙醇重复回流一次。

⑥同时填写生产原始记录表。

5. 提取原儿茶醛

提取丹参酮后的药渣用50%的乙醇再回流1.5小时，以充分提取丹参中的原儿茶醛。

【结果】

1. 通过回流提取大部分丹参酮从丹参中转移到乙醇中。

2. 所得药液经过滤器进入药液贮罐。

3. 初步观察稀液的颜色、黏度。

4. 填写提取岗原始生产记录。

【相关知识和补充资料】

1. 回流法　回流法是用乙醇等易挥发的有机溶剂提取药材成分，将浸出液加热蒸馏，其中挥发性溶剂馏出后又被冷凝，重复流回浸出器中浸提药材，这样周而复始，直至有效成分回流提取完全的方法。

2. 回流操作要点　操作时回流原料规格应符合工艺规定，物流应符合SOP要求，洒落原辅料未经处理不得再回入生产线。操作人员不得擅自脱离岗位，确保设备的正常运转，生产的有序进行。回流生产操作中应定时检查，记录回流速度，控制收集液量。并作原始记录。

3. 多功能中药提取罐　多功能中药提取罐是一类可调节压力、温度的密闭间歇式提取或蒸馏等多功能设备。其特点是：可进行常压常温提取，也可以加压高温提取或减压低温提取；无论水提、醇提、提油、蒸制、回收药渣中溶剂等均能适用；采用气压自动排渣，操作方便，安全可靠；提取时间短，生产效率高；设有集中控制台，控制各项操作，大大减轻劳动强度，利于流水线生产。

此种多功能中药提取罐虽然有气动锥底结构，但有些经提取后的药渣在锥底口会发生严重"架桥"，阻塞现象，不便排渣。现在有改罐底呈微倒锥形的多功能中药提取罐，特点是底口大，借药渣自身重量即可自行顺利排出。多功能中药提取罐的提取操作如下。

加热方式：如属水提，水和中药装入提取罐后，开始向罐内通入蒸汽进行直接加热；当温度达到提取工艺的温度后，停止向罐内进蒸汽，而改向夹层通蒸汽，进行间接加热，以维持罐内温度稳定在规定范围内。如属醇提，则全部用夹层通蒸汽的方式进行间接加热。

强制循环：在提取过程中，为提高效率，可以用泵对药液进行强制性循环（但对含淀粉多和黏性较大的药物不适用）。强制循环即药液从罐体下部排液口放出，经管道滤过器滤过，再用水泵打回罐体内。

4. 多功能中药提取罐操作注意事项

（1）设备必须在自动状态下开车，不得用工具强行开车。

（2）当设备带压操作时或设备内残余压力尚未放完之前，严禁开户启投料门及排渣门。

（3）本设备排渣门关闭到位后，应插入保险插销，当设备内压力全部排完，应先将保险插拉出，才能打开排渣门。

（4）打开排渣门时，应使排渣门缓慢平衡打开，避免由于排渣门开启时自重而产生的冲力使气缸活塞杆等受损。

（5）调整机器时一定要用专用工具，严禁强行拆卸及猛力敲打零部件。

（6）设备允许最高温度120℃，提取及回流时应注意冷凝水是否接通。

5. 多功能中药提取罐维护与保养

（1）每月应检查、紧固松动的连接件，检查气缸工作是否灵活，检查排渣门有无渗漏，检查各管路有无渗漏。

（2）每半年检查排渣门上过滤网有无破损。

（3）每年应对设备进行大修。

（4）大修内容除包括以上检修内容外，还应包括：对设备进行整体解体，清洗检查；采用化学清洗剂对冷凝器和冷却器内的管壁进行洗垢清洁；对仪器、仪表进行检查和校正；检查法兰、阀门、管件等，损坏及失效者及时更换。

（5）大修前的准备

①技术准备：查阅说明书、图样、技术标准等资料；查阅运行、检修、缺陷、隐患、故障等记录；对主要技术参数设备性能进行预检，并根据以上内容制定检修方案。

②物资准备：备好检修所需的材料及备件；备好检修用的器具、拆装及检修器具。

③安全技术准备：切断设备电源，并悬挂"禁止操作警示牌"。清理设备现场，制定人机安全措施。

（6）检修方法　打开排渣门，将丝网取下清洗，破损的应更换；排渣门密封圈破损的应更换；拆卸冷凝回收装置间的连接管路进行清洗和检查；按拆卸相反的程序进行装配。

（7）试车前的准备　清除试车现场；检查安装无误后各连接螺栓应紧固；检查各运动部位有无异物。

（8）试车　空载试车不得少于2小时；机器运转平隐，无异常振动；负载试车不得少于1小时，设备达到工作能力，达到设计规定或符合生产要求。

（9）检修质量符合本规定，试车合格，检修及试车记录齐全、准确，可办理验收手续交付生产。

【课堂讨论】

1. 回流法的适用范围？优缺点？

2. 多功能中药提取罐操作时，什么时候打开排空阀？什么时候关闭排空阀？

3. 为何不同批号的原辅料要记录混合比例数？

4. 假定回收乙醇的浓度为 90%，你会稀释成 50% 的乙醇，用于原儿茶醛的提取吗？

1. 回流法 2. 压力容器 3. 多功能式中药提取罐 4. 回流循环

做个性格开朗的人，快乐地学习研究，快乐地生活。

主题三 所得丹参醇提液如何浓缩？

【所需设施及器材】

①贮液罐；②减压蒸馏装置；③抽液泵；④比重计（波美表）；⑤酒精计；⑥温度计；⑦贮液桶。

【步骤】

1. 人员按 GMP 一更净化程序进入生产岗（见本章第一节相关内容）。

2. 生产前的准备工作见本章第一节相关内容。

3. 用减压蒸馏装置浓缩丹参醇提液

（1）开机准备

①仔细检查设备仪表、阀门是否处于良好状态。

②关闭加热器底部浓缩液出口、废气出口。

③关闭受液罐下部出液阀。

④关闭放气阀。

（2）开机

①启动真空泵，打开真空阀。

②开启顶部灯孔的照明灯。

③打开进料阀，将将贮罐的药液抽入真空减压浓缩罐内。罐内液面为了保证一定的蒸发空间，以与视镜相近为宜。

④开启冷却水进口、出口阀。

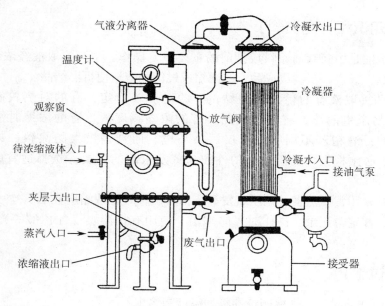

图 1 - 5　减压蒸馏装置

⑤开启蒸汽进口、出口阀，注意不得超过设备规定的压力和温度。

⑥物料浓缩达到工艺要求比重为 1.25～1.29（80～90℃ 热测），或 1.35～1.39（50～60℃温测）的膏状后，开启受液罐出料阀放出回收液。

⑦设备在运行中发现有异常情况，应立即停机检查，待排除故障后再开机。

（3）关机

①物料浓缩到工艺要求后，关闭蒸汽进出口阀。

②关闭真空阀，打开放气阀。

③开启出料阀，将浓缩液放净后关闭出料阀。

④打开进水口，先加入水或 2% NaOH，并开启蒸汽进出口阀，在整个设备中循环几次，最后加水循环。

⑤关闭蒸汽进出口阀和冷凝水进口阀，打开排污阀放出清洗用水。

⑥待冷凝器内无冷却水后，关闭冷却水出口阀。

⑦将机器上的污迹、水擦干净。

【结果】

1. 将清膏装桶，观察其色泽黏性，称重，每件附标签，标明品名、数量、比重、日期、工号，并作半成品检验，测丹参酮含量。最终所得浸膏做半成品检查合格后转下一工段或中间站备用。

2. 回收的有机溶媒装桶，待回收酒精冷至室温后，测其酒精度，称重。每件附标签，标明品名、数量、浓度、日期、工号，转中间站备用。

3. 写浓缩工序原始生产记录。

4. 本批产品提取、浓缩完毕，按 SOP 要求清场，质检人员作清场检查，发清场合格证。

【相关知识和补充资料】

浓缩：浓缩是中药制剂原料成型前的重要单元操作。中药提取液经浓缩制成一定规格的半成品，或进一步制成成品，或浓缩成过饱和溶液使析出结晶。

由于中药提取液有的稀，有的黏；有的对热较稳定，有的对热较敏感；有的蒸发浓缩时易产生泡沫，有的易结晶，有的浓缩稠度大，有的浓缩时需回收挥散的蒸气。（如：酒精若不回收，不仅污染环境，而且是极大的浪费，甚至造成危险。）所以，必须根据中药提取液的性质与蒸发浓缩的需要，选择适宜的浓缩方法与设备。

浓缩通常采用常压蒸发、减压蒸发等几种方法，减压浓缩应控制真空度，蒸气压，冷凝水流量，并定时记录，操作时谨防泡溢。使用有机溶媒（如乙醇等），应注意安全、防暴。

【课堂讨论】

1. 在减压浓缩时，你观察药液沸腾的温度是多少？

2. 为什么要在回收酒精冷却至室温后再测其酒精度？

3. 影响酒精回收率的因素有哪些？本次酒精的回收率是多少？

4. 醇提膏有哪些特点？

1. 浓缩　2. 减压浓缩　3. 减压蒸馏装置　4. 清膏　5. 比重计　6. 酒精计
7. 酒精度　8. 回收酒精

今天能做的就不要推迟到明天。

第三节　煎　煮　法

主题一　丹参素等酚酸类化合物有何特点？应如何提取？

【所需材料和器材】

①试管三个，并编号；②玻棒三个；③95%乙醇、50%乙醇、蒸馏水三种溶剂各10ml；④丹参酚酸类化合物样品0.3g。

【步骤】

1. 各取0.1g丹参酚酸类样品分别置于三试管内，并注意观察其形态和色泽。

2. 分别加入上述三种溶剂，同时不断搅拌，观察各试管内现象有何不同。

3. 根据丹参酚酸类在三种溶剂中的溶解状况，结合以前知识，推测丹参酚酸类的溶解性能。

【结果】

在演示中了解丹参酚酸类等能溶于水，属亲水性成分；而物质的溶解性能决定提取溶剂的种类或浓度的主要因素。

【相关知识和补充资料】

丹参中的酚酸类化合物是水溶性有效成分，为有机酸类。为白色长针状结晶或粉末；在实验室，可用碱水提取，大生产中，多用水直接提取。有改善心功能，舒张冠脉平滑肌的作用。

【课堂讨论】

1. 大生产中为何用水提取丹参酚酸类成分？

2. 还有哪些中药化学成分可用水提取？

3. 丹参酚酸类的化学性质如何？其热稳定性如何？

4. 水作溶剂的优缺点有哪些？

1. 丹参酚酸类化合物　2. 亲水性　3. 热稳定性　4. 水提取

今日思考

道歉是掌握主动权的好方法。

主题二　大生产中如何从丹参中提取丹参酚酸类成分

【所需设施和原辅料】

①多功能式中药提取罐；②贮液罐；③卫生泵；④本章第二节回流后的丹参药渣；⑤蒸馏水。

【步骤】

1. 人员按 GMP 一更净化程序进入提取岗。

2. 生产前的准备工作同本章第二节。

3. 原辅料的验收配料同本章第二节。

4. 用多功能中药提取罐煎煮提取

（1）操作前准备工作

①全面检查电气线路、压缩空气控制系统是否正确，控制箱是否接地，控制箱中针形阀开度必须合适。

②检查投料门、排渣门工作是否顺利到位，关闭底部排渣门，出料阀。

③全面检查设备其他各机件，仪表是否完好无损，动作是否灵敏，各气路是否畅通。

④检查各气路及各气路安全装置，要保证设备工作压力不得超压。

（2）实操工序

①打开投料口，将处方规定使用的丹参药渣加入罐内。

②锁紧投料口，打开排空阀，打开进溶媒阀门，加8倍量的水。

③开启直接加热蒸汽阀，同时打开疏水阀并作检查。

④开启冷凝器、冷却器之冷却水使其运转，关上排空阀，观察压力表是否在正常范围内。

⑤当开始沸腾时，关闭直接加热蒸汽阀。

⑥开启夹套加热蒸汽阀，以维持罐内温度在规定范围内。

⑦同时从视镜观察液面起泡状况，并调节蒸汽阀，不致大量起泡，由此1.5小时后，提取完成，关闭蒸汽，跟着打开出药液阀门，开始出液。

⑧视压力释放为常压后，方可打开投料口及出渣门（切记），所得药液经过滤器进入药液贮罐。同时填写生产原始记录表。

⑨最后，将机器上的污迹及水擦干净，按多功能中药提取罐清洁SOP清洁本设备。

【结果】

1. 通过煎煮后，大部分丹参水溶性成分从丹参转移到水提液中。

2. 所得药液经过滤器进入药液贮罐。

3. 初步观察稀液的颜色、黏度。

4. 记录提取岗原始生产记录。

【相关知识和补充资料】

1. 煎煮法　煎煮法是用水作溶剂，将药材加热煮沸一定时间，以提取药材所含成分的一种常用方法。又称煮提法。适用于有效成分能溶于水，且对湿热稳定。根据煎煮时加压与否可分为常压煎煮法和减压煎煮法。

2. 煎煮操作要点　煎煮时应控制投药量和加水量，不得超过设备容积的三分之二，并严格按工艺规程和SOP操作，必要时可补充水分。提取液应先粗滤，再用分离器分离或静止沉淀，除去细粒杂质。并作原始记录。

3. 多功能中药提取罐操作注意事项维护与保养（见本章第二节）。

【课堂讨论】

1. 醇提、水提同一药材时，为何要先醇提再水提？

2. 多功能中药提取罐用于水提和醇提时，操作上有什么区别吗？

3. 丹参酚酸类成分的具体结构式？

4. 水提时为何要用蒸馏水？

1. 煎煮法　2. 酚酸类成分　3. 直接蒸汽加热　4. 间接蒸汽加热

今日思考

一个伟大的人，在最大的暴风雨期间，像高山一样，保持他的威严和稳定。

主题三　大生产中如何初浓缩水提液？

【所需设备和器材】

①双效外循环蒸发器；②贮液罐；③卫生泵。

【步骤】

1. 人员按 GMP 一更净化程序进入浓缩岗。

2. 生产前的准备工作（见本章第二节）。

3. 原辅料的验收配料（见本章第二节）。

4. 用双效外循环蒸发器浓缩

（1）开机准备

①仔细检查电器、仪表是否处于良好状态。

②关闭加热器底部排污阀、出料阀。

③关闭蒸发器、受液罐下部出液阀。

④关闭放空阀。

（2）开机

①启动真空泵，打开真空阀和受液罐上的真空平衡阀将设备保持在真空下。

②开启顶部灯孔的照明灯。

③打开进料阀，将静置沉降后贮液罐中的上清液抽入设备内。

④开启冷却水进口、出口阀。

⑤开启蒸汽进口、出口阀。

⑥受液罐中回收液可以通过调整平衡阀放出回收液。

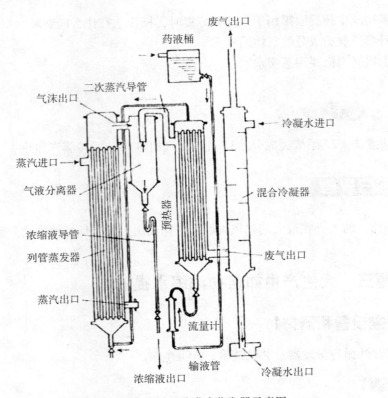

图 1-6　双效外循环升膜式蒸发器示意图

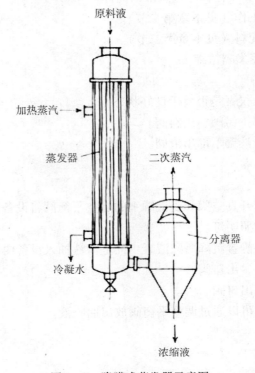

图 1-7　降膜式蒸发器示意图

（3）关机

①物料浓缩到工艺要求后，关闭蒸汽进出口阀。

②关闭真空阀，关闭真空泵，打开放空阀。

③开启出料阀，将药液放净后关闭出料阀。

④打开进水口，先加入水或2%NaOH，并开启蒸汽进出口阀，在整个设备中循环几次，最后加水循环。

⑤关闭蒸汽进出口阀和冷凝水进口阀，打开排污阀放出清洗用水。

⑥待冷凝器内无冷却水后，关闭冷却水出口阀。

⑦最后，将设备上的污迹及水擦干净，按多功能中药提取罐清洁SOP清洁本设备。

⑧同时填写生产原始记录表。

【结果】

1. 水提液成为浓缩比为1∶10的初浓缩液。

2. 初步观察初浓缩液的颜色、感觉其黏性。

【相关知识和补充资料】

1. 薄膜蒸发

是使液体在蒸发时形成薄膜增加气化表面进行蒸发的方法。其特点是进出液浓缩速度快，受热时间短；不受液体静压和减压的影响，成分不易被破坏；能连续操作，可在常压和减压下进行；能将溶剂回收，重复利用。

2. 薄膜蒸发操作要点

薄膜蒸发时应控制进液的黏度，相对密度或浓缩比，以免局部粘壁。一般浓缩至相对密度1.05～1.10，进一步的浓缩须在敞口的夹层锅或减压的真空浓缩罐中进行。

3. 薄膜蒸发设备的维护与保养

（1）设备必须在自动状态下开车，不得用工具强行开车。

（2）调整机器时一定要用专用工具，严禁强行拆卸及猛力敲打零部件。

（3）每月检查、坚固各部分连接螺栓。

（4）每月检查管路有无渗漏。

（5）每半年对加热器的管内壁进行清洗。

（6）每年应对本设备进行大修。

①大修前的技术准备　a. 查阅使用说明书、图样、技术标准等资料。b. 查阅运行、检修、缺陷、隐患、故障等记录。c. 对主要技术参数设备性能进行预检并记录。

②大修前的物资准备　a. 备好检修所需的材料及备件。b. 备好所需用的拆装及检修器具。c. 大修前的安全技术准备。d. 切断设备电源并悬挂"禁止开启警示牌"。e. 清理设备现场，制定人机安全措施。

③大修内容　a. 整体解体，清洗检查。b. 采用化学清洗剂对加热器、冷凝器和冷却器内的管外壁进行洗垢清洁。c. 对仪器、仪表进行检查和校正。d. 检查法兰、阀门、管件等，损坏或失效者及时更换。e. 对加热器管内壁进行清洗。

④大修方法　a. 拆卸设备间的连接管路进行清洗和检查。b. 装配按拆卸相反程序进行。c. 大修后的试车准备。d. 清除试车现场。e. 检查安装无误后各连接螺栓应坚固。f. 检查各运动部件无异物。

⑤试车　a. 空载试车不少于 2 小时。b. 机器运转平稳，无异常振动。c. 负载试验不少于 1 小时。d. 设备工作能力达到设计规定或符合生产要求。

⑥设备大修后的验收：检修质量符合本规定，试车合格，检修及试车记录齐全、准确，可办理验收手续交付生产使用。

【课堂讨论】

1. 用于浓缩中药浸提液的方法有哪些？

2. 单效蒸发与多效蒸发有何区别？

3. 料液浓缩黏度增大，悬浮的微粒沉积、无机盐的晶析及局部过热焦化均会导致物料在受热面结垢，结垢会产生何不良后果？如何预防？

4. 蒸发设备的发展趋势如何？

 词汇积累

1. 浓缩　2. 双效外循环蒸发器　3. 膜式蒸发器　4. 薄膜蒸发

？今日思考

争吵中没有真理。

主题四　薄膜蒸发浓缩后的丹参初浓缩液如何进一步浓缩？

【所需设施】

①真空减压浓缩锅；②贮液桶。

【步骤】

1. 人员按 GMP 一更净化程序进入生产岗。

2. 生产前的准备工作（见本章第二节）。

3. 原辅料的验收配料（见本章第二节）。

4. 浓缩

可根据具体情况选下法之一进行浓缩。

（1）用真空减压浓缩锅（一般作为大量煎煮液浓缩稠膏之用）进行浓缩。

①开机准备　a. 仔细检查设备仪表是否处于良好状态。b. 关闭加热器底部取样阀、出料阀。c. 关闭放气阀。

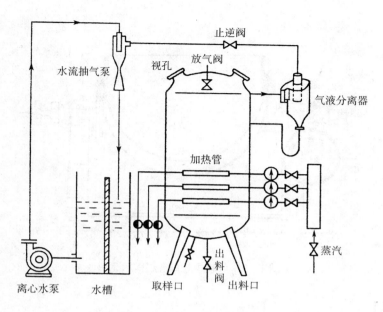

图 1-8 真空减压浓缩锅

（2）开机 a. 启动真空泵，打开真空阀。b. 开启顶部灯孔的照明灯。c. 真空度达86kPa后，打开进料阀，将贮罐的药液抽入真空减压浓缩锅内。锅内液面为了保证一定的蒸发空间，以药液浸没加热管为宜。d. 开启蒸汽进口、出口阀，注意不得超过设备规定的压力和温度。e. 物料浓缩达到工艺要求比重为 1.25～1.29（80～90℃热测），或 1.35～1.39（50～60℃温测）的膏状后，开启受液罐出料阀放出回收液。f. 设备在运行中发现有异常情况，应立即停机检查，待排除故障后再开机。

（3）关机 a. 物料浓缩到工艺要求后，先关闭真空阀，关闭真空泵，再关闭蒸汽进出口阀。b. 打开放空阀。c. 恢复常压后，开启出料阀，将浓缩液放净后，关闭出料阀。d. 生产完毕，打开进水口，先加入水或 2%NaOH 溶液将锅内各部分洗干净，然后通入蒸汽进行管内消毒。e. 将机器上的污迹、水擦干净。

（2）用可倾式敞口夹层锅（一般作为小量煎煮液浓缩稠膏之用）浓缩

①开机准备 a. 每次开机前检查压力表，安全阀是否灵敏可靠。b. 清洁锅体，检查蒸汽压力能否满足工艺要求。

（2）开机 a. 加入经过过滤的丹参初浓缩液到额定的容积。b. 打开蒸汽阀到额定的工作压力，加热锅内浓缩液，检查冷凝液排放情况，开始时打开旁路阀，使大量冷凝液排放到有蒸汽排出时，关闭旁路阀，使疏水器自动排放。c. 随着加热时间的延长，锅内物料的浓度越来越浓，可能有粘壁现象，可人工将粘壁物料铲除或搅拌，以利加速蒸发效果。d. 当达到 50～60℃相对密度为 1.35～1.39 时，关闭蒸汽阀停止加热。e. 缓慢摇动手轮，通过蜗轮蜗杆传动，使锅体缓慢倾斜出料。f. 最后，将机器上的污迹及水擦干净，按公司清洁 SOP 清洁本设备。

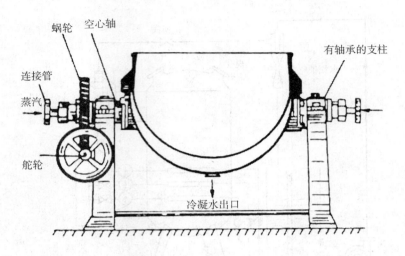

图 1-9 可倾式敞口夹层锅示意图

【结果】

1. 通过进一步的浓缩丹参水提液成为符合工艺要求的清膏。观察丹参清膏的颜色、黏度。

2. 所得清膏装桶，称重，每件附标签，标明品名、数量、相对密度、日期、工号，并作半成品检验，测丹参酚酸类成分含量等。将所得浸膏做半成品检查合格后转下一工段备用。

3. 写浓缩工序原始生产记录。

4. 本批产品浓缩完毕，按 SOP 清场，质检人员作清场检查，发清场合格证。待后续不同规格或不同产品的生产。

【相关知识和补充资料】

（一）真空减压浓缩锅维护与保养

1. 设备必须在自动状态下开车，不得用工具强行开车。

2. 调整机器时一定要用专用工具，严禁强行拆卸及猛力敲打零部件。

3. 每月检查、坚固各部分连接螺栓。

4. 每月检查管路有无渗漏。

5. 每半年对加热器的管内壁进行清洗。

6. 每年应对本设备进行大修。

（1）大修前的技术准备 ①查阅使用说明书、图样、技术标准等资料。②查阅运行、检修、缺陷、隐患、故障等记录。③对主要技术参数设备性能进行预检并记录。④制定检修方案。

（2）大修前的物资准备 ①备好检修所需的材料及备件。②备好所需用的拆装及检修器具。

（3）大修前的安全技术准备 ①切断设备电源并悬挂"禁止开启警示牌"。②清理设备现场，制定人机安全措施。

（4）大修内容 ①整体解体，清洗检查。②采用化学清洗剂对加热器的管外壁进行洗垢清洁。③对仪器、仪表进行检查和校正。④检查法兰、阀门、管件等，损坏或失效者及时更换。⑤对加热器管内壁进行清洗。

（5）大修方法 ①拆卸设备间的连接管路进行清洗和检查。②装配按拆卸相反程序进行。

（6）大修后的试机准备 ①清除试车现场。②检查安装无误后各连接螺栓应坚固。③检查各运动部件无异物。

（7）试机 ①空载试车不少于2小时。②机器运转平稳，无异常振动。③负载试验不少于1小时。④设备工作能力达到设计规定或符合生产要求。⑤设备大修后的验收：检修质量符合本规定，试车合格，检修及试车记录齐全、准确，可办理验收手续交付生产使用。

（二）可倾式敞口夹层锅维护保养

1. 每次操作结束后，关闭蒸汽阀门，及时冲洗锅内杂物，擦洗设备内外表面的水渍与污物，做好日常的维护保养工作

2. 设备运行3个月后，设备上所有紧固件，如螺栓螺母，管道上的连接件等应彻底检查一遍，如发现松动或漏液，要及时紧固。

3. 设备在运行过程发现有异常情况，应立即停机检查，待排除故障后再开机。

4. 设备表面切勿用手触摸，以防灼伤。

（三）常压浓缩法及操作要点

常压浓缩是液体在一个大气压下的蒸发，因此又叫常压蒸发。被蒸发液中的有效成分是耐热的，而溶剂又无燃烧性，无毒害、无经济价值者可用此法。

在常压下进行蒸发，小量的可用瓷质蒸发皿，大量的用蒸发锅。选用蒸发锅时应注意锅与药液不发生化学作用，以免影响制剂质量。

铜锅或铜制镀锡的锅可用于蒸发药液但不适宜碱性或酸性的药液。铝锅也为常用的蒸发器，但不适宜碱性或含食盐药液的蒸发。搪瓷或搪玻璃的金属蒸发锅有较好的稳定性。

应控制药液受热时间、温度，防止锅底结焦，并注意车间的通风排气。

（四）减压浓缩及操作要点

减压浓缩又称减压蒸发，是在密闭的容器内，抽掉液面上的部分空气和蒸气，使溶液沸点降低，进行沸腾蒸发的操作。由于溶液沸点的降低，可防止热敏性物质的分解；并能不断地排除蒸气，有利于蒸发顺利进行；同时沸点降低，可利用低压蒸气或废气加热。但是溶液沸点降低，其汽化潜热随之增大，即减压蒸发比常压蒸发消耗的加热蒸气要多。尽管如此，由于其优点多于缺点，为了回收有机溶剂或其他目的，应用较普遍。

应注意真空度不能太高，否则，药液会进入水流抽气泵被抽走，造成损失。

【课堂讨论】

1. 丹参水提膏和丹参醇提膏色泽、黏性上有什么区别？
2. 水提的清膏和醇提的清膏哪个更易变质？
3. 水提膏和醇提膏提取和浓缩的方法有什么不同？
4. 为何不用薄膜蒸发直接将丹参水提液浓缩到符合工艺要求？

1. 常压蒸发　2. 减压蒸发　3. 真空减压浓缩锅　4. 可倾式敞口夹层锅

今日思考

家是我们的脚能离开但心决不能离开的地方。

第四节　粉　碎

主题　如何将三七、冰片粉碎成 80 目的细粉？

【所需设施】

①水冷式粉碎机组；②锤式粉碎机；③高效筛粉机。

【步骤】

1. 人员按 GMP 一更净化程序进入粉碎岗。
2. 生产前的准备工作。
3. 原辅料的验收配料。
4. 用 ZZKF－3 型水冷式粉碎机组粉碎三七。

（1）开机准备　开粉碎机前应注意检查机件各部位安装牢靠，拧紧螺丝。

（2）开机：

①合上空气开关，各部门指示灯亮，电压表应指示正常，温度有数字显示，温度可根据不同物料自行设置，中药一般设定在 60～70℃之间。

②按下启动按钮，粉碎机启动 15 秒钟后，完成星角转换，转筛随即自行启动。

③当控制器显示正常时，首先将喂料控制器上的小拨动开关分别置于上限或下限位置上，旋转对应的旋钮，这时控制器上的数字会随旋钮转动增大或减小。

④表上的数字即是主电机电流的大小，设定在电动机的空载电流到额定电流之间，上限比下限高 3～4A，再将电流设定开关恢复到测量位置。

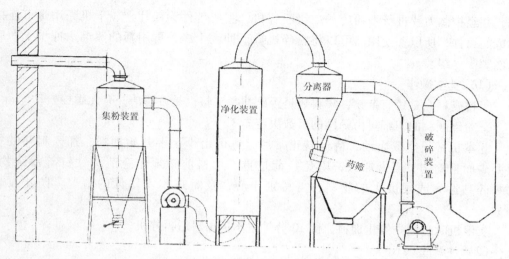

图 1-10 水冷式粉碎机组示意图

⑤工作电流在大于设定电流上限时，喂料直流电机即停止喂料，当主机电流低于设定电流下限时，直流电机重新开始喂料，至此，完成自动喂料工作。

⑥转筛可随粉碎机电机自动启动或停止，也可在粉碎机不运行的情况下操作控制按钮直接启动或停止。

（3）自行关机

①当机腔温度超过设定温度时，喂料电机会立即停止运行，同时控制电柜讯响器报警。

②当粉碎机电流超过额定电流时，喂料电机也会自动停止运行，讯响器报警。

③粉碎机停止之前，必须先停止喂料电机，空车运行10分钟左右，当主机电流下降到接近空载电流时再停止主机。

（4）按SOP清洁规程进行清洁

（5）维护保养

①进料量不能过大，会使电流过大，出现哽咽现象，可适当减少喂料，经常检修喂料器毡封。

②本机严禁金属及金属制品进入机腔。

③分离器在运行时如几十分钟不下粉，可能是分离器下口或管道的横向部分被粉堵塞，此时可开动转筛，打开各清扫门清理，但要注意筛的出渣口要用容器接住，以免大量粗渣流入粉碎机内影响启动。

④对主机或副机作相对运动的零部件经常加润滑油或润滑脂，经常检查紧固体是否脱动。

⑤双速器润滑油始终保持在油位镜的1/2处。

5. 用锤式小型专用粉碎机粉碎冰片

锤式粉碎机是一种用旋转锤头的锤击作

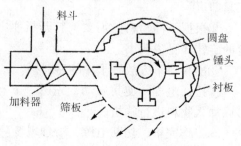

图 1-11 锤式粉碎机

用，并经控制刀片进行细粉碎的二级粉碎机，主要部件为四片上、下机壳用螺钉连接而成的铸件，所以，使用前可以将粉碎机拆下冲洗干净，再用新的蒸馏水冲洗干净后自然晾干，组装。

（1）基本操作

①检查料仓是否有杂物，集料袋是否已扎紧，整机是否清洁，有无螺栓松动。

②粉碎颗粒的粗细可由筛网的目数决定。

③本机必须空载启动，待运转正常后，方可由少至多开始加料，加入料斗的物料要少而且均匀，慢慢加入，以免负荷过重。加料前必须注意清除铁钉等掺杂物。对粉碎黏性大或硬度大的物料，需特别小心，及时观察安培计的情况，防止发生事故。

④停机时必须先停止加料，待10分钟或不再出料后再停机。

（2）注意事项

①定期检查所有外露螺栓螺母，并拧紧。

②发现异常响声或其他不良现象，应立即停机检查。

③物料严禁混有金属物，超过莫氏硬度5度的物料将使粉碎机的维护周期缩短。

④物料含水分不应超过5%。

⑤运转中，不得超过负载电流，如有超过，应停止加料，待正常后再加料工作。

⑥最后，按清洁SOP清洁本设备，当更换品种时应彻底清扫机膛和沉降器及管路。

6. 用高效筛粉机过筛

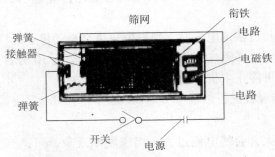

图1-12　筛粉机示意图

（1）操作程序

①根据生产要求调换干净的筛网，只需把紧箍手柄松开，依次装上，然后把手柄压紧即可。

②根据不同物料的需要，打开机座上的门，调节偏心锤，会产生不同的振幅，角度的旋转详见说明书。

③出料口下方放置干净的盛料桶。

④接通电源，使其启动，先听一下有无杂音，观察振幅是否合适，待认定正常后可以加入物料进行筛析。

⑤工作完毕，切断电源，清理现场。

（2）注意事项

①经常检查螺栓、螺母是否松动，予以拧紧。

②严禁金属制品等杂物在筛仓内出现。

③经常检查电机运转情况，如有不正常，及时报于工程部维修。

④做好设备清洗工作，保证设备表面光洁。

7. 用多功能中成药灭菌柜灭菌（具体操作见第三章第三节）。

【结果】

1. 通过粉碎、过筛、灭菌得到符合要求的三七、冰片细粉。

2. 所得药粉装桶，称重，每件附标签，标明品名、重量、日期、工号，并作半成品检验，合格后转下一工段备用。存放时间不得超过 2 天。

3. 写粉碎工序原始生产记录。

4. 本批产品粉碎完毕，按 SOP 清场，质检人员作清场检查，发清场合格证。待后续不同规格或不同产品的生产。

【相关知识和补充资料】

1. 三七

为五加科植物三七的根。主产云南、广西等地。有散瘀止血、消肿定痛的功效，为贵重中药材，多碾粉服用。其质地坚硬，粉碎时为提高效率，可按两次粉碎法进行，即头遍快打成粗粉，第二遍再打成细粉。

2. 冰片

为用量较少的细料，为减少损耗，应用小型专用粉碎机粉碎或研磨机研磨。

3. 粉碎基本原理

固体药物的粉碎过程，一般是利用外加机械力，部分地破坏物质分子间的内聚力，使药物的大块粒变成小颗粒，表面积增大，即将机械能转变成表面能的过程。极性的晶形物质如生石膏、硼砂均具有相当的脆性，较易粉碎。粉碎时一般沿晶体的结合面碎裂成小晶体。非极性的晶体物质如樟脑、冰片等则脆性差，当施加一定的机械力时，易产生变形而阻碍它们的粉碎，通常可加入少量挥发性液体，当液体渗入固体分子间的裂隙时，由于能降低其分子间的内聚力，致使晶体易从裂隙处分开。非晶形药物如树脂、树胶等具有一定的弹性，粉碎时一部分机械能用于引起弹性变形，最后变为热能，因而降低粉碎效率，一般可用降低温度（0℃左右）来增加非晶形药物的脆性，以利粉碎。植物药材性质复杂，且含有一定量的水分（一般约为 9%～16%），具有韧性，难以粉碎。其中所含水分越少，则药材越脆，越有利于粉碎，故应在粉碎前依其特性进行适当干燥。薄壁组织的药材，如花、叶与部分根茎易于粉碎，木质及角质结构的药材则不易粉碎。含黏性或油性较大的药材以及动物的筋、骨、甲等都需适当处理后才能粉碎。

药物经粉碎后表面积增加，引起了表面能的增加，故不稳定，已粉碎的粉末有重新结聚的倾向。当不同药物混合粉碎时，一种药物适度地掺入到另一种药物中间，使分子内聚力减小，粉末表面能降低而减少粉末的再结聚。黏性与粉性药物混合粉碎，也能缓解其黏性，有利于粉碎。故中药厂对于粗料药，多用部分药料混合后再粉碎。

对于不溶于水的药物如朱砂、珍珠等可在大量水中，利用颗粒的重量不同，细粒悬浮于水中，而粗粒易下沉和分离，得以继续粉碎。

为使机械能尽可能有效地用于粉碎过程，应将已达到要求细度的粉末随时分离移去，使粗粒有充分机会接受机械能，这种粉碎法称为自由粉碎。反之，若细粉始终保留在系统中，不但能在粗粒中间起缓冲作用，而且消耗大量机械能，影响粉碎效率，同时也产生了大量不需要的过细粉末。所以在粉碎过程中必须随时分离细粉。在粉碎机内安装药筛或利用空气将细粉吹出，均是为了将自由粉碎能顺利进行。

药物粉碎后的粉末粗细分级方法很多，在生产过程中多采用过筛法。一般口服制剂中的药粉，除另有规定外，均应通过 5 号筛（80 目），儿科和外用散剂应通过 7 号筛（120 目），煮沸散应通过 2 号筛（24 目）。

4. 粉碎的方法与种类

（1）单独粉碎系指将一味药料单独进行粉碎处理。氧化性药物与还原性药物必须单独粉碎，否则可引起爆炸现象。贵重细料药物如牛黄、羚羊角等，及刺激性药物如蟾酥等，为了减少损耗和便于劳动保护，亦应单独粉碎。含毒性成分的药物，如信石、马钱子、雄黄等应单独粉碎。有些粗料药，如乳香、没药，因含有大量树胶、树脂，在湿热季节难以粉碎，故常在冬春季单独粉碎成细粉。

（2）混合粉碎系指将数味药料掺和进行粉碎。若处方中某些药物的性质及硬度相似，则可以将它们掺合在一起粉碎，这样既可避免一些黏性药物单独粉碎的困难，又可使粉碎与混合操作同时进行。但在混合粉碎中遇有特殊药物时，需作特殊处理。

药物中含有共熔成分时混合粉碎能产生潮湿或液化现象，这种药物能否采用混合粉碎法取决于制剂的具体要求，或各单独粉碎，或混合粉碎。

处方中含糖类较多的黏性药物，如熟地、桂圆肉、天冬、麦冬等，黏性大，吸湿性强，且在处方中比例量较大，如与方中其他药物一起粉碎，常发生黏机械和难过筛现象。必须先将处方中其他药物粉碎成粗末，然后用此粗末陆续掺入黏性药物再行粉碎一次。其黏性药物在粉碎过程中及时被粗末分散并吸附，使粉碎与过筛得以顺利进行。亦可将其他药物与黏性药物一起先作粗粉碎，使成不规则的块和颗粒，在 60℃ 以下充分干燥后再粉碎，以上俗称为串料法或串研法。

处方中含脂肪油较多的药物，如核桃仁、黑芝麻、杏仁、苏子、柏子仁等，且比例量较大，为便于粉碎和过筛，须先捣成稠糊状或不捣，与已粉碎的其他药物细粉掺研粉碎，这样因先粉碎出的药粉及时将油吸收，不使其粘附于粉碎机和筛孔。此法俗称串油法。

处方中含新鲜动物药，如乌鸡、鹿肉；以及一些须蒸制的植物药，如地黄、何首乌等，都须经蒸煮，即将新鲜动物药与植物药间隔排入铜罐或夹层不锈钢罐内，加黄酒及其他药汁，加盖密封，隔水或夹层蒸气加热，一般为 16 ~ 48 小时，有的可蒸 96 小时，以液体辅料基本蒸尽为度。蒸煮目的是使药料由生变熟，增加温补功效，同时经蒸煮药料干燥后亦便于粉碎。经蒸煮后药料再与处方中其他药物掺和，干燥，再进行粉碎，此法俗称蒸罐。

此外，处方中含动物的筋、甲类，如鹿筋、穿山甲等须经炮制后再与其他药物一起粉碎。详见炮制学。

（3）干法粉碎　系指将药物经适当干燥，使药物中的水分降低到一定限度（一般应少于5％）再粉碎的方法。除特殊中药外，一般药物均采用干法粉碎。

（4）湿法粉碎　系指在药物中加入适量水或其他液体一起研磨粉碎的方法（即加液研磨法）。通常选用的液体以药物遇湿不膨胀，两者不起变化，不妨碍药效为原则。樟脑、冰片、薄荷脑等常加入少量液体（如乙醇、水）研磨；朱砂、珍珠、炉甘石等采用传统的水飞法，亦属此类。

湿法粉碎通常对一种药料进行粉碎，故亦是单独粉碎。

湿法粉碎的目的为使药料借液体分子的辅助作用易于粉碎及粉碎得更细腻，因为此法使水或其他液体以小分子渗入药料颗粒的裂隙，减少药料分子间的引力而利于粉碎；同时对某些有较强刺激性或有毒药物，用此法可避免粉尘飞扬。

樟脑、冰片、薄荷脑等各置研钵或电动研钵中，加入少量的乙醇或水，用研锤以较轻力研磨，使药物被研碎。另外，粉碎麝香时常加入少量水，俗称"打潮"，尤其到剩下麝香渣时，"打潮"更易研碎，以研锤重力研磨使粉碎。中药细料药粉碎时，对冰片和麝香两药有个原则：即"轻研冰片，重研麝香"。

朱砂、珍珠、炉甘石等采用"水飞法"粉碎，即将药物先打成碎块，除去杂质，放入研钵或电动研钵中，加适量水用研锤重力研磨。当有部分细粉研成时，旋转研钵使细粉混悬于水中被倾泻出来，余下的药物再加水反复研磨、倾泻，直至全部研细为止，然后将研得的混悬液合并，沉降后倾去上清水液，再将湿粉干燥，研散，过筛，即得极细的粉末。"水飞法"过去采用手工操作，费工费力，生产效率很低。现在多用球磨机代替，既保证药粉细度又提高了生产效率，但仍需连续转动球磨机60～80小时，才能得到极细粉。

（5）低温粉碎　低温时物料脆性增加，易于粉碎，是一种粉碎的新方法。其特点：①适用于在常温下粉碎困难的物料，其软化点、熔点低及热敏性的物料，如树脂、树胶、干浸膏等，可较好地粉碎；②含水、含油虽少但富含糖分，具一定黏性的药物也能粉碎；③可获更细的粉末；④能保留挥发性成分。

低温粉碎一般有下列四种方法：①物料先行冷却或在低气温条件下，迅速通过高速撞击式粉碎机粉碎；②粉碎机壳通入低温冷却水，在循环冷却下进行粉碎；③待粉碎的物料与干冰或液化氮气混合后进行粉碎；④组合应用上述冷却法进行粉碎。

（6）超微粉碎　微粉或称粉体，系指固体粒子的集合体。组成微粉的粒子可以小到0.1μm。微粉因其粒子细小，单位体积（或重量）物质表面积急剧增加，可使其理化性质发生变化，从而影响生产中药物的粉碎、过筛、混合、沉降、过滤、干燥等工艺过程及各种剂型的成型与生产。另外，微粉的基本特性亦直接影响到药物的释放与疗效。目前国产超微粉碎设备亦可成功运用于大生产，例如：国药龙力集团生产的TC系列流化床超音速气流粉碎分级机（图1-13），TC系统以空气动力学理论为指导，在消化吸收了扁平式气流磨、循环管式气流磨、撞击喷射磨、逆向喷射磨、AFG流化床逆向喷射磨等设备技术精华的基础上，将超音速喷管技术、流化床技术、离心力场分级技术高度融合在一起，避免和克服传统气流粉碎的不足，使粉碎、分级、收集一次完成，形成了一套主要性能达到国内、外先进水平的超微粉碎分级系统。符合 GMP 要求。

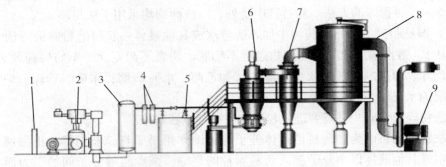

图 1 – 13　TC 系列流化床超音速气流粉碎分级机示意图
1. 电控柜　2. 空压机　3. 储气罐　4. 空气过滤器　5. 冷冻式压缩空气干燥箱
6. 粉碎分级机　7. 旋风收集器　8. 隔离式收集器　9. 引风机

5. 离析器械与应用

（1）旋风分离器　旋风分离器是利用离心力以分离气体中细粉的设备，如图 1 – 14 所示，它的主要部分是一个带锥形的圆筒，在上段切线方向有一个气体入口管，并在圆筒顶上装有插入内部一定深度的一个排气管。下段锥形筒底有接受细粉的出粉口。

含细粉气体以很大的速度（约 20 ~ 30m/s）沿入口管的切线方向进入旋风分离器的壳体内，沿着器壁成螺旋形运动。由于带细粉的气流在器内作向下旋转运动，其中细粉受离心力的作用被抛向外围，与器壁撞击后，失去动能而沉降下来，由出粉口落入收集袋里；分离净后的气体从中心的出口管排出。

旋风分离器是一种构造简单、分离效率高的细粉分离装置，其分离效率大约为：70% ~ 90%。但也有一些缺点，如气体中的细粉不能除尽，对气体的流量变动敏感等。为了避免分离效率降低，气体的流量不应太小。

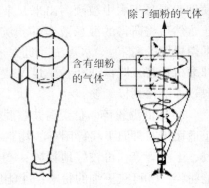

图 1 – 14　旋风分离器

（2）袋滤器　袋滤器在制药工业中应用较广，它是进一步分离气体与细粉的装置。其构造如图 1 – 15 所示。在外壳内安装有许多个长为 2.0 ~ 3.5m，直径为 0.15m ~ 0.20m 的滤袋。滤袋是用棉织或毛织品制成的圆形袋。各袋都平行以列管形式排列，其下端紧套在花板的短管上；其上端则钩在可以颤动的框架上。中药厂粉碎车间常装用简易滤袋。其上端紧套在旋风分离器出风管的分管上，下端留口并扎紧。当含有微粒的气体从滤袋一端进入滤袋后，空气可透过滤袋，而微粒便被截留在袋内，待一定时间后清扫滤袋，收集极细粉。

袋滤器的优点是截留气流中微粒的效率很高，一般可达 94% ~ 97%，甚至高达

99%，并能截留直径小于1μm的细粉。它的缺点是滤布磨损和被堵塞较快，不适用于高温与潮湿的气流。如使用棉织品，其气流温度不应超过65℃，用毛织品截留微粒效果好，但不宜超过60℃。

目前，国内中药厂常见的是将粉碎机和旋风分离器与袋滤器串联组合起来，成为药料粉碎、分离的整体设备。

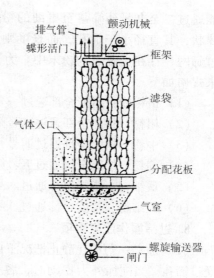

图1-15 袋滤器

6. 药筛的种类与规格

药筛系指按药典规定，全国统一用于药剂生产的筛，或称标准药筛。在实际生产中，也常使用工业用筛，这类筛的选用，应与药筛标准相近，且不影响药剂质量。药筛可分为编织筛与冲眼筛两种。编织筛的筛网由铜丝、铁丝（包括镀锌的）、不锈钢丝、尼龙丝、绢丝编织而成，也有采用马鬃或竹丝编织的。编织筛在使用时筛线易于移位，故常将金属筛线交叉处压扁固定。冲眼筛系在金属板上冲压出圆形或多角形的筛孔，常用于高速粉碎过筛联动的机械上及丸剂生产中分档。细粉一般使用编织筛或空气离析等方法筛选。

《中国药典》所用的药筛，选用国家标准的R40/3系列，共规定了9种筛号，一号筛的筛孔内径最大，依次减小，九号筛的筛孔内径最小。具体规定见下表。

表1-1 《中国药典》筛号、工业筛目、筛孔内径对照表

筛号	筛目（孔/2.45cm）	筛孔直径（mm）
一号筛	10	2.00 ± 0.070
二号筛	20	0.850 ± 0.029
三号筛	50	0.355 ± 0.013
四号筛	65	0.250 ± 0.0099
五号筛	80	0.018 ± 0.0076
六号筛	100	0.150 ± 0.0066
七号筛	120	0.125 ± 0.0058
八号筛	150	0.090 ± 0.0046
九号筛	200	0.075 ± 0.0041

目前制药工业上，习惯常以目数来表示筛号及粉末的粗细，多以每英寸（2.54cm）长度有多少孔来表示。例如每英寸有120个孔的筛号称为120目筛，筛号数越大，粉末越细。凡能通过120目筛的粉末称为120目粉。我国常用的一些工业用筛的规格及五金公司出售的铜丝筛规格可参见有关药剂学内容。

7. 粉末的分等

粉碎后的粉末必须经过筛选才能得到粒度比较均匀的粉末，以适应医疗和药剂生产需要。筛选方法是以适当筛号的药筛筛过。筛过的粉末包括所有能通过该药筛筛孔的全部粉粒。例如通过一号筛的粉末，不都是近于2mm直径的粉粒，包括所有

能通过二至九号药筛甚至更细的粉粒在内。富含纤维的药材在粉碎后，有的粉粒成棒状，其直径小于筛孔，而长度则超过筛孔直径，过筛时，这类粉粒也能直立地通过筛网，存在于筛过的粉末中。为了控制粉末的均匀度。《中国药典》规定了六种粉末规格如下。

（1）最粗粉：指能全部通过一号筛，但混有能通过三号筛不超过20%的粉末；

（2）粗粉：指能全部通过二号筛，但混有能通过四号筛不超过40%的粉末；

（3）中粉：指能全部通过四号筛，但混有能通过五号筛不超过60%的粉末；

（4）细粉：指能全部通过五号筛，并含能通过六号筛不少于95%的粉末；

（5）最细粉：指能全部通过六号筛，并含能通过七号筛不少于95%的粉末；

（6）极细粉：指能全部通过八号筛，并含能通过九号筛不少于95%的粉末。

8. 过筛操作注意事项

（1）振动：药粉在静止情况下由于受相互摩擦及表面能的影响，易形成粉块不易通过筛孔。当施加外力振动时，各种力的平衡受到破坏，小于筛孔的粉末才能通过，所以过筛时需要不断振动。振动时药粉在筛网上运动的方式有滑动、滚动及跳动等几种，跳动较滑动易通过筛孔。粉末在筛网上的运动速度不宜过快，这样可使更多的粉末有落于筛孔的机会；但运动速度也不宜太慢，否则也会减低过筛的效率。为了充分暴露出筛孔以提高过筛效率，常在筛内装有毛刷以刷去堵塞筛孔的颗粒，但毛刷不应与筛网接触，以免造成筛线移位，致使粉末规格改变。

（2）粉末应干燥：药粉中含水量较高时应充分干燥后再过筛。易吸潮的药粉应及时过筛或在干燥环境中过筛。富含油脂的药粉易结成团块，很难通过筛网，除应用串油法使易于过筛外，也可以先进行脱脂使能顺利过筛。若含油脂不多时，先将其冷却再过筛，可减轻黏着现象。

（3）粉层厚度：药筛内放入粉末不宜太多，让粉末有足够的余地在较大范围内移动而便于过筛。但粉层也不宜过薄，否则会影响过筛效率。

【课堂讨论】

1. 离析器械在粉碎中起什么作用？

2. 药典中粗粉和细粉是如何规定的？

3. 哪些不当操作，会损坏粉碎机？

4. 为何说过筛时药粉应干燥，并保持一定的厚度和振动频率？

 词汇积累

1. 细粉　2. 粗粉　3. 水冷式粉碎机　4. 离析器械

 今日思考

竖立在那儿的大树从前只是一粒小果核。

第五节 制 粒

主题 如何将丹参浸膏和三七、冰片粉制成适宜压片的颗粒？

【所需设施】

①槽型混合机；②摇摆式颗粒机；③盛器；④流化沸腾一步制粒机；⑤热风循环烘箱。

【步骤】

1. 人员按 GMP 一更、二更净化程序进入制粒岗。

2. 生产前的准备工作（见本章相关内容）。

3. 原辅料的验收配料（见本章相关内容）。

4. 制粒（可根据实际情况选择下列方法之一）。

（1）挤出制粒法制粒

①用槽型混合机制软材

a. 开机准备 检查混合箱是否清洁，给机器各部位加入润滑油。根据药物性质不同把延时继电器的预置开关，预置成不同时间，开机后，搅拌机将按照预置时间自动停机，如果不需要定时，就把定时开关 SA 置于关的位置。

b. 开机 接通电源，打开设备开关 SB。按三七粉：丹参浸膏为 5:1 加入，以浸没搅拌浆为宜，盖好口盖。根据具体情况可加适量酒精调节软材黏散度。按 SB_1、SB_2 两个启动按钮实现开车，停止按钮 SB_0 即是一般停止按钮也可作为急停。待物料达到工艺要求

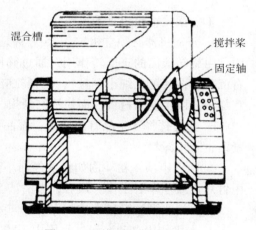

混合槽

搅拌浆
固定轴

图 1-16 槽型混合机示意图

后（轻握成团，一压即散），停止搅拌，倒出的物料，先将盛料箱放入机架前，将口盖取下，按动倒料电机正反点动按钮 SB_3、SB_4（但该按钮切不可同时按下以免造成相同的补修），使混合箱倾斜将物料倒出。工作完毕后，将料仓及搅拌浆上的余药清理干净。

c. 机器维护与保养 不得过载运行，混合时的负载电流不超过 6 安培为正常。在使用过程中如发现机器有异常情况，应立即停止，待排除故障后，方可开车。搅拌浆两轴端应保持清洁，混合槽两端外档的方孔必须畅通，否则会引起反压力，造成污物渗入轴心污染槽内物料。经常检查三角带是否松弛，加以调节。避免电器线路受潮。注意对设备做到日日清洗，灭菌。

（2）用摇摆式颗粒机制粒

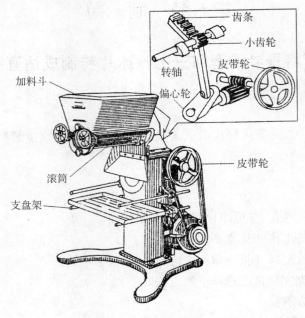

图 1 – 17　摇摆式颗粒机

①摇摆式颗粒机基本操作

a. 开动机器必须空机转 3～5 分钟，然后再以容积的 2/3 为宜，将上述物料倒入斗内，由旋转滚筒的正反转作用，通过筛网形成颗粒，落入盛器中，检查湿粒（手掂应有沉重感，并可见细小颗粒）；湿颗粒应及时干燥。如粉碎块子，物料应逐渐加入，不宜加满，以免受压过大，而使筛网易损。

b. 速度选择：干品宜用快档，湿品宜用慢档。安装筛网时，使其端口与料仓端口紧贴，防止漏料。

c. 注意事项：粉斗内如粉末停滞不下，切不可用手去铲，以免造成伤手事故，应用竹片铲或停车后工作。最后，按清洁 SOP 清洁本设备。

②摇摆式颗粒设备维护与保养

a. 本机使用自动润滑，使用中不需加油，但需经常注意，润滑系统的管路不能堵塞，随时观看机身上段的视镜中输油情况。

b. 全部润滑油存贮在减速器内，其存油量必须保持在油标视镜的中线上，油质必须保持清洁，如经常使用，必须保持每隔六个月换新油一次。

c. 听见异常杂音及时停机检查排除。

d. 定期检查机件，每月进行一次，检查蜗轮蜗杆、齿条、轴承等活动部分是否转动灵活及其磨损情况，检查油泵管路是否畅通，发现缺陷应及时个修复。

e. 正常保持机器清洁，在一次使用完毕或停工时，应拆下前轴承座取出旋转滚筒进行清洗，旋转滚筒前轴承及料斗部分都可直接用水冲洗。

f. 如停用时间长，必须将机器全身揩擦清洁，机件的光面上涂上防锈油。

g. 运行中箱体升温不超过 50℃。

（3）高效湿法制粒机制湿颗粒

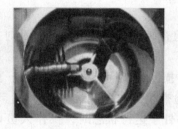

图1-18 高效湿法制粒机

①开机准备

a. 打开容器盖，并将气←→水转换阀门开到"水"位置，彻底清洗容器。

b. 将玻璃转子流量计流量调节到适当位置。

c. 大油雾器中加入1/3容积的食用植物油，开启压缩空气，并将气水←→转换调开至"气"的位置，待吹扫出密封道内的余水后，关闭气阀。

d. 开启电源，并调节好出料口气缸运行速度，关闭电源，出料口。

e. 加入物料，关闭容器盖并拧紧，将气←→水转换阀开至"气"的位置。

②开机

a. 接通电源，三个显示窗显示搅拌时间，切割时间和运行状态。

b. 设定参数：用"▲"键对闪烁位的数值进行加运算，在0~9间循环，用"▲"键对闪烁位进行移位。

c. 设定参数应依次顺序设定，一直回到原始状态，设置才完毕。

d. 总的时间以搅拌高低速的时间和，等待时间切割高低速时间和，这两个时间以短的为准，只要任何一个到时间，系统自动关闭。

③制粒操作

a. 系统的搅拌，切割的动作，只有在"正常"灯亮了以后，才起作用，卸料出处。

b. 停止阶段，按"自动"键后，系统按照设置好的时序自动运行转换。

c. 运行阶段，按"自动"键后，系统搅拌，切割输出关闭，停止运行。

d. 通电以后，系统处于"手动"阶段，可以手动进行搅拌高低速，切割高低速，时序不起作用。

e. 制粒结束后，关闭"搅拌停""切割停"整机停止运行，若未用自动搅拌，制料，待设定程序完毕后，整机停止运行。

④出料

a. 打开出料口，按"点动"按钮即可出料，如自动出料不能出净，可按下面板"急停"开关，然后打开容器盖清理容器内的剩余物料。

b. 在不关闭"急停"开关的前提下容器盖一旦打开，设备的搅拌，切割将自动停止，以防止误操作可能产生人身安全事故。

c. 出料完毕后，关闭气←→水转换开关。

⑤高效湿法制粒机维护与保养

a. 搅拌，混合，制粒操作时，必须将容器锁紧，并将气←→水转换阀开至"气"的位置。

b. 经常检查减速机润滑油液位，及时按需要添加，一般3个月需要更换润滑油并清洗蜗轮蜗杆。经常检查各运动部位连接是否牢固，三角皮带是否过松，蜗轮蜗杆是否有不正常磨损，设备运转中有无异响，予以排除。

c. 经常检查搅拌轴密封圈和密封环，切粒轴密封圈和密封环的密封效果，予以及时更换。设备处于运行状态时，操作人员切勿离开操作的现场，以免设备出现异常状况时无人及时处理，造成不必要的损失。

（4）流化床制粒（又称一步制粒、沸腾制粒）

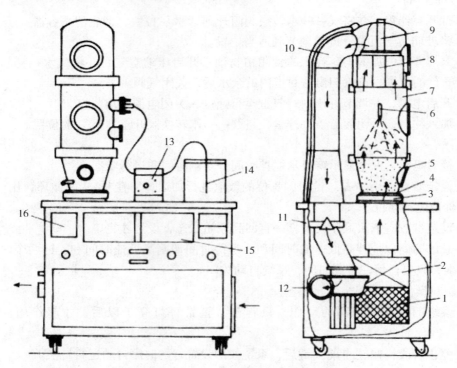

图1-20　流化沸腾制粒机

1. 进风过滤　2. 加热器　3. 压力环　4. 分布板　5. 料斗　6. 喷嘴　7. 流化室　8. 袋滤器

9. 摇振气缸　10. 出风口　11. 排气风门　12. 风机　13. 输液泵

14. 贮槽　15. 控制面板　16. 四针记录仪

流化床制粒是利用气流使粉末（本产品为三七细粉、部分丹参浸膏粉）悬浮呈流态状，喷入液态黏合剂（稀释的丹参浸膏）使凝结成粒，即将混合、制粒、干燥等工序在一台设备中完成的方法，简化了生产工艺，自动化程度高，工艺参数明确，条件可控。由于边制粒边干燥，解决了半浸膏片中膏粉比例难以掌握，浸膏不能被药粉完全吸收的老大难问题。所制颗粒粒度均匀，流动性好，色差小，可塑性好。若用于压片，片剂硬度、崩解性、溶化性好，片面光洁。特别适宜于黏性大、湿法制粒不能成型及对湿、热敏感的物料制粒。有时制粒后，还可在同机内包衣。是目前应用较多的一种制粒方法。

流化床制粒机主要构造由容器、气体分布装置（如筛板等）、喷嘴、气固分离装置（如捕集袋）、空气进口和出口、物料排出口组成。操作人员应掌握其安装与使用要点，以保证设备的完好和生产的顺利进行。关键安装步骤和操作注意事项如下：

①打开压缩空气开关后，应在压缩空气压力达到设备生产要求后方可继续下一步的操作。

②捕集袋安装完毕后，应检查袋筒是否全部竖直向下，不得有倾斜和扭转，否则物料易于聚集在捕集袋的筒内。

③捕集袋整体安装到位后，方可打开"上密封"充气，否则会使其密封圈充气膨胀爆裂，或密封不严密，生产过程中漏粉。

④"上密封"打开后，切记将绞车反转两圈，否则生产过程中捕集袋振摇时，钢丝绳会被拉断。此外，也不可将钢丝绳松得过多，否则钢丝绳易扭曲缠绕。

⑤上升捕集袋整体时，头、手及人体其他部位严禁进入机体内部，防止部件意外高位坠落时，产生人身伤害。

⑥停机、更换或清洗捕集袋时，在捕集袋整体尚未降到底部时，头、手及人体其他部位严禁进入机体内部。

⑦若捕集袋整体在高位被粘住不能降下时，应用长杆去顶松，手、头及人体其他部位严禁进入机体内部，防止松动后意外高位坠落，产生人身伤害。

⑧在料车移至正确位置后，方可开启"下密封"，否则也会使其密封圈充气膨胀爆裂。

⑨卸下捕集袋整体时，先转动绞车拉紧钢丝绳，再关闭"下密封"，松开锁扣。否则捕集袋整体急速下落时容易拉断钢丝绳。

⑩流化床制粒工艺操作要点

流化喷雾制粒时，先将药物粉末与各种辅料装入料车中，从床层下部通过筛板吹入适宜温度的气流，使物料在流化状态下混合均匀，然后均匀喷入黏合剂液体，粉末开始逐渐聚结成粒，经过反复喷雾和干燥，至颗粒大小符合要求时停止喷雾，形成的颗粒则继续在床层内送热风干燥，出料送至下一步工序。在整个工艺过程的操作中，关键应注意以下几点：

a. 压缩空气必须经过除湿除油处理，否则会造成机器损坏和产品污染。

b. 投料前，须检查筛板，应完整无破损。若有破损应更换后方可使用，以防断裂的细小金属丝混入颗粒中。

c. 流化床制粒又称沸腾制粒，是固体物料呈沸腾状态与雾滴接触聚集成粒。因此，必须注意观察物料是否保持沸腾状态，并要防止结块。当物料或物料中较大的团块出现不沸腾现象时，应停止喷雾，进行干燥；必要时出料，取出结块物料，用快速整粒机将团块适当粉碎或干燥后再将团块粉碎，再与原物料混合后重新制粒。

d. 流化床制粒是颗粒成型与干燥一步完成，必须保持一定的进风温度与物料温度。因此，必须保证温度不能低于一定值，以防止结块。在流化制粒正常进行时，一般出风温度比物料温度低 $1 \sim 2℃$，两者不会相差很大。当两者温度相差较大时，极有可能是物料已结块，应出料检查并采取相应措施。

e. 流化床制粒时，捕集袋两侧有较大的压差。若此时捕集袋有裂缝或密闭不严，则会造成大量的物料飞散。因此，必须注意随时观察上视窗内是否有物料飞扬。

f. 喷雾流速是影响雾化效果的一个重要因素，而输液泵的工作情况直接影响喷雾流速。因此，必须注意输液泵的工作状况，保证药液流速稳定。同时应将雾化压力调节至一适宜值，并保持其稳定。因为雾化压力也是影响药液雾化效果的重要因素。

g. 为保证物料处于良好的沸腾状态，湿颗粒应及时干燥，沸腾床内必须保持一定的负压。可通过调节风门大小来调节负压大小，但风门不可设置过大，否则较大的负压会损坏料槽底网。

⑪影响流化床制粒质量因素

流化床制粒是流化床内的物料粉末，受一定温度的气流鼓动，在流化床内呈沸腾状态悬浮、混合，与通过喷枪雾化的黏合剂接触，靠黏合剂的架桥作用相互聚结成粒的过程。根据此制粒机制，将影响流化床制粒的因素分述如下。

a. 原辅料：原辅料中细粉、吸湿性材料多至超过 50% 时，易阻塞筛孔、结块成团；一般亲水性原辅料制粒时，粉末除被黏合剂液体润湿外，还可能相互溶合，由粒子核凝集成粒，故此种材料较适宜流化床制粒；疏水性材料制粒时，粉粒之间靠黏合剂黏合架桥作用粘在一起，干燥后溶剂蒸发，粉末间成固体架桥，形成颗粒。

b. 黏合剂：黏合剂黏度大，经雾化形成的液滴也大，所制颗粒粒径增大、脆性减小，流动性下降。在中药制剂的流化床制粒中，由于中药浸膏本身有较强的黏性，往往兼作黏合剂，经雾化喷入，若浓度增大，黏性也会增大；黏合剂喷入速度增大则用量增加，形成的雾滴大，润湿和渗透物料的能力大，制得的颗粒粒径也大，脆性小，松密度和流速波动小，稳定性好；黏合剂喷入速度小，形成的雾滴小，制得的颗粒粒径小，细粉偏多，颗粒松散。

c. 温度：在颗粒形成过程中，进风温度高，则黏合剂溶剂蒸发速度快，使黏合剂对粉末的润湿能力和渗透能力降低，制得的颗粒粒径小，脆性增加，松密度和流动性减小；若进风温度过高，则黏合剂在雾化中被干燥，不能成粒。制得的颗粒带有较多的细粉；同时也易使热敏成分破坏，甚至使低熔点的物料熔融，黏结在物料槽的透风底网上，下面的热风透不上来，于是热量在底网附近积聚，将更多的物料熔融。直至底网被彻底封堵，沸腾停止，制粒过程被阻断；进风温度低，则制得的颗粒粒径大。但温度过低，颗粒不能及时被干燥，会逐渐形成大的、潮湿的团块，最终也会使沸腾停止。

d. 喷雾空气压力：黏合剂的雾化多采用有气喷雾，雾化的程度是喷嘴内空气和液体混合的比例来决定的。增大喷雾空气压力，则空气比例增加，黏合剂雾滴变小，颗粒也变小，而脆性增大，松密度和流速波动小，稳定性好。但雾化压力过高会改变设备内气流的流化状态，气流紊乱，又可能导致湿粒局部结块。

e. 喷嘴在流化床中的位置：制粒时为了减少细粉的存在空间，喷嘴应朝下；喷嘴在流化床中的位置高低会影响颗粒的大小和脆性，对松密度和流化性的影响不大。喷嘴越接近流化床，越容易促进颗粒的形成，但过低时，会影响雾滴形状，而且喷嘴经常受到粉末的冲击而易阻塞。若位置过高，雾滴会在喷洒过程中被干燥，对颗粒形成不利。

f. 床内负压：控制负压的目的是为保持物料处于良好的流化状态。负压偏低，物料沸腾状态不佳，颗粒干燥不及时，易结块；负压偏高，会有更多的粉尘黏附在捕集袋上，影响收率及颗粒粒度。

g. 静床深度：是指物料装入沸腾床后占有的高度。它的大小取决于机械设计的生产量。若静床深度太小，则难以取得适当的流化状态，或者气流直接穿透物料层，不能形成沸腾状流化态。在确定静床深度时，必须考虑到物料的性状，如密度、粉末的粗细、亲水性和亲脂性等影响因素。

h. 捕集袋振摇时间间隔与振摇次数：减少振摇时间间隔，增加振摇次数，可使更多的粘附在捕集袋上的细粉抖落至物料槽内，使制得的颗粒更加均匀，提高制粒效率。

5. 用摇摆式颗粒机和高效湿法制粒机制备的湿颗粒须及时干燥，目前生产中常用以下两种方法。

（1）用热风循环烘箱干燥

①热风循环烘箱操作程序

a. 检查烘箱各部位是否正常：阀门连接是否泄漏，打开放水阀放尽管内积水，关闭阀门；检查风机叶片是否碰壳，转动是否灵活，有无异常噪声；风机转向是否正确；检查电源线连接是否牢固，电热管的连线是否牢固。

b. 将湿颗粒均匀铺在烘盘内，厚度不超过 1.5cm，并将烘盘按上至下顺序放入托架并将其推入烘箱，关闭箱门。

c. 合上控制箱内空气开关，检查保险丝是否正常，通电时控制器面板左侧"控制"绿灯显示亮。

d. 控制器开关均为乒乓开关，按一下"接通"，再按则"关闭"，都有相对应的指示灯显示。

e. 控制器报警分为两种形式，一种为内部报警，面板显示报警红灯亮，里面蜂鸣器发出"嘟嘟"声。一种为普通电铃。只有当温度超过设定值时报警才有效。

f. 当左侧"控制"相对应的绿灯亮时，说明通电正常。这时按一下电源总开关，相应指示灯亮。数字显示窗显示测量温度。再按一下风机的"启动"键，这时风机进入正常运行。选择你所需要的加热方式。控制器加热方式有三种：依次为：汽加热；电加热；汽、电同时加热。如果所配置的烘箱功能如果只有一种，那么按一下"选择"乒乓开关，确定加热方式。

　　g. 物料所需干燥温度的设定：按循环键 3 秒，当上面红色数码显示窗显示"5U"时，用移位键"＜"升降键"∨""∧"进行调节，下面绿色显示窗显示相对应温度。调节完恢复正常窗口。

　　h. 上限报警温度的设定：同时按循环键和上升键"∧"3 秒，窗口显示"RL"，然后再按循环键，窗口显示上限报警数字"RH"，用升降键"∨""∧"对上限温度进行设定，设定值比使用温度高 10～15℃。

　　i. 按产品工艺要求经常开门检查烘箱情况，并按要求翻料、倒盘，定时检查烘箱温度，按工艺要求严格控制温度。

　　j. 出箱前先关闭蒸汽阀门或关闭电加热电源，根据加工工艺要求断续鼓风一定时间后，关闭鼓风电机，将物料按先下后上的顺序出料。按热风循环烘箱清洁 SOP 进行清洁。颗粒干燥出烘箱后，用颗粒机或整粒机整粒，加入冰片粉、硬脂酸镁混匀装桶。

②热风循环烘箱设备维护与保养

　　a. 操作人员应严格按本操作规程进行操作。

　　b. 本设备应由专人进行操作及维护保养。

　　c. 操作人员每天班前班后对烘箱进行检查，确认部件、配件齐全各连接有无松脱现象；确认管路无跑、冒、滴、漏；保持设备内干净无油污、灰尘、铁锈、杂物。

　　d. 工作完毕对整个烘箱及烘盘进行彻底清场。

　　e. 使用中，出现异常时，应关闭汽与电，待维修好后，方可重新进行操作。

　　f. 以维修人员为主，烘箱每半年检修一次，更换损坏部件。

　　g. 经常检查电磁阀的工作情况，保证温度的正常控制。

（2）GFG 高效沸腾干燥机沸腾干燥。

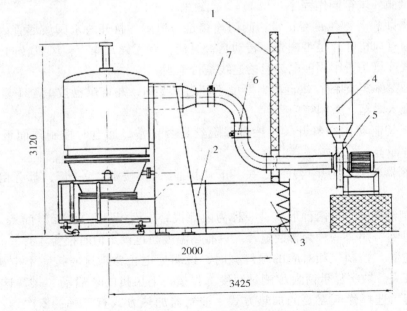

图 1-19　GFG 高效沸腾干燥机图示

1. 隔墙　2. 加热器　3. 过滤器　4. 消声器　5. 调风门　6. 风机　7. 自动风阀

①开机准备

a. 检查空气压缩机润滑油是否加注到位，贮气罐内是否有冷却水，并排尽，油雾器内是否有食用植物油，并加注到位。

b. 设定菜单1按左边第一号"SET"键。

c. 设定要控制的温度，范围在0～400℃。

d. 设定控制进风温度的参数：反映系统灵敏度的参数P；消除静差所需的时间常数I；微分时间常数D，按温度的变化趋势进行超前调节；控制周期参数T，本系统为20～30秒。

e. 风机三角形启动的延时时间，风机的接触器共有3个A，B，C，当启动风机时先打开A和B，当延时时间到就关闭B，同时打开C。

f. 设定菜单2，按右边第二号"SET"键，设定振打的次数，一次振打的周期，期函数左右间隔时间，运行时间。

②设置GFG高效沸腾干燥机基本操作

a. 可以用"▲"键对闪烁位进行数值循环（0～9），用"▲"键对闪烁位进行移位。

b. 设定参数时应依次顺序设定，一直回到原始状态，设定值才键入。

c. 在一号设置菜单中，按二号"SET"键，不保存退出，相反同样。

③GFG高效沸腾干燥机系统基本操作

a. 按"开启"键后，系统才能开始运行，按"关闭"键后系统全部关闭。

b. 系统启动以后，按"运行"键，开始进行振打控制，按"停止"键则关闭程序，在振打运行状态再按运行键，则暂停过程输出关闭。

c. 只有风机启动以后，按"运行"键，才进入振打运行状态，在振打运行状态时，关闭风机则振打过程结束。

d. GFG高效沸腾干燥机工作流程：开顶升－风机－加热－清灰－搅拌－搅拌点动，关机则相反，如不按流程操作，有很多程序都开不起来。

④干燥操作

a. 将原料容器推车推入到主塔，开顶升开关，密封主塔。

b. 关闭微调风门，启动风机。

c. 逐步开启微调风门，直至物料抛至适当位置后锁死手柄。

d. 以上工作就绪后，即可用自动程序进行干燥作业。

e. 搅拌装置严禁带负荷静态启动，以延长使用寿命，只是在物料处于流化状态，但流化不良时才启动搅拌，且搅拌时间不宜太长。

⑤关机

a. 按"搅拌停"关闭搅拌电机，按"搅拌点动"使动轴与搅拌电机间离合器滑槽处于与地面垂直位置。

b. 按"风机停"关闭风机，平动清灰次数后，按"顶降"，即可拉出物料车出料。

⑥GFG高效沸腾干燥机维护与保养

a. 设备控制元件，仪器，仪表应保持清洁，干燥，避免受潮。

b. 设备主塔在每次操作完毕后均需清洗，干燥。

c. 压缩空气过滤器每6～12个月应清洗检修一次，进风过滤器应经常检查，予以及时清洗和更换。

d. 原料容器下部的不锈钢双面席形分布板筛网如发生堵塞，会造成流化不良，应及时加以清洗。

（六）整粒、总混

制粒完成后，用颗粒机或整粒机整粒，加入冰片粉、硬脂酸镁用混合机总混装桶。

【结果】

1. 通过制粒 – 整粒 – 配料 – 混匀得到复方丹参干颗粒。

2. 所得干颗粒装桶，称重，每件附标签，标明品名、重量、日期、工号，并作半成品检验，合格后转下一工序或中间站备用。

3. 写制粒工序原始生产记录。

4. 本批产品制粒完毕，按 SOP 清场，质检人员作清场检查，发清场合格证。待后续不同规格或不同产品的生产。

【相关知识和补充资料】

1. 制颗粒的目的

中西药物片剂绝大多数都需要事先制成颗粒才能进行压片，这是由物料性质所决定的。制成颗粒主要是增加其流动性和可压性。流动性常以休止角表示，休止角小流动性好，否则相反，休止角测定法见微粉的流动性。可压性最简单的衡量方法是以压成一定硬度的药片所需的压力表示，若所需压力小则可压性好；或以在一定压力下压成药片的硬度表示，若硬度大则可压性好。颗粒的制备是湿颗粒法制片的关键性操作，关系到压片能否顺利进行和片剂质量的好坏。具体说来，药物制成颗粒有如下目的。

（1）增加物料的流动性：细粉流动性差，不能从料斗中顺利的流入模孔中，时多时少，增加片重差异，影响片剂的含量均一性。制成颗粒后增加了流动性，药物粉末的休止角一般为65℃左右，而颗粒的休止角一般为45℃左右，故颗粒流动性好于粉末。

（2）减少细粉吸附和容存的空气以减少药片的松裂：细粉比表面积大，吸附和容存的空气多，当冲头加压时，粉末中部分空气不能及时逸出而被压在片剂内，当压力移去时，片剂内部空气膨胀以致使片剂松裂。

（3）避免粉末分层：处方中有数种原、辅料粉末，密度不一，当在压片过程中，由于压片机的振动造成重者下沉，轻者上浮，产生分层现象，以致含量不准。

（4）避免细粉飞扬：细粉压片粉尘多，粘附于冲头表面或模壁易造成粘冲、拉模等现象。

因此，制成颗粒后再压片，在一定程度上可改善压片物料的流动性和可压性。

2. 中药制颗粒的方法

主要分为药材全粉制粒法、药材细粉与稠浸膏混合制粒法、全浸膏制粒法及提纯物制粒法等。药材全粉制粒法是将全部药材细粉混匀，加适量的黏合剂或润湿剂制成适宜的软材，挤压过筛制粒。黏合剂或润湿剂需根据药粉性质选择，若药粉中含有较多矿物质、纤维性及疏水性成分，应选用黏合力强的黏合剂，如糖浆、炼蜜、饴糖，或与淀粉浆合用；若处方中含有较多黏性成分，可选用水、乙醇等润湿剂即可。此法适用于剂量小的贵重细料药、毒性药及几乎不具有纤维性的药材细粉制片。如参茸片、安胃片等。而一般性药材不宜全粉制粒，否则服用量太大。本法具有简便、快速而经济的优点，但必须注意药材全粉的灭菌，使片剂符合卫生标准。

部分药材细粉与稠浸膏混合制粒法，是将处方中部分药材制成稠浸膏，另一部分药材粉碎成细粉，两者混合后，若黏性适中可直接制成软材，制颗粒。此法可根据药材性质及出膏率而决定磨粉的药材量，还应考虑使片剂能快速崩解，应力求使稠浸膏与药材细粉混合后可制成合格的软材，目前多半以处方量的10%～30%药材打粉，其余制稠浸膏。若两者混合后黏性不足，则需另加适量的黏合剂或润湿剂制粒。若两者混合后黏性太大难以制粒，或制成的颗粒试压时出现花斑、麻点，须将稠浸膏与药材细粉混匀，烘干，粉碎成细粉，再加润湿剂制软材，制颗粒。此法应用较广，适用于大多数片剂颗粒的制备。如元胡止痛片、牛黄解毒片等。此法最大优点是稠浸膏与药材细粉除具有治疗作用外，稠浸膏起黏合剂作用，而药材细粉大部分具有崩解剂作用，与药材全粉制粒法及全浸膏制粒法相比，节省了辅料，操作也简便。

全浸膏制粒法，目前生产上有以下两种情况：一是将干浸膏直接粉碎成颗粒。干浸膏如黏性适中，吸湿性不强时，可直接粉碎成通过一至二号筛（40目左右）的颗粒。此法颗粒宜细些，避免压片时产生花斑、麻点。采用真空干燥法所得浸膏疏松易碎，直接过筛即可。二是用浸膏粉制粒。干浸膏先粉碎成细粉，加润湿剂，制软材，制颗粒。此法适用于干浸膏直接粉碎成颗粒而颗粒太硬，改用通过五至六号筛的细粉，用乙醇润湿制粒，所用乙醇浓度应视浸膏粉黏性而定，黏性愈大，乙醇浓度应愈高，乙醇最好以喷雾法加入，分布较均匀。有些药厂将干浸膏细粉置包衣锅中，边转动边将润湿剂以雾状喷入，逐渐地湿黏成粒。然后继续转动至干燥，此法称喷雾转动制粒。浸膏粉制粒法，颗粒质量较好，压出的药片外观光滑，色泽均匀一致，硬度也易控制，但工序复杂，费工时。

近年来，有将中药水煎液浓缩到一定的相对密度（约为1.1～1.2）后，用喷雾干燥法制得浸膏颗粒，或得到浸膏细粉进而喷雾转动制粒。这些方法不仅大大提高了生产率，且所得到片剂质量和防止杂菌污染等均有提高。

全浸膏片因不含药材细粉，服用量少，易达到卫生标准，尤其适用于有效成分含量较低的中药材制片。如石淋通片、穿心莲片等。

提纯物制粒法，是将提纯物细粉（有效成分或有效部位）与适量稀释剂、崩解剂等混匀后，加入黏合剂或润湿剂，制软材，制颗粒。如北山豆根片、盐酸黄连素片等。

3. 不同操作的湿法制粒方法

有挤出制粒法、流化喷雾制粒法、滚转制粒法、喷雾干燥制粒法、高速搅拌制粒法等。

湿颗粒法压片生产工艺中，无论是药材全粉、半浸膏粉、全浸膏粉及提纯物细粉等均需用湿法进一步制颗粒。粉料加黏合剂或润湿剂或稠浸膏，混合均匀后成软材，软材通过摇摆式或旋转式颗粒机，挤压成颗粒，再干燥。

片剂颗粒所用的黏合剂或润湿剂的用量，以能制成适宜软材的最少用量为原则，其用量的选择与下列因素有关：①原、辅料本身的性质，如粉末细、质地疏松、干燥、在水中溶解度小，以及黏性较差时，黏合剂的用量宜多些；反之，用量应少些。②黏合剂本身的温度和混合时间的长短：黏合剂温度高时用量可酌情减少，温度低时用量可适当增加；片剂中含淀粉量较多时，黏合剂的温度不宜过高，否则会促使淀粉部分糊化而影响崩解；对热不稳定的药物所用黏合剂温度不宜高于40℃；对含有较多糖粉、糊精及水溶性药物片剂，黏合剂温度应稍低。以免颗粒干燥后太硬，压片时出现花斑。软材混合时间愈长黏性亦愈大，制成的颗粒亦较硬。由于影响黏合剂用量的因素较多，所以，在生产时需灵活掌握。软材的质量由于原、辅料性质的不同很难订出统一规格，一般软材的软硬度以手握紧能成团，而用手指轻压团块即散裂者为宜。片剂颗粒的大小、松紧及细粒度应按干颗粒的质量要求项下选用筛号制备颗粒，一般在10~22目之间选用。

流化喷雾制粒法又称流化床一步制粒、沸腾制粒，是近30年来发展起来的的新型制粒技术；系指利用气流把粉末悬浮，成流态化，再喷入黏合剂液体，使粉末凝结成粒，此法通入的气流温度可以调节，能把混合、制粒、干燥等操作在一台设备中完成。

此法制的颗粒，粒度较均匀完整，流动性好，简化了工序，适于对湿热敏感的药物制粒。但动力消耗大，药物粉末飞扬，极细粉不易全部回收。

滚转制粒法是将浸膏或半浸膏细粉与适宜的辅料混匀，置包衣锅内或适宜的容器中转动，在转动中将润湿剂乙醇或水呈雾状喷入，使湿润黏合成粒，继续滚转制颗粒干燥。此法适合中药浸膏粉、半浸膏粉及黏性较强的药物细粉制粒。

喷雾干燥制粒法是将药物浓缩液送至喷嘴后与压缩空气混合形成雾滴喷入干燥室中，干燥室的温度一般为120℃左右，雾滴很快被干燥成球状颗粒进入制品回收器中，收集制品可直接压片或再经滚转制粒。此法适于中药全浸膏片浓缩液直接制粒。

4. 功能先进的流化床制粒机特点

功能先进的流化床制粒机由数字控制台和制粒机两部分组成。生产物料准备就绪后，操作人员在控制系统中输入或修改生产参数，就可控制整个生产流程。同一般的流化床制粒机相比，有如下特点。

（1）安全操作有保障：流化床制粒机都有较重的捕集袋整体结构装置，它由钢丝绳悬挂在筒体的顶部。这个捕集袋整体对操作人员的人身安全构成了较大的威胁。一般的流化床制粒机在使用较长一段时间后钢丝绳易断裂，会使得捕集袋整体急速下坠。若此事故发生在安装或拆卸捕集袋整体时，极易造成人身伤害。安全性能高的流化床制粒机有很好的保险措施，当钢丝绳断裂，捕集袋整体急速下坠时，其保险装置能迅速收紧，减缓捕集袋整体下坠速度直至使其停止下坠。

（2）规范操作有保证：任何设备都有相应的设备操作SOP，指导操作人员规范操作，以保证设备的正常运行和维护设备。功能先进的流化床制粒机有自动的保护装置，能保证操作人员严格按照设备 SOP 安装和操作机器。当操作人员有违规操作时，机器自动停止或拒绝下一步操作，并有相应的提示显示。例如，应在捕集袋整体安装到位后才能开启"上密封"充气；料车到位后，才能开启"下密封"充气。若以上两步未能按顺序操作，则会使密封圈充气膨胀爆裂。若操作人员未按上述顺序进行，机器就会不执行指令，并在控制面板中显示不执行的原因，待操作人员更正后方可进行下一步操作。

5. 中药制粒中乙醇浓度的调解

在制粒过程中，尤其是全浸膏片或半浸膏片的制粒，乙醇是用得最多的润湿剂。由于中药浸膏本身在润湿后会诱发较大的黏性，并且其黏性的大小与制粒时使用的乙醇浓度有关，因此，为保证颗粒的黏性适中，粒度合格，常要调整乙醇浓度。

在湿法搅拌制粒时，若制得的软材黏性大，在过筛制粒时易黏结筛网，制得的颗粒粒径大，硬度大，则可适当提高乙醇浓度；若制得的软材黏度过小，过筛制粒时大部分是细粉，颗粒少，则可适当降低乙醇浓度。在一步制粒法制粒过程中，若物料易结块，颗粒粗硬，则可提高乙醇浓度；若颗粒难以成形，细粉多，则应降低乙醇浓度。

6. 湿粒的干燥

湿粒应及时干燥，否则会结块变形。干燥温度一般为 60～80℃，温度过高可使颗粒中的淀粉糊化，降低片剂的崩解度，并可使含浸膏的颗粒软化结块。含挥发性及苷类成分的中药颗粒应控制在 60℃ 以下，对热稳定的药物，干燥温度可提高到 80～100℃，以缩短干燥的时间。颗粒的干燥程度一般凭经验掌握，含水量以 3%～5% 为宜。含水过高会出现黏冲现象，过低会出现顶裂现象。

7. 常见的颗粒质量问题及解决办法

颗粒质量与片剂质量密切相关，片剂质量不合格很多是由于颗粒质量不合格造成的。因此，制出合格的颗粒对于保证片剂质量非常重要。常见的颗粒质量问题如下。

（1）颗粒含水量不合格：含水量偏高，压片时易于黏冲。颗粒流动性差，片重差异不合格。颗粒含水量偏高，黏性大，压出的药片硬度大，还会影响崩解；含水量偏低，颗粒黏性差，则压片时易松片、裂片。解决含水量不合格，可采取改变制粒的乙醇浓度，延长或缩短干燥时间，或改进干燥方法；沸腾制粒时控制出锅颗粒的水分；或者与其他含水量相反的颗粒混合均匀压片。

（2）颗粒黏性不合格：黏性过大，则压片时易黏冲，药片崩解不合格；黏性小，则易裂片、松片。解决颗粒黏性不合格，可在制粒时改变黏合剂的品种和用量，或者在制软材时延长搅拌时间（增加颗粒黏性）或缩短搅拌时间（减小颗粒黏性）。

（3）颗粒粒度不合格：颗粒偏细，则压片时可能出现裂片、黏冲。颗粒流动性差，片剂重量差异不合格。此外，颗粒偏细，压片时粉尘飞扬，操作空间污染大；颗粒偏粗，则片剂重量差异不合格。中药浸膏片颗粒偏粗往往还同时存在颗粒偏硬，压得的药片片面显花斑，崩解不合格。解决颗粒粒度不合格，可通过改变制粒用的乙醇浓度，改进制粒方法如改挤出制粒为沸腾制粒，则制得的颗粒粒度均匀性大大提高，压得的药片崩解时间缩短。

（4）颗粒含量均匀度不合格：颗粒含量均匀度不合格，直接导致药片均匀度不合格。解决均匀度不合格，可通过以下方法加以解决：改进干燥方法，如改烘房干燥为沸腾干燥或微波干燥；使用与主药亲和性大的辅料。此外，可延长搅拌时间，或改进混合方法，如使用倍增法混合。

【课堂讨论】

1. 常用的制粒方法及设备有哪几种？所制颗粒有何特点？
2. 湿颗粒常用的干燥设备有哪几种？各有何特点？
3. 压片颗粒和颗粒剂的颗粒粒度要求有何不同？
4. 挤压式制粒工艺过渡到一步制粒时为什么要对辅料进行调整，如何调整？

1. 湿法制粒　2. 一步制粒　3. 沸腾干燥　4. 厢式干燥

成功是人生的一段旅程而不是终点。

第六节　压　片

主题　如何将所制得的颗粒压制成复方丹参片？

【所需设施】

①旋转式压片机；②盛器。

【步骤】

1. 人员按 GMP 一更、二更净化程序进入操作间。
2. 生产前的准备工作。
3. 原辅料的验收配料。
4. 用旋转式压片机压片

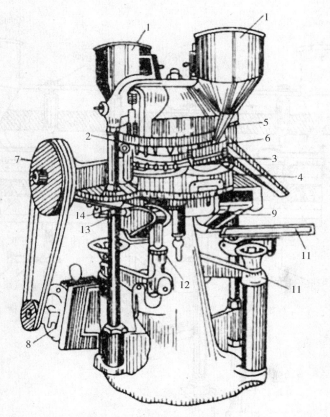

图 1-21　旋转式多冲压片机结构示意图

1. 加料斗　2. 上冲　3. 中横盘　4. 下冲　5. 饲料器　6. 刮板　7. 皮带轮

8. 电机　9. 片重调节器　10. 安全装置　11. 置盘架

12. 压力调节器　13. 开关　14. 下压轮

（1）模具安装

①装车前的准备工作

a. 装车前必须持有 QA 签发的清场合格证。

b. 按照生产品种的规格要求，领取冲模，并认真检查冲模的质量，有无缺边、裂缝，及规格是否符合要求，冲头是否光洁。

c. 切断电源，拆下下冲装卸轨，拆下料斗，加料器，打开左侧门，装上试车手轮组件。

d. 将工作台面，模孔和要安装的冲模逐件揩擦干净，并在冲模及冲杆外径涂适量植物油。

e. 将片厚调整至 5 以上的位置，压力在 5kN 以上、充填调至 2 以下，压力升至 3Mpa。

②首先安装中模

a. 把转台上中模固紧螺钉逐件旋出转盘外围 1mm 左右，勿使中模装入时与螺钉的头部相碰为宜。

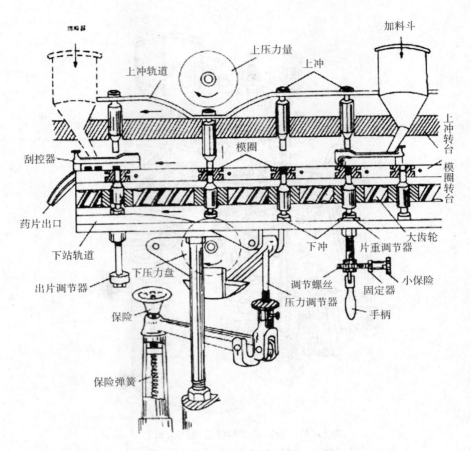

图 1 – 22　旋转式压片机工作过程示意图

b. 检查中模内是否有槽痕，将有槽痕的一端放在下部，然后将干净的中模平稳、垂直地放入清洁的模孔内，中模孔配合间隙较小，放置时可用中模打棒（黄铜棒）自上冲孔穿入，用手锤轻轻打入，当中模进入模孔后，其平面不高出转台工作面为合格，然后将中模螺钉紧固。

c. 慢慢转动机器左侧手轮，使手轮按顺时针方向转动一圈，用黄铜棒自下冲孔穿出，自下而上，将每只中模逐一撞击，检查中模是否高于平面，不得松动。

③装下冲

a. 将揩净的下冲按顺序自然插入每个清洁的下冲孔内，并伸入中模，上下左右的转动，必须转动灵活，装毕下冲，将下冲装卸轨装上，用螺钉紧固。

b. 慢慢转动机器左侧手轮，使转台旋转二周，观察下冲杆进入中模孔及在轨道上运行的情况，无碰撞和卡阻，下冲杆上升到最高点（即出片处），应高出转台工作面0.1~0.3mm。

c. 拆下机器左侧手轮，关闭左侧门，然后开动电机，检查下冲运行是否正常，一边用干净的白回丝抹清转台平面与下冲顶击部位。

④装上冲

a. 关闭电源，打开机器左侧门，装上手轮。

b. 将上盖板翻上，将揩净的上冲按顺序、自然插入每个清洁的上冲孔内，并伸入中模，上下左右的转动，必须转动灵活，装毕上冲，将上盖板盖平。

c. 慢慢转动机器左侧手轮，使转台旋转一周，检查冲颈接触平行轨，运行是否自如，有无卡阻现象，再装上与上冲规格配套的防尘圈。

d. 冲模安装完毕，转动手轮，将转台旋转二周，观察上、下冲杆进入中模孔及在轨道上运行的情况，应运动灵活，无碰撞和卡阻现象。并注意当下冲杆上升到最高点时（即出片处），应高出转台工作面 0.1 ~ 0.3mm 为宜，以免损伤冲头及其他有关零件，然后开机，空转 5 分钟左右，观察应无异常情况。

⑤装加料器

a. 将加料器 8 组件分别装在转台二侧加料器支承板上，然后将滚花螺钉拧上，再调整冲击螺钉的高度，使加料器底面与转台工作面之间隙为 0.05 ~ 0.1mm（一纸之隔），拧紧滚花螺钉。

b. 装加料器的刮粉板，调整刮粉板高低，使底面与转台工作面平齐，将刮粉板上的螺钉拧紧。

c. 装加料器的刮片板，转动手轮，在下冲出片处，调整刮片板的高度，其底平面与下冲头的间隙有一纸之隔，随后拧紧刮片板上的螺钉。

d. 装加料斗：装上加料斗，以粉子的需流量调整料斗与转台工作面之间的距离，及开启料斗上拦粉插板，料斗不能紧贴转台平面，不能与机身摩擦，调整后将滚花螺钉拧紧。

拆下机器左侧手轮，装好左、右、后侧门，吸尘装置，关闭有机玻璃窗。

⑥装落片装置、装筛片机。

（2）开车前的准备工作。

①按压片岗位操作规程进行领料、复核等工作。

②首先接通电源总开关，然后撳增压（减压）开关，反复升降压力，将管道中的残余空气排出。

③压力油缸加油，并保持油路畅通。

④设定压片压力，根据物料的性质，片径的大小，设定压片压力的大小，片径小、黏度强、易成型的物料，设定的压力较小些；片径大、黏度差、难以成型的物料，设定较高的压片压力。当接通电源后，压力表即显示油压的压力。压力调节主要按面板上增压（减压）按钮即能达到压片压力的设定值，压力油表显示数值是 Mpa。

⑤加料：加料斗内加少量的物料（够开车即可）。

⑥填充量的调节：充填调节手轮安装在机器正前方中间，主要控制片剂重量，中左调节手轮控制后压轮压制的片重，中右调节手轮控制前压轮压制的片重。其充填的大小有刻度指示，其中刻度带每转一大格，即为充填量增（减）1mm，刻度盘每转一格，充填量即增（减）0.01mm，调节手轮按顺时针方向旋转时，充填量增加，反之减少。

⑦片重的预调节：将模孔的中心位置对准加料器的刮粉板，调节充填调节手轮，使下冲与转台工作面的距离略小于冲头直径。（根据物料性质的轻重作相应的调整）。

⑧输粉量的调整：调整物料的流量，首先旋转定位手把，调整加料器挡料板的开启度，至加料器后端有少量的回流物料为宜，然后旋转斗架顶部的滚花螺钉，调整料斗的高度，从而控制物料流入量，其高低位置，一般视加料器内物料积贮量勿外溢为合格，调整后将斗架侧面的滚花螺钉拧紧。

⑨片剂厚度的调节：片厚调节手轮安装在机器正前方外侧位置，右外侧的调节手轮控制前压轮压制的片厚，左外侧的调节手轮控制后压轮压制的片厚，片剂厚度由刻度显示，刻度带每转过一大格，片剂增厚（减薄）1mm，刻度盘每转过一格片剂增厚（减薄）0.01mm，当调节手轮顺时针方向旋转时，片厚减小，反之片厚增大。一旦充填调节后（即比重达到要求），再对片剂的厚度及硬度，作适当的微调，直至合格。

⑩将片剂厚度调节手轮按反时针方向旋转，使片子成型，略带厚度。

（3）机器试运行

①将机器右侧急停开关置于"按下"状态，按面板启动按钮和停机按钮，进行点动式开机。

②称准重量：逐步调节成型片子的片重，数粒后称重至片重达到标准，填充量由少到多，逐步增加到片子的重量。

③调整厚度：根据品种的质量要求，调整片子的厚度、硬度，两边出片的片子厚度、硬度必须一致。

④调整车速：压片速度的快慢，对机器的使用寿命、片重、片剂质量有直接的影响，必须在满足品种的质量要求的前提下，根据实际情况和自身经验并通过试压、调整来确定最佳车速。

⑤质量分析

外观：目测检查片子的外观是否符合片剂外观质量要求。

内质：a. 操作人员开好车，即做崩解，观察其结果，决定是否符合要求。b. 正常生产中，由QA人员抽样进行各项指标分析。

（4）运行

①按压片岗位操作规程进行压片工作。

②QA检查人员进行开车质量确认后，机器正式运行。

③加料：将物料慢慢加入加料斗内，在机器运行中，勤加颗粒，保持加料斗内有一定的物料，不能开空车。

④加油：冲杆和轨道用N32#机械润滑油，使冲杆滑动自如，但不宜过多，以防止油污渗入粉子而引起污染，并保持防尘圈的清洁，每班开车前，在各机件的加油处分别注入润滑脂或机械油，并保持油路的通畅。

⑤勤称片重：在正常运行中，每隔15分钟称一次片重，如果片重不稳定时，随时称重。

⑥勤检查：a. 检查片子的外观质量，保证不合格产品不流入下工段。b. 检查机器的运行情况是否正常，上下冲运转是否活络，听机器的运转声是否正常，有无吊冲等异声。如发现异常情况，立即按急停按钮，并及时处理，机器在无故障的情况下，才

能重新启动电机。

（5）机器故障提示的处理

①装卸轨故障：冲模装拆完毕，忘记装上防护门或装卸轨安装不妥时，指示灯 HL6 亮，此时，重新装上防护门，直至指示灯 HL6 灭。

②电机故障指示：电机工作状态发生异常，电机故障指示灯亮，变频器停止工作，并显示故障类型和发生故障的频率器工作参数，此时，可根据变频器使用说明书判明故障原因，并作相应处理，然后再启动电机。

③紧急停车指示：按下紧急按钮 SB1，指示灯 HL3 亮，将按钮向右转动即可复位。

④前、后超压故障指示：当压片工作压力超过设定压力时，检测开关 SQ3、SQ4 安装位置变动，指示灯 HL4、HL5 亮，同时停机，此时首先应排除检测开关是否松动，其次再检查颗粒是否异常，片剂硬度和重量有否粘冲，压力设置是否合理，然后作相应的调整，消除故障。

（6）设备运行中的注意事项

①加料器安装应与转台工作面平行。高低准确，过高则会产生漏粉，过低则有铜屑磨落，影响片剂质量，加料器左则刮粉板应与台面贴平，保证片重差异在允许的范围内，加料器右则刮片安装高低准确，否则容易造成跳片及碎片。

②细粉多的物料不能使用，会导致上冲粉尘飞扬，下冲漏粉多，造成机件容易磨损和原料损耗。

③运转中如有跳片或停滞不下，切不可用手去取，以免造成伤手事故。

④片重差异增减超过规定标准的几种处理方法。

a. 冲头长短不齐：易造成片重差异，应检查冲杆长度是否合格，如出现个别减少，可能由于下冲运动失灵，导致填充量不足，应加以清除。

b. 料斗高低装置不适当：过高会造成料斗内物料的颗粒落下的速度过快，而加料器上堆积的颗粒就过多；料斗过低料斗中的颗粒落下的速度较慢，而加料器上堆积的颗粒少，造成颗粒加入模孔时不均匀，可调整料斗位置和挡粉板的开启度，加料器中的颗粒应保持一定数量和落下速度相等，使加料器上堆积的颗粒均衡，并使颗粒能均匀地落入模孔内。

c. 料斗或加料器堵塞：在压片时，如使用的颗粒细小，且有黏性，潮湿或颗粒中偶有棉纱头、药片等异物混入，流动不畅，使加入模孔中的颗粒减少，影响片重，若遇片重突然减轻时，应立即停车检查。

d. 颗粒引起片重变化：颗粒过湿，细粉过多，颗粒粗细相差过大，以及颗粒中润滑剂不足，颗粒粗细不均匀等，亦会引起片重差异的变化，应提高颗粒质量。

e. 速度选择不当：速度选择太快，颗粒流动性差，造成颗粒填充不足，应降低车速，保证颗粒流动性，直至片重差异合格。

每班生产结束后按压片岗位操作规程进行清洁卫生工作。

（7）拆车

①切断电源。

②将液压泵的压力放松，使机器正面操作台的压力显示为零。

③拆开筛片机，打开有机玻璃视窗，拆除落片装置，吸粉装置。

④打开机器不锈钢门和左侧门，装上手轮。

⑤自上而下的拆车顺序：

a. 拆加料斗：旋松滚花螺钉，拆除加料斗。

b. 拆上冲：将上冲盖板掀开，将上冲头，防尘圈逐一拆下，拆完上冲，将上冲盖板盖好。

c. 拆加料器：将加料器两侧的滚花螺钉拆除，再拆两侧加料器，然后将滚花螺钉装上原位。

d. 拆下冲：用吸尘器吸去平面上的残粉，拆下下冲装卸轨，慢慢转动机器左侧手轮，按顺序将 35 只下冲一一拆下，然后装上下冲装卸轨，用螺钉紧固。

e. 拆模圈：将中模的紧固螺钉旋出转台外围二毫米左右，用黄铜棒从下冲孔向上将中模顶出。

f. 拆下机器左侧手轮，关闭左侧门。

g. 将拆下的上、下冲头反方向分成两排，放入冲模盒内。以免冲模头子碰撞面损坏，然后用干净的白回丝（特殊产品还需用酒精清洁）将冲模揩净，点清冲模只数后交冲模间。

（8）附件的清洁

①附件的清洁：加料器（刮粉板、刮片板拆除并清洁）、加料斗、落片装置、筛片机等附件用自来水洗刷后，再用去离子水回冲一遍（特殊品种根据该品种的特点选用清洁剂）。

②附件的干燥：清洗后的附件放在温度为 18～28℃，相对湿度为 50% 以下的干燥间内，自然晾干，同时，再用酒精擦一遍。

③上冲的防尘圈须用皂粉洗净油污，并晾干。

（9）洗车

①拆去筛片机、落片装置、加料斗、加料器、上冲、下冲。（如果下冲转动灵活可不拆）用吸尘器吸清转台平面，下冲转盘、机身上的粉尘。

②清洁上冲孔：将干净的白回丝搓成长条形，用旋子将白回丝塞入上冲孔，揩清每只上冲孔。

③用干净的白回丝揩清机身里外、上下。

（10）设备的维护保养

①操作人员

a. 本设备操作人员必须严格遵照 ZP35D 旋转式压片机操作、维护、保养规程，进行压片全过程工作。

b. 操作人员要做好机器的润滑、加油工作，每班开车前，各装置的外表的油嘴、油杯，分别注入润滑脂和机械油，中途可按各轴承的温升和运转情况添加。

c. 上轨道盘上的油杯供压轮表面润滑的，滴下的油量以毛毡吸附的油不溢出为宜。

d. 停产阶段，机器表面涂上一层防锈油，并用车罩罩好。

e. 提高人员素质，加强业务技术培训，以免人为事故对设备的损坏。

②设备维修人员

a. 设备维修人员必须定期对设备进行维护保养。

b. 设备维护人员应定期检查机件，每月 1 至 2 次，检查蜗轮、蜗杆。

c. 轴承、压轮、上下导轨等各活动部分是否转动灵活，是否磨损，发现缺陷应及时修复后使用。

d. 蜗轮箱内加机械油一般夏季选用 N46，冬季选用 N32，油量从蜗杆浸入一个齿面高为宜，可通过视窗观察油面的高低，使用半年左右，更换新油。

e. 电气元件要注意维护，定期检查，保持良好运行状态，冷却风机定期用压缩空气清除积尘。

f. 电气元件的维修，应由专业技术人员进行，特别是变频器，一般情况下，应送专业厂家维修。

g. 对机器绝缘部分作绝缘测试前，必须将变频器主回路控制回路接线拆除，以免绝缘测试损坏变频器，对变频器做单独绝缘测试。

（11）设备常见故障及排除方法

①上下压轮轴向窜动

a. 压片时应压轮受力，导致圆螺母松动，产生轴向窜动，则应打开安装在滑套上的止动垫圈，松开圆螺母，再打开安装在压轮轴上的止动垫圈，收紧圆螺母，确保压轮内轴承间隙在 0.05mm 左右，最后，收紧滑套上圆螺母，收好止动垫圈。

b. 压轮内轴承磨损时产生轴向窜动，则停机调换轴承。

c. 压轮轴内侧轴端挡圈磨损，产生轴向窜动，则应调换轴端挡圈。

②上导轨磨损

a. 断油，上冲加油不当，造成上冲吊冲现象，导致上导轨磨损，应及时修复 35 度斜面，如损坏严重应更换，操作时要注意加油方法，先将上冲表面的剩油，用干净的白回丝擦清，再用小毛刷蘸上少许机油，均匀地涂在上冲帽子头、上冲杆上，使上冲转动灵活，但加油量不宜过多，以防油污渗入粉子造成油污片，每班加油不少于两次。

b. 油质不好，导轨与冲杆间的润滑只可选择机油润滑，可选用 30# 齿轮油或空压机油。

c. 压片的物料过细，粉尘多，加料时，必须轻加，以免粉尘飞扬，使上冲吊冲，甚至磨损上导轨。

d. 压片的物料过潮，产生吊冲或黏冲现象，导致上导轨磨损，物料进行复烘，添加润滑剂返工处理。

e. 上冲孔不清洁，使上冲吊冲或黏冲，上导轨磨损，应清洁上冲孔，至上冲孔滑动自如。

③下导轨磨损

a. 压片的物料过细，或太潮，使下冲孔或下冲头子结皮，造成下冲吊冲或黏冲，下导轨磨损，应清洁下冲孔和下冲，至下冲转动灵活，操作工在压片过程中，应检查设备的运行情况，下冲的帽子头是否有磨损，下冲是否吊冲，听设备在运转中是否有异声，听到异声及时关机处理。擦净冲孔、冲头和结皮，或压片的物料进行返工处理，以免下冲吊冲严重，导致下冲轨损坏。

b. 下冲孔不清洁，产生下冲吊冲现象，将下冲孔刷清，如冲孔结皮，必须用刮棒将结皮刮清，特别是黏性强的产品，在清场时必须用酒精清洁冲孔，保证冲头转动灵活。

c. 加料器磨损或安装不对，加料器底面紧贴平台而磨损，调节加料器位置，使加料器底面与工作台平面之间的间隙为 0.05 ~ 0.1mm。

d. 下冲吊冲，下冲爆冲，上冲帽子头断裂，上冲断冲（断冲部分在加料器内，没有及时取出），将导致加料器磨损，甚至损坏。在压片过程中，机器必须运转正常，压力不能过大，机器不能超负运转，有异常情况，必须及时发现和处理。压片过程中，如发生爆冲式加料器磨损，调换爆冲的冲头或修复，调换加料器后，必须揉清平面，揉下的部分和爆冲的片子进行隔离，并处理。

e. 加料器安装不当，转台平面有跑颗粒现象，且前后料斗颗粒流量有快慢，应调节加料器两侧螺钉的位置，调节料斗的位置的高低及料斗拦粉插板启口的大小。

④片重差异

a. 升降杆轴向窜动，引起剂量不足，产生片重差异，应检查小蜗轮是否磨损，是则应调换磨损零件。

b. 加料器安装不当，加料器内流量太少，填充量不稳，调节加料器两侧螺钉的位置，增加加料器的物流量，使物料填充稳定。

c. 下冲吊冲，影响充填量，使片重差异大，将下冲孔刷清或更换冲头。

d. 冲模问题：检查冲模是否符合要求，将不合格的冲头换掉。

e. 压片物料问题：粒子过粗，压出的片子片重差异大，片重不稳，操作工要勤称片重，颗粒重新整粒，使粒子的粗细能够压片。

⑤压力油缸漏油或活塞杆轴向窜动

a. 活塞环 O 形圈磨损。

b. 活塞锁紧螺钉松脱，松开活塞杆压紧螺钉和压力油缸紧固螺钉，拆下限位开关架，抬起下压轮架稍移开，取出压力油缸组件，检查活塞上的 O 形圈，再检查活塞紧固螺母是否松动，调换 O 形圈或紧固螺母，放好止动垫圈，装入油缸，按拆下顺序装机。

⑥整机震动

a. 避震垫压紧螺母松脱，避震垫须正确安装，检查压紧螺母是否松脱，如是需拧紧螺母。

b. 上下压轮架十字接头套筒磨损，需调换。

c. 压力转速不对，则应减小或增大速度，避开变频器产生共振的区域。

d. 两边受压不同，压力大小相差极大，两边的片厚明显不一致，调节片子厚度，使两边出片的厚度一致。

e. 颗粒问题：改进工艺，合理配方，提高颗粒质量。

【结果】

1. 通过旋转压片机压片得到 0.27g/片的复方丹参素片。

2. 所得素片装桶，称重，每件附标签，标明品名、重量、日期、工号，并作半成品检验，合格后转下一工段或中间站备用。

3. 写压片工序原始生产记录。

4. 本批产品压制完毕，按 SOP 清场，质检人员作清场检查，发清场合格证。待后续不同规格或不同产品的生产。

【相关知识和补充资料】

1. 片剂的质量要求

为了保证和提高片剂的治疗效果，各国药典对收载的片剂均有严格的质量规定，《中国药典》2010 年版制剂通则规定，片剂应符合以下要求：药物含量准确；片剂的重量差异小；质量稳定；外观完整光洁、色泽均匀；硬度和崩解度以及与生物利用度相关的溶出度符合规定；小剂量药物的片剂的含量均匀度应符合规定；微生物学检查必须符合《药品卫生标准》的要求。对于具体片剂还有各自的要求。

2. 中药片剂原料的种类与要求

经过处理的中药片剂原料归纳起来有药粉、稠浸膏和干浸膏三类。药粉包括药材原粉、提纯物粉（有效成分或有效部位）、浸膏及半浸膏粉等，应用这些药粉制片，其细度必须能通过五至六号筛；同时必须灭菌，特别是药材原粉常常带入细菌、霉菌及螨类，因此，原药材粉碎前必须经过洁净、灭菌处理。浸膏粉、半浸膏粉等容易吸潮或结块，应注意新鲜制备或密封保存。

稠浸膏、干浸膏的制备，必须根据其所含成分的性质，采用适宜溶剂和方法提取，或按处方规定的溶剂和方法提取。稠浸膏的浓度或稠度必须符合要求。

干浸膏的性状与干燥方法有关，一般真空干燥能得到疏松块状物；喷雾干燥可得到粉粒状物；如以常压干燥则成为坚硬的块状物。前两者更适合于制粒压片。

3. 中药片剂的类型

中药片剂按其原料特性有下述四种类型，即提纯片、全粉末片、全浸膏片和半浸膏片。

（1）提纯片　系指将处方中药材经过提取，得到单体或有效部位，以此提纯物细粉为原料，加适宜的赋形剂制成的片剂。如北豆根片、银黄片等。

（2）全粉末片　系指将处方中全部药材粉碎成细粉为原料，加适宜的赋形剂制成的片剂。如参茸片、安胃片等。

（3）全浸膏片　系指将药材用适宜的溶剂和方法提取制得浸膏，以全量浸膏制成的片剂。如通塞脉片、穿心莲片等。

（4）半浸膏片　系指将部分药材细粉与稠浸膏混合制成的片剂。如藿香正气片、银翘解毒片等。此类型在中药片剂中占的比例最大。

4. 制片方法

有颗粒压片法和直接压片法两大类。以颗粒压片法应用最多。而颗粒压片法根据主药性质及制备颗粒工艺的不同，又可分为湿颗粒法和干颗粒法两种。本次所用的湿法制粒法是应用最广的一种方法。而直接压片法则由于主药性状不同分为粉末直接压片和结晶直接压片。

5. 片剂的赋形剂

压片物料应具备以下性质：①容易流动；②有一定的黏着性；③不黏着冲头和模圈；④遇体液迅速崩解，溶解，吸收而产生应有的疗效。但实际上很少有药物具备这些性质，因此，必须另加物料或适当处理使之达到上述要求。而这些除主药以外的附加物料即称为赋形剂或辅料。

片剂的赋形剂包括稀释剂和吸收剂、润湿剂和黏合剂、崩解剂和润滑剂等。赋形剂必须具有较高的化学稳定性，不与主药起反应，不影响主药的释放、吸收和含量测定，对人体无害，来源广，成本低。

6. 常用片剂的稀释剂和吸收剂及特点

稀释剂与吸收剂统称为填充剂或填料。凡主药剂量少于 0.1g，或含浸膏量多，或浸膏吸潮性强而又黏性大时，需加稀释剂，以利压片；若原料中含有较多油类成分或挥发油时，需用吸收剂吸收。不少填充剂具有黏合、崩解作用，但有时也会影响片剂的黏合和崩解，选用时应根据药物和填充剂的特性而定，要做小样试验，放样时又要进行微调才能取得较好的效果。

（1）淀粉：系白色细腻细粉，性质稳定，与大多数药物不起作用；能吸水而不潮解，但遇水膨胀，遇酸或碱，在潮湿状态及加热情况下，逐渐被水解，而失去其膨胀作用；不溶于水和乙醇，但在水中加热至 62～72℃ 则糊化。淀粉价廉易得，又具有以上这些性质，故在片剂生产中广泛用作稀释剂、吸收剂和崩解剂。

淀粉的种类很多。其中以玉米淀粉、马铃薯淀粉、小麦淀粉较为常用。玉米淀粉最为常用，含水量一般为 10%～15%，制颗粒时较其他淀粉易于掌握，色泽也较好。单独使用淀粉作稀释剂时黏性较差，制成的片剂崩解较好，但用量较多时硬度可能达不到要求，因此使用淀粉时最好与糖粉或糊精合用，可改善其可压性。在中药复方片剂中，可充分利用药材本身的特性，选择含淀粉较多的药物（如天花粉、山药等），粉碎成细粉作该片剂的稀释剂和吸收剂，同样能收到很好的效果，并可节约淀粉，减少服用剂量。

（2）糊精：系淀粉的水解产物，为白色或微黄色细腻的粉末，在乙醇中不溶，微溶于水，能溶于沸水成黏胶状溶液，并呈弱酸性。糊精与淀粉相比黏性要强得多。同样量的糊精，崩解时限要比淀粉慢 6～7 倍。因此在使用糊精时要注意用量，制粒时必须严格掌握润湿剂的用量，防止颗粒变硬而影响颗粒的可塑性。最好与淀粉合用，可防止颗粒变硬和影响崩解。糊精有特殊不适味，故对无芳香药物的含片应少用，如要使用应注意矫味。此外，对主药含量极少的片剂使用淀粉、糊精作填充剂，影响主药提取，对含量测定有干扰。

（3）糖粉：系蔗糖或甜菜糖结晶粉碎成的细粉，暴露在空气中易吸潮结块，粉碎后的细粉应及时使用，不宜久放。

糖粉是中药片剂中使用最广的优良稀释剂，并有矫味和黏合作用，在口含片和咀嚼片中一般多用；在用作片剂稀释剂时由于黏度适中可塑性好，制粒时较易掌握，当片剂出现片面不光洁、硬度不合格时，使用糖粉更佳，常用于质地疏松或纤维性较强的片剂中。使用时应注意用量，不宜过多，过多的用量会影响片剂的溶出速率并容易吸潮，并且酸性或碱性较强的药物会使蔗糖转化为还原糖，增加药片的引湿性。

（4）硫酸钙：本品系白色或微黄色粉末；微溶于水，性质稳定；有较好的抗潮性能，是西药片中最为常用的稀释剂和挥发油的吸收剂，近年来在中药中逐渐应用，由于它遇水会出现不同程度的固化现象，利用这种现象可用于全浸膏片中，解决全浸膏片的软化问题，更适用于含有挥发油的全浸膏片，可提高其硬度和抗热性。硫酸钙有无水物、半水物和二水物三种形态，作为片剂填充剂一般采用二水物。半水物遇水后易硬结，不适宜作片剂的填充剂，无水物亦很少用。二水物若失去 1 分子水以上的结晶水后，遇水能硬结，所以用本品为填充剂，并用湿法制粒时，应控制干燥温度在 70℃以下。

（5）碳酸钙：系白色粉末，性质稳定，不溶于水，一般都用作油类吸收剂，但吸收力不及磷酸氢钙，用量不宜过多，否则会影响崩解时限，同时可引起便秘，可加适量碳酸镁克服。

（6）磷酸氢钙：系白色细粉或结晶，呈微碱性，无引湿性，与易引湿药物同用有减低引湿作用。常用的磷酸钙一般即指磷酸氢钙。本品为中药浸出物、油类及含油浸膏类的良好吸收剂，压成的片剂较硬。

（7）微晶纤维素：本品为白色粉末，有多种规格，区别在于粒度大小和含水量的高低，其中广泛用作片剂辅料的一般为 PH101 和 PH102 两种规格，此外，还有 PH301、PH1302、KG801 等，它们的可压性好，且兼具黏合、助流、崩解等作用，尤其适用于直接压片工艺。压制的片剂硬度好又易崩解，一般不单独用作稀释剂，而作为稀释 - 黏合 - 崩解剂合用，是一种多功能的辅料。惟一的缺点是含水量超过 3% 时，在混合及压片时会产生静电的倾向，从而出现分离和条痕现象，因此使用时必须干燥。在中药片剂生产中特别适宜于全浸膏片，用量为 10%～15%，能有效地提高全浸膏片的抗湿性和软化点。

微晶纤维素各品种的特点　PH101：是标准的较常用的品种；PH102：是在 101 成形性和崩解性的基础上，增大粒度使流动性得到改善的品种；PH1301：是增大比重使流动性、崩解性都得到改善的品种，但成形性比 101 差些；PH1302：是在 301 成形性和崩解性的基础上，增大粒度使流动性进一步提高的品种；KG801：是在保持 101 崩解性能的基础上追求高成形性而开发的产品，流动性较 101 差些。

7. 选择片剂的稀释剂应注意的问题

（1）首先应考虑稀释剂的吸湿性对制剂的影响：若较大量的稀释剂易于吸湿，则其贮存过程中易结块，制粒时不能与其他原辅料混合均匀；制得的颗粒也易结块；压片时易堵塞料斗，影响片剂的硬度、重量差异等；贮存期质量也难以得到保证。

（2）选择稀释剂还应根据不同类型片剂特点分别对待：①浸膏片或半浸膏片。中药片剂中的浸膏一般吸湿性较强，因此应选用不吸湿或吸湿性弱的稀释剂，并经干燥除去所含水分，否则易回潮、结块，甚至无法制粒。②药全粉末片。中药材原粉一般无引湿性，并且中药原粉中多含有纤维等，因而黏性也较差。因此应选用黏性较强的稀释剂。

8. 常用片剂的润湿剂与黏合剂及特点

这类赋形剂是将药物细粉润湿、黏合制成颗粒以便于压片。药物本身有黏性的，如浸膏粉等，只需加适量的不同浓度的乙醇或水，即能润湿，并诱发其本身的黏性，使聚结成软材，以利制粒、压片。此乙醇或水称为润湿剂。对没有黏性或黏性不足的药物必须另加黏合剂。一般说，液体黏合剂作用较大，容易混匀，而固体黏合剂往往也有稀释剂和崩解剂的作用。常用的润湿剂与黏合剂介绍如下：

（1）水：最常用、最经济的润湿剂。水本身无黏性，但遇到不同的药物细粉会诱发其产生不同的黏性，因此使用时必须掌握其用量和使用方法，如直接加入法、间接加入法和喷雾法等，使水能分散均匀，以免药物细粉结块。

水还可与淀粉、糊精等调制成不同黏性的浆料作黏合剂，黏性更强，但用水作润湿剂的颗粒往往较硬，最好加入适量乙醇合用效果更佳，制成的颗粒疏松、可塑性好，压成的片剂片面光洁。

（2）乙醇：适用于药粉本身有较强的黏性，而遇水即产生过强黏性的药物，如全浸膏粉，特别是水提醇沉浸膏粉，只能用乙醇制粒。乙醇和水一样，与不同药物可诱发其产生不同的黏性，因此在使用乙醇作润湿剂制粒时必须配制不同浓度的乙醇，乙醇浓度的高低应根据药物黏性和天气温度而定。药物黏性越强，天气越热，则乙醇浓度越高；反之，药物黏性越低，天气越冷，则乙醇浓度越低。另外，使用乙醇作润湿剂制粒时还应注意，搅拌要迅速，并立即制粒，迅速干燥，防止乙醇挥发而造成软材结块，不易制粒，或使已经制成的颗粒结团，还注意干燥时要勤翻以防结块。

（3）淀粉浆：俗称淀粉糊，为最常用的黏合剂，适用于一般黏性的药物。系由淀粉加水在70℃左右糊化而成的稠厚状胶体液，放冷后呈胶冻样。其制法有两种：①取淀粉加少量冷水搅匀，然后冲入一定量的沸水，不断搅拌至成半透明状。此方法适用于实验室或小样生产摸索数据。②取淀粉徐徐加入全量的水不断搅拌至均匀，以蒸汽直接加热至沸，热用或放冷用，但必须注意，加热时应逐渐升温，防止结块。其浓度应根据药物的本身黏性而定，一般为5%～30%，以10%为最常用。

淀粉浆应用较广，是因为它具有很多优点：①它是稠厚的胶体溶液，与药物混合制粒时，药物逐渐吸收其中的水分被均匀湿润而产生一定的黏性。即使药物中有大量易溶性成分亦不致因吸水过多过快而造成黏合剂分布不均。②用淀粉浆作黏合剂不影响片剂的崩解时间，制成的颗粒紧密黏结在一起，压成的片剂崩解较快（因淀粉也是崩解剂）。③淀粉浆是优良的染料载体，溶解于冷水中的染料用来制浆能使湿颗粒获得均匀一致的色泽，在干燥时颗粒表面不产生色泽迁移倾向。④淀粉浆又为硫酸钙、磷酸氢钙、乳糖及淀粉等稀释剂的优良黏合剂。⑤淀粉浆为中性，能与大多数药物配伍。

（4）糊精：一般作为干燥黏合剂使用（即干粉直接与药粉混合），湿润后产生黏性，故在药粉本身黏性不足时经常使用，其黏性较糖粉弱，使用过量会影响片剂的崩解，特别是中药片，因此一般中药片都配成10%糊精与10%淀粉混合浆使用较合适。糊精主要使药粉表面黏合，故不适用纤维性和弹性大的药粉。

（5）糖粉：与药粉直接混合后，用水或不同浓度的乙醇制粒，制成的片剂表面光洁、硬度好，有时片剂产生裂片时可直接加入颗粒中，混合过筛后压片，能收到较好的效果。其用量一般为1%~2%。

（6）糖浆：一般采用50%~70%（g/g）的蔗糖水溶液。其黏度比淀粉浆和糊精浆强得多，使用时应根据药物的不同黏性调整糖浆的浓度和用量。使用糖浆作黏合剂的片剂表面光洁，可塑性较好，但使用过量则会影响其崩解。糖浆浓度越高，制成的片剂硬度越大，但崩解越差，有时可根据药物的性质与淀粉浆合用，可适当减小其黏度的同时增加颗粒的疏松性。本品不适用于酸性或碱性较强的药物，以免产生转化糖，增加颗粒引湿性，不利于压片。

（7）饴糖：俗称麦芽糖，一般为42~45波美度。用法与糖浆相似，但必须热用，其黏性比糖浆更强，特别适用于纤维性强及质地疏松的药粉，更适用于易裂片的药物，但不适用于白色片剂，也可直接加入到黏性较差的颗粒中以增加颗粒的黏性。

（8）炼蜜：系蜂蜜炼制而成，性质及适用范围基本与饴糖相似，但制成的片剂易吸潮，必须包衣，不宜制成生药片。

（9）液状葡萄糖：系淀粉不完全水解产物，含糊精、麦芽糖等。常用浓度为25%与50%两种。本品对容易氧化的药物如亚铁盐有稳定作用。有引湿性，制成的颗粒不易干燥，压成的片子也易吸湿。

（10）阿拉伯胶浆、明胶浆：两者都具有很好的黏性，常用于松散的药物和口含片，口含时有光润舒适感。常用浓度为10%~25%，使用时应掌握其用量，以免影响片剂的崩解时限。有时可根据药物的特性与淀粉浆合用，以防止影响崩解。二者也可粉碎成细粉与药粉混合过筛直接制粒用，但都必须注意用量。

（11）羟丙基甲基纤维素（HPMC）：为白色或微黄色的粉末，无臭、无味，对热、光、湿均有相当的稳定性，能溶于60℃以下任何pH值的水中，以及70%以下的乙醇、丙酮、异丙醇或异丙醇和二氯甲烷的混合溶媒（1:1）中，不溶于热水及60%以上的糖浆。国产分低、中、高三种黏度，一般都用2%~8%水溶液或乙醇溶液作黏合剂。对吸湿性较强中药粉末在制颗粒、干燥后，颗粒有抗湿作用，是目前使用效果较好的黏合剂。

其他纤维素衍生物，如甲基纤维素、羧甲基纤维素钠、低取代羟丙基纤维素等均可用做黏合剂。可用其溶液，也可用其干燥粉末，加水润湿后制粒。

乙基纤维素溶于乙醇而不溶于水，可用作对水敏感的药物的黏合剂。但对片剂的崩解和药物的释放有阻碍作用，有时用作缓释制剂的辅料。

（12）聚乙烯吡咯烷酮（PVP）：溶于醇或水，可用其10%左右的水溶液作为某些片剂的黏合剂。或用3%~15%的醇溶液，作为对水敏感药物的黏合剂。海藻酸钠、聚乙二醇及硅酸铝等也可作为黏合剂。

中药浸膏多具有较强的黏性，因此在中药全浸膏片或半浸膏片中，中药浸膏本身可作为黏合剂而不需另加黏合剂。

9. 选择片剂的润湿剂与黏合剂应注意的问题

黏合剂选用适当与否对成品的质量有很大关系，一般需靠实践经验，根据主药的性质、用途和制片方法来选择黏合剂。用量太少或黏性不足，压成的片剂疏松易碎，硬度达不到要求；用量过多或黏性太强，制成的颗粒和片剂过于坚硬，则影响片剂的崩解和药物溶出，使其生物利用度低。因此在选用黏合剂时必须做小样，选择最佳品种和用量。

（1）合理选用黏合剂与润湿剂：黏合剂和润湿剂影响颗粒的粒度、硬度，影响片剂的硬度、溶出度等。黏性差，则制得的颗粒松散，细粉过多，压得的药片硬度差、易碎裂，并且压片时粉尘飞扬大；黏性太强时，制粒困难、易结块，并且颗粒过于粗硬，压片时片重调节困难，药片硬度过大，影响崩解和溶出，有时还会造成片面花斑。一般说黏合剂的品种不同，其黏合力也不同。有人将常用的黏合剂与润湿剂的浓度及黏性由强至弱排列为：25%～50%液状葡萄糖 > 10%～25%阿拉伯胶浆 > 10%～20%明胶浆（热）溶液 > 66%（g/g）糖浆 > 6%淀粉浆 > 5%高纯度糊精浆 > 水 > 乙醇。全粉末中药片选用较强黏性者，常使崩解变慢。黏合剂品种不同对溶出影响差异较大，不同的片剂应通过实验来进行选择。

（2）黏合剂与润湿剂用量的确定：黏合剂与润湿剂的用量对颗粒的粒度，片剂的硬度、溶出等也有较大的影响，即使黏性弱的黏合剂，用量增多其黏合力也会增强。一般情况下，用量增加，片剂的硬度也增加，药片的崩解和溶出时间延长，溶出量减少。最佳的用量要通过实验筛选，也要注意其他因素的影响，一般在片剂硬度合格的前提下，尽可能减少黏合剂和润湿剂的用量。在中药全浸膏或半浸膏片中，当中药浸膏粉可以满足硬度要求时，可不加黏合剂，仅用适量浓度的乙醇即可。

润湿剂的用量主要凭经验掌握，受物料性质，操作工艺以及温度、湿度等环境因素影响，以用不同浓度乙醇居多，其浓度为30%～70%。

10. 常用片剂的崩解剂及特点

崩解剂系指加入片剂中能促使片剂在胃肠液中迅速崩解成小粒子的辅料。理想的崩解剂，应能使药片崩解成颗粒后进一步崩解成细粉。事实上，崩解剂的作用是克服黏合剂的黏力和压片所需的物理力，若黏合作用较强，则崩解剂的崩裂作用必须更强，才能使片剂中有效成分在胃肠液中释放出来。一般认为，崩解剂应有良好的吸水性能，吸水后能膨胀，并且溶胀后不形成黏性较强的溶胶。片剂中除口含片、舌下片、长效片要求缓缓溶解外，一般都要求迅速崩解，需加入崩解剂。中药片剂多半含有药材细粉和浸膏，其本身遇水后能缓缓崩解，故一般不需另加崩解剂。

（1）干燥淀粉：为最普通、最经济、应用最广的崩解剂，分玉米淀粉和马铃薯淀粉二种，崩解效果基本相同，用量一般为5%～20%。淀粉使用前应以100～105℃先行干燥，含水量控制在8%～10%之间。使用方法分内加、外加和内外混合加三种，内加法即与药粉混合后制粒，但因制粒淀粉已接触了湿和热，因此崩解效果相对较弱。外加法即加入干燥的颗粒之中，混合后直接压片，此种用法效果好，但用量不得超过颗粒的5%。还有一种即先将淀粉用淀粉浆制成颗粒然后加入干颗粒中混合压片，效果更佳。但此种方法必须两种颗粒的比重基本相同，否则在压片时由于机器的振动会造成重颗粒下沉、轻颗粒上浮，导致含量和崩解的显著差异。上述三种方法应根据药物的实际情况选用。

本品适合于不溶性或微溶性药物的片剂，对易溶性药物的片剂作用稍差。淀粉用作片剂崩解剂的缺点：①淀粉的可压性不好，用量多时可影响片剂的硬度；②淀粉的流动性不好，外加淀粉过多会影响颗粒的流动性。淀粉颗粒在片剂成型后，留下很多毛细孔，因此毛细管作用使水渗入片内。淀粉是一种天然的高分子聚合体的混合物，这些聚合体是由许多脱水葡萄糖基连接起来的长链，其中20%左右呈直链状，称为直链淀粉，这部分溶于热水；80%左右呈树枝状连接，又称支链淀粉，这部分在常温水中不溶化，遇水能吸水膨胀，使片剂崩裂。因此，淀粉在片剂中起崩解作用，主要由于形成毛细管吸水作用和本身吸水膨胀作用。

（2）羧甲基淀粉钠（CMS－Na）：本品为白色粉末，取代度一般为0.3～0.4，流动性好。羧甲基的引入使淀粉粒具有较强的引湿性，吸水力大，能吸收干燥体积30倍的水，可充分膨胀至原体积的300倍，但不完全溶于水。溶解度随取代度的多少而异（多难溶，少易溶），吸水后粉粒膨胀而溶解，不形成胶体溶液，故不致阻碍水分的继续渗入而影响片子的进一步崩解。对纤维性、半浸膏片、提纯片的中药片崩解效果特别好，并能增加素片的硬度。实验证明对难崩解的传统丸剂，如四神丸、龙胆泻肝丸等崩解效果更好。一般用量在4%～8%。

（3）交联羧甲基淀粉钠：本品为精制白色粉末。被羧甲基取代的羟基的平均数即称作取代度，交联羧甲基纤维素的取代度约为0.7%，大约有70%的羧基为钠盐型。因此，使它有较好的吸湿性，但由于交联键的存在，不溶解于水，其崩解效果较 Sta—Rx1500 等崩解剂为好。由于 Prime110se 是基于纤维素的毛细管结构，又具有一定的吸水膨胀作用，两者结合使溶液迅速渗透至片芯，从而促使药片崩解。Prime110se 的崩解效果与交联 PVP 相当，且用它制得的片剂非常稳定，其崩解时限和释放效果不会经时而变，一般用量为干颗粒的2%～5%。

（4）低取代羟丙基纤维素（L－HPC）：本品为白色或类白色结晶性粉末，在水中不易溶解，但有很好的吸水性，这种性质大大增加了它的膨润度。在37℃条件下，1分钟内吸湿后的膨润度较淀粉大4.5倍，在胃、肠液中的膨润度几乎相同，是一种良好的片剂崩解剂。另一方面它的毛糙结构与药粉和颗粒之间有较大的镶嵌作用，使黏性强度增加，可提高片剂的硬度和光洁度。本品的用量一般为2%～5%。L－HPC 具有崩解黏结双重作用，对崩解差的丸、片剂可加速其崩解和崩解后粉粒的细度；对不易成型的药物可促进其成型和提高药片的硬度。

其他纤维素衍生物，如羧甲基纤维素，以聚合度高而取代度低的羧甲基纤维素钠崩解作用好；羧甲基纤维素钙亦有良好的崩解作用。

（5）泡腾崩解剂：最常用的是由碳酸氢钠和枸橼酸或酒石酸组成，遇水产生二氧化碳气体，使片剂迅速崩解。泡腾崩解剂可用于溶液片等，局部作用的避孕药也常制成泡腾片。用泡腾崩解剂制成的片剂，应妥善包装，避免与潮气接触

（6）表面活性剂：为崩解剂辅助剂。表面活性剂能显著地降低固体颗粒的表面张力，增加其分散性；表面活性剂的亲油基附着在颗粒表面，亲水基指向空气中，能增加药物的润湿性，促进水分渗入，使片剂容易崩解。常用的表面活性剂，如吐温－80、溴化十六烷基三甲铵、十二烷基硫酸钠、硬脂醇磺酸钠等。用量一般为0.2%。表面活

性剂的使用方法：①溶解于黏合剂内；②与崩解剂混合后加于干颗粒中；③制成醇溶液喷于干颗粒上。以第三种方法最能缩短崩解时间。单独使用表面活性剂崩解效果不好，必须与干燥淀粉等混合使用。

11. 选择片剂崩解剂应注意的问题

片剂中的崩解剂应能使片剂在胃肠液中迅速崩散成小颗粒，并分散成细粉，有利于药物中有效成分的溶出，提高药片的生物利用度。合理选择崩解剂对于片剂质量十分重要。

（1）合理选用崩解剂：崩解剂的品种不同，对同一药物的片剂崩解作用差异较大，如用同一浓度（5%）不同崩解剂制成药片，使用海藻酸钠者11.5分钟崩解，而使用羧甲基淀粉钠的崩解时间不足1分钟。可见，羧甲基淀粉钠具良好的崩解效能，其原因可能是崩解剂有高的松密度遇水后体积膨胀200～300倍之缘故。若崩解剂是水溶性具有较大黏性的物质，可因其黏度影响扩散，使片剂崩解时限延长，溶出度降低。如以羧甲基淀粉钠作崩解剂的对乙酰氨基酚（扑热息痛）片，其崩解、溶出较用交联PVP者快得多。崩解剂可因主药性质不同，表现出不同的崩解效能。如淀粉是常用的崩解剂，但对不溶性或疏水性药物的片剂，才有较好的崩解作用，而对水溶性药物则较差。这是因为水溶性药物溶解产生的溶解压力，使水分不易透过溶液层到达片内，致使崩解缓慢。有些药物易使崩解剂变性失去膨胀性，使用时应尽量避免。

由此可见，崩解剂品种、药物与崩解剂的相互作用，对崩解剂效能的影响是十分复杂的，应通过有针对性的实验逐一进行筛选，并在长期实践中，摸索其规律性。

（2）崩解剂用量的确定：一般情况下，崩解剂用量增加，崩解时限缩短。如在相同条件下制备的阿司匹林片，测其崩解时限，5%淀粉为50秒，10%淀粉为7秒。但是，若其水溶液黏性大的崩解剂，在其溶解后在颗粒外面形成一层凝胶层，障碍了水分的渗入，其用量越大，崩解和溶出的速度越慢。表面活性剂作辅助崩解剂时，若选择不当或用量不适，反而会影响崩解效果。因此，一定要通过实验确定用量。一些中药浸膏片，在改进制粒工艺后，可将颗粒制得松散细腻，又因其浸膏粉有较好的溶解性，所以可以大大减少崩解剂用量或改用崩解性能较低但价格便宜的崩解剂。

崩解剂可看作片剂在胃环境中的分散剂。理想的崩解剂不仅使片剂崩裂为颗粒，而且还能将颗粒崩解成粉粒。崩解剂的作用是克服黏合剂和压片时施加的物理力，若黏合剂黏合作用较强，则崩解剂的作用必须更强，才能使片剂中有效成分在胃中释放。片剂崩解作用机制大致可归纳为：

（1）膨胀作用：崩解剂一般为亲水性物质，具有湿润性，能使水进入片剂中，引起片剂的膨胀。它包括崩解剂本身的膨胀和片剂体积的膨胀，逐渐使片剂失去原形而崩解。但这类崩解剂普遍存在的问题是在水中能形成黏性溶液，从而阻碍了片剂的继续崩解，同时易于染菌。

（2）产气作用：崩解剂遇水后会产生气体，借气体的膨胀使片剂崩解，泡腾片的崩解最能体现产气作用。颗粒中的酸性物质（如枸橼酸、酒石酸等）与碱性物质（如碳酸钠、碳酸氢钠等）在水的作用下反应，产生 CO_2 气体，气体膨胀使药片崩解。应用这类崩解剂时必须严格控制干燥条件，一般将崩解剂加入已完全干燥的颗粒中，或将酸和碱分别与其他物料制粒，干燥后再混合均匀压片。同时防止接触水气。

（3）湿润与毛细管作用：如淀粉作为崩解剂，其遇水膨胀并不是主要的。乳香膨胀性也较大，它不但不崩解反而影响崩解，主要是由于圆形可湿性淀粉在加压下形成无数孔隙和毛细管，强烈吸水，然后使水迅速进入片剂中，将片剂全部湿润而崩解。此外也发现不少片剂浸入水中后产生湿润热，此热可增加片剂内部包围的残余空气的温度，使其体积膨胀而有利于崩解。因此片剂的孔隙、毛细管和湿热的作用才是片剂崩解的主要机制，而崩解剂的膨胀也起重要作用。

片剂湿润的难易对水分进入片剂中的速度有很大影响。如含有乳香、没药等含油类药物，因水分不能进入片剂中而造成不崩解，而加入一定量的淀粉后使水能通过淀粉粒组成的孔隙和毛细管进入片剂，使其崩解。又如：加入羧甲基淀粉钠后不但能使水能通过羧甲基淀粉钠粉粒组成的孔隙和毛细管进入片剂，而且产生膨胀，崩解效果更佳。因此湿润与毛细管作用是崩解关键，膨胀作用、产气作用是其次。表面活性剂能增加片剂的润湿性，有利于水分的渗入和药片的崩解。

（4）酶解作用：有些酶对片剂中的某些辅料有作用，当它们配制在同一片剂中时，遇水即能崩解。如将淀粉酶加入用淀粉浆制成的干燥颗粒内，由此压制成的片剂遇水即能崩解。常用黏合剂其相应的酶如下：淀粉－淀粉酶，纤维素类－纤维素酶，胶浆－半纤维素酶，明胶－蛋白酶，蔗糖－转化酶，海藻酸盐类－角叉菜胶酶。

12. 崩解剂的加入方法

除特殊情况外一般分如下三种。

（1）内加法：与药粉混合后制粒、干燥、压片。崩解作用起自颗粒内部，但由于崩解剂与药粉混合在一起，受药粉的影响与水接触较迟缓，且又在制粒、干燥过程中已接触湿和热，崩解效果受到一定的影响，因此崩解作用较弱，但使用方便，属用得最多的方法。

（2）外加法：又分二种，①即制成颗粒后在整粒时直接加入崩解剂、混合后压片，这种加入法使崩解剂发挥最佳效果，但加入量一般不得超过颗粒的5%，还应防止裂片和分层。②先将崩解剂制成颗粒。如淀粉，用淀粉浆制成颗粒，然后在整粒时与润滑剂同时加入，混合后压片。此种效果虽然较好，但操作比较复杂，一般不采用。

（3）内外结合加法：即取一部分崩解剂与药粉混合制成颗粒，另一部分在制成颗粒整粒时，与润滑剂同时加入，混合后压片（如淀粉）。此种方法操作方便，效果很好，但用量较大。至于在制粒时和整粒时加入崩解剂的数量，可按具体品种而定，一般加入比例为内加3份，外加1份。

13. 常用片剂的润滑剂及特点

颗粒干燥后，压片前必须加润滑剂，目的是使颗粒与颗粒之间保持润滑，确保颗粒的流动性，减少颗粒与冲模的摩擦和黏连，使片剂易于从模圈中脱出，保证片剂的剂量准确、片面光洁。为达到以上目的，润滑剂必须具有：①润滑性，系指能降低颗粒或片剂与模孔之间的摩擦力，可使压力分布均匀及片剂密度分布均匀，使压成之片由模孔中推出时所需之力减少，同时减低冲模的磨损。②抗黏附性，系指能防止压片原料黏着在冲头表面或模孔壁上，使片剂表面光洁美观。③助流性，系指能减少颗粒间的摩擦力，增加颗粒流动性，使之能顺利流入模孔，减少片重差异。

（1）硬脂酸镁：系白色细腻轻松粉末，比容大（硬脂酸镁 1g 的容积为 10 ~ 15ml），质地细腻轻松，有良好的附着性，与颗粒混合后分布均匀而不易分离。为疏水物，对吸潮性颗粒很有效，润滑性强，为片剂应用最广泛润滑剂，用量一般为 0.3% ~ 1%。

使用时应注意，本品为疏水物，因此用量过多会影响片剂的崩解时限或产生裂片，可加入适量表面活性剂如十二烷基硫酸钠以克服之。本品还常含微量碱性杂质，遇碱易起变化的药物不宜使用。

（2）滑石粉：为白色至灰白色结晶性细粉末，细度为 200 目以上，水不溶性，不能用于溶液片中；有亲水性，用量的多少不影响片剂的崩解，但其润滑性比硬脂酸镁差且用量大，用量一般为 2% ~ 5%，用于比重较大的颗粒效果较好。

使用时应注意：用量是硬脂酸镁的 5 ~ 10 倍；附着力较差，使用时因震动易与颗粒分离；滑石粉中含有碱性物质，容易与碱起反应的药物不宜使用。

（3）硬脂酸：本品常用浓度为 1% ~ 5%，润滑性好，抗黏附性不好，无助流性。

（4）高熔点蜡：本品常用浓度为 3% ~ 5%，润滑性很好，抗黏附性不好，无助流性。

（5）微粉硅胶：又称白炭黑，系轻质白色胶体状硅胶的无水粉末；无臭，无味，不溶于水，与绝大多数药物不发生反应。本品有良好的流动性与附着力；其亲水性能很强，用量为 0.5% ~ 1%，1% 以上时可加速片剂的崩解，且使片剂崩解得很细，故有利于药物的吸收。

14. 选择片剂的润滑剂应注意的问题

按作用不同，将润滑剂分为润滑剂、助流剂和抗黏剂三类，这对有针对性地选用具有指导意义，但在生产实际中，又很难将这三种润滑剂截然分开，况且一种润滑剂又常兼有多种作用。因此，在选择与应用时不能生搬硬套，应灵活掌握，既要遵循经验与规律，又要尽可能用量化指标。

（1）合理选择润滑剂：选择润滑剂时，应考虑其对片剂硬度、崩解度与溶出度的影响。用于降低颗粒及片剂与模孔间摩擦力的润滑剂，与颗粒均匀混合后，黏附于颗粒表面上，能削弱颗粒之间的结合力而降低片剂的硬度；并且疏水性润滑剂会增加片剂的疏水性，妨碍水分的渗入，延长片剂的崩解时间。并且在口含片和咀嚼片中，加入过多的疏水性崩解剂，会影响药片的口感。因此，加入的润滑剂满足润滑要求后，应尽可能减少其用量，或改用亲水性润滑剂。

（2）润滑剂的使用方法：无论是润滑、助流或抗黏，润滑剂若能更好地覆盖在物料表面，则其效果更佳。因此，在应用中应注意：

①粉末的粒度：因为润滑作用与润滑剂的比表面有关，所以固体润滑剂应为越细越好，最好能通过 200 目筛。

②加入方式：加入的方式一般有三种，一是直接加到待压的干燥颗粒中，此法不易保证分散混合均匀；二是用 60 目筛筛出颗粒中的细粉，用配研法与之混合，再加到

颗粒中混合均匀；三是将润滑剂溶于适宜溶剂中或制成混悬液或乳浊液，喷入颗粒混匀后挥去溶剂，液体润滑剂常用此法。

③混合方式和时间：在一定范围内，混合效率越高，时间越长，润滑剂的分散效果越好，其润滑效果也就越好。但应注意其对硬度、崩解、溶出等的影响也越大。

④在满足需要情况下，应尽量减少润滑剂用量，一般在 1%~2%，必要时增至 5%。

15. 中药片剂压片常见问题及解决方法

（1）松片：调整压力、增加黏合剂。

（2）裂片：换弹性小的辅料，黏合剂不当或不足，细粉过多，压力过大，冲头模圈不符。

（3）黏冲：含水多，润滑剂不当，冲头粗糙。

（4）崩解迟缓：黏合剂太强，压力过大，硬度过大，疏水性润滑剂过多。

（5）片重差异过大：颗粒大小不匀，流动性差，下冲升降不灵活，加料斗时多时少。

（6）变色或色斑：颗料过硬，混料不匀，接触金属离子。

（7）麻点：润滑剂和黏合剂用量不当，颗粒引湿受潮，大小不匀，粗粒或细粉过多。

【课堂讨论】

1. 压片中用了什么赋形剂？
2. 制粒越干越好吗？
3. 压片中常出现哪些问题？如何解决？
4. 丹参片属中药片剂类型的哪一类？

1. 硬脂酸镁　2. 赋形剂　3. 湿法制粒　4. 旋转式压片机

一个动机等于十次恐吓、两次压力加六次暗示的力量。

第七节　包薄膜衣

主题　如何将制得的素片包薄膜衣？

【所需设施】

①高效滚转包衣锅；②保温搅拌罐。

【步骤】

1. 人员按 GMP 一更、二更净化程序进入包衣间。
2. 生产前的准备工作。
3. 原辅料的验收配料。
4. 配制薄膜包衣溶液

确定了薄膜包衣处方后，如何配制包衣溶液也是包衣操作中的重要工序。质量好的包衣溶液应该是色泽一致，充分溶解或混悬的液体。若配制不当，在包衣时会产生喷头阻塞、色差等质量问题。具体以半浸膏片为例。

◆薄膜包衣处方：

成膜剂：羟丙基甲基纤维素（HPMC）		32%
Ⅳ号丙烯酸树脂		19.2%
增塑剂：聚乙二醇-6000		3.9%
润滑剂：滑石粉		38.4%
着色剂：氧化铁红		1.3%
溶剂：（按处方量计算）		8.6倍

◆配制方法

（1）预处理

①羟丙基甲基纤维素（HPMC）加 10～12 倍量水浸泡 12 小时以上，过 18～20 目筛。

②Ⅳ号丙烯酸树脂加 10～11 倍乙醇浸泡 12 小时以上，过 60 目筛。

③聚乙二醇加 5 倍量水搅拌溶胀 1 小时。

④滑石粉、氧化铁红混合，过 100 目筛。

（2）操作

③＋乙醇适量混合＋④混合过 60 目筛＋①＋乙醇适量混合过 60 目筛＋②＋多余乙醇混合过 60 目筛＋吐温 80 搅拌 60 分钟，过 100 目筛即成。

配制中应注意成膜材料与增塑剂等必须配成液体才能进行包衣，可根据衣膜材料性质，所用溶剂的毒性、易燃性及蒸发干燥速度等，考虑配成溶液或是稳定的混悬液；成膜材料和增塑剂聚乙二醇等均需加溶剂湿润浸泡，待完全溶解后再与其他辅料混合；有报道 HPMC 先用 90℃ 左右热水浸泡，可加快其在冷水中的溶解；润滑剂滑石粉及着、色、遮蔽剂氧化铁红、钛白粉等固体辅料的粒度大小，直接影响到包衣后制剂表面的光洁度、粗糙程度。粒度越大者，包衣后制剂表面则越粗糙，故必须要求都是 100 目以上的细粉末才能使用；经混合后的包衣液若经胶体磨反复 3～4 次研磨则更好，可使包衣溶液均匀、稳定，有利于提高包衣质量，操作中也可减少喷嘴堵塞。

（3）工艺流程图

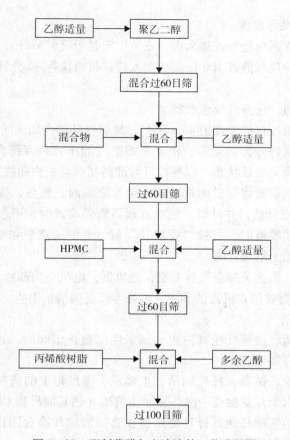

图 1 - 23　配制薄膜包衣溶液的工艺流程图

5. JGB - 5C 高效包衣机包薄膜衣

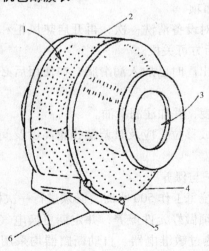

图 1 - 24　高效包衣锅示意图

1. 进风　2. 多孔的锅壁　4. 片床　5. 排气管连接装置　6. 排气口

（1）薄膜包衣操作步骤

①首先检查包衣系统是否连接无误，安装固定是否已调节好。

②将已配制好的包衣液过 100 目筛，倒入搅拌机内搅拌 40 分钟。

③开机送电。

④通过面板按钮，选择薄膜包衣状态。

⑤设定好入筒温控仪的温度值 45～50℃，然后打开蒸汽加热的开关。

⑥调整好输液泵每分钟的流量，检查压缩空气的压力是否符合要求，热风温度及送风量、喷枪角度调至最佳状态，以喷枪口对准药品翻动中央曲线为宜。

⑦根据包衣锅的容量将适量的片芯倒入包衣滚筒内，预热，按面板上的"复位"、"喷液开"，薄膜包衣开始，并计时。包衣过程需暂停喷液时，可按"喷液关"键，此时停止计时，需继续喷液时，可按"喷液开"键，此时送液泵和喷枪继续工作，数字计时在原来计时基础上继续计时。

⑧操作完毕后，依次关掉空气压缩机，热风器，电机，出薄膜衣片。

⑨按 JGB－5C 高效包衣机清洁 SOP，搞好本设备的清洁卫生。

（2）设备的润滑

①主机驱动结构、摆线针轮减速机必须采用二硫化钼润滑，首次使用 300 小时后加油，以后每六个月加油一次。

②主机上的链轮、链条、托轮轴承、主轴承、排风柜上的清灰器的偏心轮、连杆及轴承，一般每隔六个月要检查一次，并加注黄油（钙基润滑脂 GB 491－87）。

③保温搅拌罐的气动马达，每日使用前在管口加注几滴食用植物油，以保证气动马达的正常运转和提高使用寿命。

（3）设备的维护、保养与注意事项

①主机的维护与注意事项

a. 每个工作日后，须对设备清洗一次，再开启热风柜和排风柜，对主机内水、汽进行（5～10 分钟）干燥后方可关机。

b. 摆线针轮减速机，出厂时已加入润滑脂，在使用后必须按润滑要求进行检查并按时更换润滑脂。

c. 定期检查链条松紧度，并加注润滑油。

d. 包衣滚筒如有异常或移位，应及时调整托轮高度及间距，包衣滚筒中心距或更换托轮轴承并校正。

②电气控制系统的维护与保养

a. 设备的整套电气系统每工作 500 小时，必须进行一次检查，并做好保养工作。

b. 在每次检修时，必须做好元件保养，并定期更换电气元件，电气系统中的主要元件，如 PLC、接触器、热过敏继电器、自动断路器均采用导轨式或插件式安装，维修方便。

c. 使用时必须注意不能有脏物、硬件碰伤触摸屏表面，每次工作停机后，需用干软布擦净触摸屏面。

d. 电气控制系统采用先进的 PLC 与人机界面设计，所以电气线路简单，维修方便，持有规定的资格证书电工才可进行维修。

③热风柜的维护与保养

a. 各过滤器如期检查，一般与清灰同时进行，如发现损坏及时修补或更换。

b. 按实用情况，定期清灰或更换过滤器，一般室外取风的中效过滤每月一次，室内取风可每季度一次，高效过滤器每半年一次。如发现风速无法满足设备的正常作业，必须更换高效过滤器。

c. 热风柜的轴流风机正常使用中，应定期进行检查固紧螺栓、风叶、电线等是否损坏，工作时是否有异常声响，振动或电流过大等现象，如发现问题应及时进行检修。

d. 需定期检查蒸汽散热器是否有漏水漏气现象。

e. 设备长时间停机重新使用时，必须对热风柜内部进行全面检查，并经试运转后，方可投入使用。特别注意在使用前蒸汽压力必须调到使用范围内后使用。

④排风柜维护与保养

a. 根据实际使用情况定期清灰外，主机在每个工作日清洗完毕后，必须将排风机清灰器启动，振动布袋灰尘一次（约5~10分钟），最后将灰斗的灰尘处理干净。

b. 清灰器的零部件与布袋式过滤器应定期检查，如发现损坏及时修补或更换。

c. 按实际使用情况应定期清洗布袋，一般连续使用50~100班次需清洗一次，如需要更换布袋时，先将拉簧卸下，然后松开布袋扣即可取出。反之安装时，先装上布袋，锁紧扣子，挂好拉簧即可。

d. 连续工作3~6个月，必须定期维护清灰器的电机及部件，并对偏心轮、连杆轴加注黄油，如有部件磨损及时更换。

e. 排风柜在使用过程中，如发现风机异常声响，应立即停机检查故障原因，及时进行处理或维修。

f. 设备长时间停机，重新使用时，必须对排风柜内部进行全面检修，特别要注意风机的各部件是否正常，以及布袋过滤器、清灰器、检修门密封等。并经试运转方可使用。

⑤蠕动泵的维护与保养

a. 蠕动泵使用前，把转速调至0位，然后慢慢调快，调至所需的最佳转速。

b. 三只蠕动轮轴承应定期检修并加注润滑油。

c. 使用前，将硅胶管外表适量涂上一层润滑脂后，再拉紧旋入泵头，然后装上泵盖。

d. 使用时要注意视孔是否有液体外流，如发现液体，说明硅胶管破裂，立刻停机更换硅胶管和清除泵内脏物。

e. 减速机内部没有需要维修的零件，请不要拆开螺丝，该减速机使用免更换高级齿轮润滑油，可连续运行18000小时。

⑥保温搅拌罐维护与保养

a. 每次使用前，必须检查增温水位置，如发现水位低于水标尺，务必加水方可使用。（注：水位必须高于水标尺）

b. 需要定期检查电热管，如发现水温无法增高，应及时检修或更换电热管。

c. 气动马达每次工作前，必须从进气管口加注几滴润滑油，确保马达正常运转和使用寿命。

d. 在使用过程中，温度控制必须在80℃内使用。

【结果】

1. 通过配液、包衣，得到复方丹参片的薄膜衣片。

2. 所得薄膜衣片装桶，称重，每件附标签，标明品名、重量、日期、工号，并作半成品检验，合格后转下一工段或中间站备用。

3. 填包衣工序原始生产记录。

4. 本批产品包衣完毕，按SOP清场，质检人员作清场检查，发清场合格证，待后续不同规格或不同产品的生产。

【相关知识和补充资料】

1. 中药制剂薄膜包衣技术

把适当的药用辅料均匀地包裹在片剂、丸剂、颗粒剂及胶囊剂等固体制剂的表面形成稳定衣层的技术称为包衣技术。所用的药用辅料统称为衣料，有药物衣、糖衣和薄膜衣等。制剂通过包衣可以达到提高药物稳定性、掩盖药物不良臭味、减少药物刺激性、延缓和控制药物释放、防止药物配伍禁忌、改善美化外观以及方便服用等诸多目的。随着科学技术的进步和临床用药要求的提高，目前包衣制剂的种类不断增多，新型包衣材料、包衣方法与包衣设备有了更深入的研究与创新。因此，包衣技术的应用和发展不仅是提高固体制剂质量与疗效的有效手段，也是制药工业水平发展、提高的体现。

薄膜衣是以高分子聚合物为包衣材料，用于药物包衣始于20世纪50年代，与糖衣相比具有生产周期短、用料少、被包衣制剂增重小、衣层机械强度及抗湿热性好、对药物的溶散或崩解影响小，以及制剂色泽稳定、美观等优点，在化学制药领域已广泛应用。近年来，随着新的薄膜包衣材料的不断问世和专业化及高效薄膜包衣机引进、研制、开发成功，薄膜包衣技术得到迅速发展，在中药制药行业中的应用与研究也日见成效，解决了中药包衣片长期存在的开裂、返色、吸潮等质量问题，显示出薄膜包衣技术的强大生命力，甚至有逐渐取代糖衣工艺的趋势。有报道将妇科十味片、心可舒片与千金片用Ⅵ号丙烯酸树脂、羟丙基甲基纤维素包薄膜衣，并与糖衣片比较，明显体现出薄膜衣片的优势。经薄膜包衣后的颗粒均匀、吸湿性改善，对味苦而难以吞服的颗粒亦可矫味。如用Ⅳ号丙烯酸树脂对鸢都感冒退热冲剂包衣、用羟丙基甲基纤维素对新雪丹颗粒包衣均取得满意效果。用Ⅳ号丙烯酸树脂对金蟾定痛微粒丸进行包衣，解决了组方中成分易氧化变色问题，同时防止了原来用传统方法盖面出现的上色不均匀、崩解慢以及吸潮等现象。也有研究应用pH敏感的包衣材料，使形成的包衣膜在一定的pH范围内溶解或控制膜的渗透性使药物在体内不同生理pH条件下定位、逐渐梯度释放。如有研究报道，分别采用Eudragit L－30D55、Eudragit L100、Eudragit S100型甲基丙烯酸树脂，60RT5型羟丙基甲基纤维素为包衣材料，对麝香保心丸（微丸）进行包衣，制成 pH 依赖型梯度释药微丸，经在模拟人体胃肠道 pH 条件下，测定组方中冰片和人参总皂苷释放度表明，该复方中药的主成分在缓释的同时基本达到同步释放，对多药味、多成分中药缓释制剂的研制有指导意义。说明薄膜包衣技术在中药制药领域有广阔的发展前景。

用于中药制剂薄膜包衣的主要材料有：纤维素衍生物。其中最常用的是羟丙基甲基纤维素（HPMC），本品既溶于水，也溶于有机溶剂或混合溶剂，成膜性能好，包衣时没有黏结现象，形成的衣膜透明坚韧，且在热、光、空气及一定的湿度下比较稳定；而丙烯酸树脂类，为丙烯酸和甲基丙烯酸酯等的共聚物，根据共聚单体成分或比例不同，分别有胃溶、肠溶或水不溶等多种类型，均可在固体制剂表面形成牢固黏着的衣膜，抗湿性较强，特别适用于全浸膏片，但膜的脆性或柔性有一定差别，可加一定量的增塑剂调节。国产肠溶型Ⅰ、Ⅱ、Ⅲ号丙烯酸树脂分别相当于常用的德国产商品 EudragitL30D、L100 和 S100；胃溶型 E30 和Ⅳ号丙烯酸树脂分别相当于 Eudragit E30 和 E100；其他如聚乙烯醇（PVA）、聚乙二醇（PEG）、聚乙烯缩乙醛二乙胺醋酸脂（AEA）等也有应用。

薄膜包衣制剂衣膜的形成和质量受多种因素影响，实际应用过程中应从临床用药要求、药物性质、剂型特性、包衣目的及设备条件等方面综合分析，通过必要的实验研究，调整、确定衣膜材料与组方配比，选择包衣方法和优选工艺条件。薄膜包衣技术的合理应用与包衣制剂的质量密切相关，这对众多以浸膏为原料的中药制剂的包衣尤为重要。如中药全浸膏片本身吸湿性极强，以选用渗湿性低的衣膜材料为宜，或用复合膜提高抗湿性，同时应严格控制片芯的水分等问题，均需通过实践经验的累积和技术理论上的提高来解决。

如何合理采用薄膜包衣技术开发中药新产品或取代原糖衣片，以改善产品质量，已成为当前中药制剂研究、生产发展的热点。

2. 将中药糖衣片改成薄膜衣片时应考虑的因素

过去中药包衣片大多为糖衣片。由于包糖衣需要用大量辅料（一般约为片芯重量的 60% ~ 70%），其中有大量的滑石粉、糖和合成色素，不但长期服用有损健康，对某些病种患者服用还有限制；包衣过程所需操作时间长（至少 12 ~ 16 小时），且生产环境粉尘飞扬严重，尘粒数可高出劳动保护规定标准的 8 ~ 10 倍，严重影响操作者健康和环保；包衣工艺中片料反复接触湿热，影响片中某些不耐湿热成分及所用色淀或其他着色剂的稳定性，极易造成裂片、变色，影响产品质量。

故确实有必要将糖衣改成薄膜衣，以克服糖衣的上述不足，改善中药包衣片质量，提高产品技术含量和市场竞争力。但是在实施过程中，往往不能达到预期的效果，甚至会产生新的质量问题。如在薄膜包衣过程中出现壳片、色泽不均、露边、胖片、缩片等。从表面上分析似乎是包衣质量问题，但反复调整包衣机的操作条件，如主锅转速，薄膜液的流量和片温等，结果仍不奏效。究其原因，主要是对薄膜包衣缺乏系统的理解和正确的应用，而仅仅是停留在从去糖衣后的素片开始如何包薄膜衣的认识上。

中药片剂由于组方药味成分复杂，主药量大且以浸膏及半浸膏粉为多，辅料少，且受湿、热影响较大及软材黏度难控制等原因，使片剂本身的制粒、压片质量就会受到很多因素的制约。因此，在薄膜包衣过程中发生的问题，可能有操作方法或操作条件方面的原因，但是往往出在某一个前工序中。如：原料粉末的细度、片芯的处方设计、制粒方法、颗粒质量、压片条件、素片硬度、脆碎度、崩解度、含水量、吸湿性、软化点及片面光洁度等。只有在上述指标符合薄膜包衣要求的前提下，才能从薄膜液处方、配液溶剂、包衣方法、操作条件等包衣的工艺环节中去分析。因此，拟将某一品种的糖衣片改制成薄膜包衣片时，必须从药物特性、素片工艺及质量、包衣目的、包衣材料和方法等方面全面考虑。才能针对具体情况，作出相应解决方案，最后得到令人满意的高质量薄膜包衣片。

3. 糖衣片片芯不能完全适合薄膜包衣的原因

近年来，随着新的药用高分子成膜材料的不断涌现和高效薄膜包衣机的研制成功，薄膜包衣技术在固体制剂的制备中得到广泛的应用，薄膜包衣片取代糖衣片成为必然的发展趋势。大量实验研究与生产实践表明，糖衣片的片芯不能完全适合薄膜包衣，由于薄膜衣与糖衣的包裹方法及选用辅料差异很大，因此薄膜包衣对片芯有其特定的要求。

（1）片芯形态：平片不适合薄膜包衣。因为平片片面是平面，在包衣机转动过程中，药片片层之间容易形成滑动状态，翻滚时产生有规律的排列贴于包衣锅的锅壁上，不能产生流畅的自然翻滚，包衣材料无法均匀分布，会出现二片或多片的"粘片"而导致包衣失败。所以薄膜包衣的片芯，外形不限，但厚度要适中，片芯中央必须有适当的胖度，各类不同形状异形片设计时也要注意留有一定的圆度和弧度。

（2）片芯机械强度：硬度不够，耐磨性较差的片芯不适合薄膜包衣。因为在薄膜包衣过程中，片芯在包衣锅内不断翻滚，片与片之间不断碰撞，边喷液、边成膜、边干燥，近乎同步配合成膜。故片芯一般要在包衣锅内转动100次左右才能逐步被包裹，而成品也只增重片芯的2%~3%左右，增厚仅0.02~0.03mm。所以对片芯的机械强度要求较高，一般要求片芯硬度在4~5kg，脆碎度在1%以下。

（3）片芯表面状况：片芯表面应光洁无麻面，且有一定的吸着力。由于薄膜衣衣层很薄，片芯表面若不平、或有蜂窝则无法掩盖，影响包衣片外观。在遇到由于片芯表面与成膜材料黏着力太低，而产生"脱皮"现象时，常常通过增加片芯表面适度吸着力，增加片芯与成膜材料的黏着力，若片芯中含有适量微晶纤维素也可增强膜与片面的黏着力，从而消除"脱皮"现象。

（4）片芯崩解时限：片芯的崩解不宜太快，一般控制在15~40分钟左右。若片芯崩解时限太短，包衣时片芯表面易被溶剂浸润损坏，影响包衣后外观质量。

（5）片芯含水、含油量：若片芯所含成分极易吸潮或含油量高，也不太适宜薄膜包衣，必须改进片芯的配方，增加吸湿和吸油辅料，才能完成薄膜包衣。一般片芯含水量应控制在5%以下。

4. 薄膜衣的基本配方

薄膜包衣膜的质量与包衣膜处方组成有密切相关。由于薄膜包衣的工艺特点及每一被包衣品种均各具特性，所以要求膜衣不但要具备坚硬且坚韧的性质，还应有一定的可塑性、不脆裂，有黏附性、不剥落，能抗湿，上色快、遮盖力强，易崩解等特点。

但上述要求并不是用一种单一材料就能达到的，通常需多种不同材料配合使用，功能互补。因此，薄膜衣料的基本配方应由成膜剂、增塑剂、着色剂、润滑剂（又称抗黏剂）等组成。现举例分述如下。

（1）胃溶型基本配方

成膜剂：羟丙基甲基纤维素、Ⅳ号丙烯酸树脂、聚乙烯吡咯烷酮（VA64）等，约45%。

增塑剂：聚乙二醇6000（水溶性增塑剂）、蓖麻油（非水溶性增塑剂）等，约9%。

润滑剂：滑石粉、硬脂酸镁等，约10%~25%。

着色剂：氧化铁（红、棕、黄、黑色）、色淀；钛白粉（二氧化钛，用作遮蔽剂）约11%。

其他：10%。

根据片芯特点，上述比例也可作适当调整，如改变成膜剂HPMC与丙烯酸树脂的比例可调节崩解时限，前者用量高则崩解快；后者用量高，抗湿性强。也可增加其他材料如吐温80（作助悬剂），乙基纤维素（EC）、乳糖（作致孔剂，可调节通透性）等。

例：首乌薄膜包衣片

羟丙基甲基纤维素（HPMC）	25g
Ⅳ号丙烯酸树脂	15g
聚乙二醇	3g
滑石粉	30g
氧化铁红	0.1g
氧化铁黄	0.4g
吐温80	0.5g
乙醇	适量

（2）肠溶型基本配方

同样由成膜剂、增塑剂、着色剂、润滑剂等材料组成，而它的成膜剂主要是肠溶性的Ⅱ号或Ⅲ号丙烯酸树脂，其中Ⅱ号树脂在pH 6以上肠液中溶解，故膜的溶解性较易控制；Ⅲ号树脂在pH 7以上介质中溶解，但成膜性能及膜外观均较好。因此，很多中药片剂以Ⅱ号与Ⅲ号混合包肠溶衣。丙烯酸树脂在与HPMC的复合膜比例中约占75%，而HPMC占25%。也可加入疏水性材料如苯二甲酸二乙酯，以增强衣层的抗透湿性。肠溶型基本配方如下：

羟丙基甲基纤维素	6%
Ⅱ号丙烯酸树脂	68%
聚乙二醇	6%
滑石粉	13%
氧化铁黄	6%
苯二甲酸二乙酯	1%

乙醇　　　　　　　　　　　　适量

例：木瓜霉片

羟丙基甲基纤维素　　　　　5g

Ⅱ号丙烯酸树脂　　　　　　35g

聚乙二醇　　　　　　　　　3g

滑石粉　　　　　　　　　　10g

氧化铁黄　　　　　　　　　0.4g

苯二甲酸二乙酯　　　　　　0.4g

乙醇　　　　　　　　　　　适量

例：痢速宁肠溶片

Ⅱ号丙烯酸树脂乙醇溶液（6%）　　　　20L

Ⅲ号丙烯酸树脂乙醇溶液（2%）　　　　5L

吐温80　　　　　　　　　　　　　　　0.4kg

苯二甲酸二乙酯　　　　　　　　　　　0.4kg

蓖麻油　　　　　　　　　　　　　　　0.5kg

滑石粉　　　　　　　　　　　　　　　0.7kg

乙醇　　　　　　　　　　　　　　　　适量

5. 薄膜衣处方的调整

中药薄膜包衣由于制剂（片、丸或颗粒）来自矿物、植物、动物等原料，成分复杂。具有纤维性、油质性、松散性、坚实性等不同质地；同时因工艺路线不同，制剂特性又有差异。如片剂有生药片、提取片、半浸膏片、全浸膏片之分，各自的片芯所具硬度、光洁度、黏度、含水量、吸湿率、吸附性、软化点等各不相同。因此，包衣时，必须根据片芯质量与特点调整薄膜衣处方。一般可从遮盖率、成膜速度、片面填充、和润滑性四个方面切入、分析、调整薄膜衣配方。

（1）若由于片芯硬度不够，导致片芯易松散、耐磨性差时，则首先应考虑增加成膜剂用量或调整成膜剂，加快成膜速度，减少片芯滚动时间，防止片芯松散。其次应适当增加润滑、抗黏剂，减少片与片之间的摩擦，增强耐磨性。

（2）若由于片芯片面粗糙，造成遮盖不严、光洁度差时，则可先考虑增加润滑剂，减少摩擦、防止粗糙程度加剧。同时适当增加一些填充剂、着色剂或遮蔽剂钛白粉等，填充、遮盖片面，增加光洁度。

（3）若由于膜料黏度过小或过大，包衣时出现上膜速度慢或片与片之间发生粘连时，则可分别调整：①黏度过小，应增加成膜剂用量或减少润滑剂用量，也可减少溶剂（乙醇）用量，以增加薄膜液的含固量等，均可提高上膜速度；②黏度过大，只需适当增加润滑剂即可，但应注意膜的牢度，润滑剂的增加应适度。

（4）若由于片芯吸湿性较强，遇水不但产生粘片而且会使片面起毛，片角变圆，严重时还会出现返底。则应适当增加成膜剂和润滑剂用量，尽量提高上膜速度，防止水分渗入片芯。并适当增加抗透湿材料。

（5）若由于片芯吸附性很差，导致露边、露底，上色缓慢，则在配方中应适度增加成膜剂、着色剂和遮蔽剂，增加成膜速度和吸附性。

6. 某些薄膜衣片分内层、外层的原因

当制备薄膜包衣片时，一般遇到下述情况要考虑包裹内、外层薄膜衣：①中药薄膜包衣片片芯大多片面粗糙，而这种粗糙片面由于受处方组成和辅料用量的限制，在制粒、压片中又无法克服。为了使薄膜包衣片片芯达到表面光洁的要求，必须先包内层，对粗糙片面进行处理，使外层有色薄膜能顺利包裹。②中药薄膜包衣片片芯多数颜色较深，若要包浅色片，深色的底色难以包上鲜艳色彩的膜衣。为了达到色泽鲜艳目的，必须先包上一层白色底色，然后再包有色层。因此对于片芯片面粗糙或略有松散，片芯颜色较深而要求包浅色片时，都必须分内外二层衣膜。

7. 薄膜衣内层处方的设计

为了改善薄膜包衣片片芯表面粗糙度和深色的底色，一般均需包内层。内层薄膜衣的设计应达到上膜快、增白快、填充好的目的。所用薄膜衣材料应包括成膜剂、润滑填充剂和着色剂等三大类。

如胃溶型内层薄膜衣基本处方：

成膜剂：羟丙基甲基纤维素　　26%

　　　　Ⅳ号丙烯酸树脂　　　　10%

润滑、填充剂：滑石粉　　　　32%

着色剂：二氧化钛（钛白粉）　32%

具体用量比必须根据片剂的特性来调整：如片剂表面的粗糙程度、黏度、颜色的深浅度进行调整。若该片的片芯表面粗糙，则应增加润滑填充剂滑石粉的用量；若片芯表面粗糙而黏度又较差，则应在增加润滑填充剂用量的同时增加成膜剂羟丙基甲基纤维素的量；若片芯表面粗糙而黏度又较强，则应增加润滑填充剂的滑石粉用量，同时减少成膜剂羟丙基甲基纤维素或Ⅳ号丙烯酸树脂的用量。若该片的片芯表面光洁，仅颜色太深，则应增加着色剂二氧化钛（钛白粉）用量；若片芯表面光洁、颜色深且黏度较强，则应减少成膜剂羟丙基甲基纤维素的用量；若片芯表面光洁、颜色深且黏度较差，则只需增加成膜剂羟丙基甲基纤维素的用量即可；若片芯表面光洁、颜色特别深、黏度适中时，则应增加着色剂二氧化钛（钛白粉）用量，减少润滑填充剂滑石粉用量。

同时要注意对根据片芯特性调整后的处方，必须做小样试验加以验证，然后放大样生产，再根据大生产的情况作一些微调，这样的配方就比较成熟。需强调的是每一品种应有一张适合本品特性的处方，包了内层后的片剂片面应为白色而光洁，有利于包外层。

8. 薄膜包衣对片芯形状的要求

薄膜片包衣的片芯形状和包糖衣片一样有一定的要求，而且在一定程度上关系到包衣质量的成败。薄膜包衣对一般圆片要求是深胖片、浅胖片，直径超过10.5mm者最好选择深胖片。对特别是异形片者如三角形、椭圆形、方形、胶囊形、腰子形、柳叶形等，其厚度要求适中，带角处应有一定的圆度，片中央应有适当的胖度，且胖度不得低于平胖片；腰子形、柳叶形者还要有一定的弧度。要注意，平片绝对不能包衣。

因为片子包衣时，在锅内要有流畅的自然翻滚，翻滚越好，薄膜衣料需用量亦少，膜衣色泽均匀，片重差异小，包衣操作时间短。反之，由于片形设计失误，造成翻滚不好，其结果是操作时间长，薄膜衣料用量大，色泽不均，片重差异大，甚至片子贴着锅壁打滑，不但不能均匀上膜，而且还会使包上的膜被磨掉。一些有角的片子，如三角片、方片由于角度设计过于追求美观，太尖，影响翻滚，容易产生断角，而且尖角不但包不住，还会产生片与片之间过分摩擦，擦伤片芯中央形成的薄膜衣，使包衣不能进行。因此要生产出美观高质量的薄膜包衣片，片芯形状的设计也是重要的一环。

9. 中药片芯不都适宜于全水薄膜包衣的原因

用水配制薄膜包衣液进行包衣称为全水薄膜包衣。全水薄膜包衣有以下诸多优点：如薄膜包衣液配制操作简单，溶解、溶散时间快，只需将粉末材料混合过筛，加水混合后即可使用；喷膜时喷枪不容易阻塞；一般大多数成品光洁度比用乙醇的好；省去乙醇，可降低生产成本，减少环境污染，确保生产安全，有利于提高经济效益等。但全水薄膜包衣必须在45℃以上进行，以确保水分的蒸发干燥速度。为此，要求薄膜包衣的片芯需承受45℃温度而不软化不变形，且吸湿率要低。而中药片剂大多数为易吸潮的全浸膏或半浸膏片，一般45℃以上都会出现不同程度的软化现象而产生变形，特别是刻字片字上凹部位的水分因来不及挥发而会引发膨胀造成字体模糊不清，同时还会造成片与片之间发生黏连而产生黏片、露边、露底以及因为吸潮膨胀又产生胖片等等一系列质量问题，使包衣无法进行。因此，全水薄膜包衣不适宜于大多数易吸潮的中药全浸膏或半浸膏片，更不适宜于含芳香性或易挥发性药物的片芯。如含挥发性药物冰片、薄荷脑等的中药片芯在45℃以上极易挥发，全水包衣时大量挥发逸出，造成片面表面无数小孔，冷却后出现白色的结晶体，不仅影响稳定性，还会使服用者误解；含纤维性成分较多的片剂，遇水又易膨胀，使片剂失去漂亮的棱角。因此绝大多数中药片芯都不适宜采用全水薄膜包衣。只有极少数具有抗湿、耐高温或一部分提取片片芯可采用全水薄膜包衣。相信随着全水薄膜材料的研制和开发，全水薄膜包衣技术广泛应用于中药片剂已为期不远，全水薄膜包衣是包衣技术发展的方向。

10. 全水薄膜衣的配方调整

全水薄膜衣一般都选用水溶性或超细粉、极细粉辅料，不能选用醇溶性物如丙烯酸树脂类成膜材料。其基本配方也由成膜剂、增塑剂、着色剂、润滑剂等组成，如下：

羟丙基甲基纤维素（HPMC）	28.5%
乙基纤维素（极细粉）	7.1%
聚乙烯吡咯烷酮（VA64）	17.8%
聚乙二醇6000	10.7%
滑石粉	17.8%
氧化铁红	18.1%

中药片芯特性各异，每一品种必有一个衣膜处方，调整的原则和方法与胃溶型基本方法一样，不同点在于选用材料品种不同。如根据片芯的黏度调整羟丙基甲基纤维素（HPMC）与VA64的比例和滑石粉用量；根据片芯的吸潮程度调整乙基纤维素用量，或可增加麦芽糊精，但增加的辅料品种同样必须是水溶性或超细、极细粉。

11. 薄膜包衣机设备应具备的基本技术性能

我国研制薄膜包衣机起步较晚，20 世纪 80 年代中期才开始。研制初期的设备大多由糖衣机改制而成，虽能勉强使用，但由于各种技术指标达不到要求而严重影响成品质量。到了 90 年代初，我国开始引进国外薄膜包衣机设备，主要从日本、英国、德国、意大利进口。使用较普遍的是英国和意大利设备，同时也开始根据本国片剂的生产实际对引进设备消化改进。如北京航天部、上海中联制药装备有限公司及温州小仑制药机械厂等都以英国和意大利设备为基础改进制造。一台好的薄膜包衣机除制作精良外，必须具备以下基本性能。

①整机结构、材质符合 GMP 要求；②符合防爆要求；③清洗方便并具有自动放水装置；④包衣锅具有变速功能（0～20 转/分），并同时能良好地翻滚；⑤喷枪雾化完全，断气必停喷，停喷时无滴漏现象，雾化度、雾化范围及离片芯的距离可自由调节；⑥具有薄膜液的流量显示，流量大小可自由调节，并应配备蠕动泵以便于清洁；⑦具有包衣锅内温度、压差及风量显示装置，并可自由调节；⑧搅拌桶内的搅拌桨上下、前后、速度可自由调节，搅拌桨应呈切削形，搅拌桨转速 0～100r/min；⑨有片剂实际温度显示，其温差不得大于±1℃，片温最高温度可高达 70℃；⑩具有很好的吸尘、贮存、除尘方便的装置。

具备了以上机械性能后，该机就可以制备各种特性、大小和片型的薄膜包衣片。

12. 薄膜包衣机的安装、调试

首先要熟悉、了解反映该薄膜包衣机性能的技术参数，正确安装。为便于清洁、减少噪音和布局美观，一般有两种安装法：①主机和副机应有隔音墙。主机、控制箱、搅拌桶放在操作室，其余副机如加热器、吸尘、储存机应安装在主机后间（副机室），后间应安装通风设施；主机连接加热器的热风管和吸尘的抽风管的距离越短越好，尽量减少弯头，弯头处不能成直角管，应做成圆角管，其弯角要大于或等于 45°。②主机和副机安装于一室。操作室只露出主机的面板，隔墙到顶到边，中间或旁边开门供机修和清洁。上述两种方法各有优缺点，前者便于操作清洁，噪音小，但安装较烦琐。后者美观、清洁，维修方便，但薄膜衣液易污染。安装中要特别注意对"压缩空气"必须安装滤过、干燥、去油装置，确保包衣质量。安装结束，电、压缩空气、蒸汽到位后，即可开始调试。调试步骤如下。

（1）开动包衣锅，观察噪声大小、包衣锅走势平稳性和快慢变速反应，特别是转速最快时的平稳性。好的薄膜包衣机应转动平稳、噪声小，提速、降速反应快、灵敏。

（2）取水适量，倒入搅拌桶内至约 4/5 处，开动搅拌机，任意调节其转速，观察搅拌的均匀性、平稳性及噪声。好的搅拌机（桶）搅拌桨上下升降，前后调节自如，水的旋涡明显而无溅液，搅拌桨呈切削形，搅拌平稳而噪声小。

（3）开启蠕动泵，任意调节其流量，观察水的扬程，扬程越远越好，说明该蠕动泵操作压力好，使用时流量稳定；并观察其流量大小变换是否灵敏，特别是最大流量和最小流量时的稳定性。同时观察显示屏是否正常显示。

（4）调试喷枪，设定位置后，安装喷枪，开启压缩空气，调试二喷枪流量至等量，然后调试喷枪雾化效果，雾化性能好的喷枪，雾中应无液滴状水滴。方法是将雾化水喷于纸上，观察纸上是否有滴状水，再调其雾化范围，观察其是否能符合多种工艺要求。最后关掉压缩空气，观察是否有滴漏水现象。

（5）开启热风、吸尘，调节包衣锅内压差，同时设定预定温度，直至调到包衣锅成负压差，观察其升温速度与温度稳定性及正负温度误差范围。好的包衣机负压差大、温度误差范围在±1℃。

按以上调试顺序都顺利通过后，然后放置最大容量片芯进行包衣并观察上述技术参数在负载情况下，是否正常相符，特别是包衣锅的转速、片温和流量的稳定性。包衣片质量符合要求时，才能证明该机性能良好。

13. 薄膜包衣的基本操作方法

薄膜包衣操作，一般按下述步骤进行。

（1）试机：开启薄膜包衣机，确认各操作环节运转功能正常后停机。

（2）搅拌：将配制好的薄膜包衣液过100目筛，倒入搅拌机内搅拌40分钟。

（3）调整流量：将喷枪移至包衣锅外侧之固定位置，开启压缩空气，关闭雾化气阀后，开启输液泵调节二喷枪（或多头喷枪）流量至等量后，关闭输液泵。

（4）调整雾化：开启输液泵及雾化气阀，调整雾化至最佳状态后关闭压缩空气和输液泵。

（5）装片：根据包衣锅的容量，将适量片芯倒入包衣锅内，并将喷枪移至包衣锅内，调节喷枪与片芯的距离后固定喷枪位置。

（6）预热：预设温度，45～50℃，开启包衣锅使片芯翻动（此时包衣锅转速越慢越好，只要片芯能翻动即可），开启热风和吸尘机略呈负压，加热片芯，同时吸去片芯中残余细颗粒和细粉，至预设温度。

（7）喷液：加速包衣锅转速至片芯最佳翻滚状态，开启压缩空气、输液泵喷液，并根据片芯的特性调节流量，一般50千克一锅，正常流量为200ml/min，从小到大逐渐增加至流量与温度达相对平衡状态，即达预设温度并保持不降后，连续喷液至符合该片包衣质量标准。

（8）结束：喷液至符合质量标准后，在逐渐降低流量的同时，逐渐降温、慢慢冷却，停止喷液，关闭热风后约2～3分钟，关闭吸尘机及包衣锅，出片。

14. 调整薄膜包衣操作工艺条件的方法

按上述基本方法进行薄膜包衣操作，一般应能达到薄膜包衣片的质量标准。但是由于中药片剂的原料及制剂较复杂，片芯的特性差异很大，如果仅按常规操作，往往不会达到质量要求，还会出现如露边、露底、粘连等各种质量问题。因此，必须根据片芯的特性，调整薄膜包衣操作方法的工艺条件或方法顺序。调整与否及如何调整，主要依据是片芯的热软化点、片芯表面的黏度和片芯表面的吸湿度等参数。因为片芯的热软化点与包衣操作温度有关，片芯表面的黏度和片芯表面的吸湿性与薄膜液的流量有关。

软化点，是指片芯受热开始软化逐渐变形的温度。如易软化的全浸膏片一般软化点在39～40℃，甚至更低，但也有个别的全浸膏片可高达50℃也不软化。确定片芯软化点以后，可调整操作时预设温度，预设温度应低于软化点2℃以确保片芯不软化。

片芯表面的黏度和片芯表面的吸湿性，是确定衣料喷雾流量、干燥温度、热风量的依据。一般全浸膏片片面的黏度大、吸湿率较低，喷薄膜液时流量宜小；纤维性、淀粉质较多的片芯表面的黏度差、吸湿率较高，喷薄膜液时流量要大。而流量与干燥相关，干燥又与温度、风量相关。所以流量越大需要的干燥速度就要快，干燥时间越快，需要的温度要高，风量就要大。反之，流量越小，需要的干燥速度要慢，干燥时间要长，需要的温度低，风量小。流量、温度、风量三者密切相关。因此，在操作时，特别在一开始喷薄膜液时，一定要根据片芯的特性来调节流量、温度与风量。待片芯表面有一层薄膜衣时，再调整一次，直至找到最佳点，即当干燥温度、流量与风量三者达动态平衡时，接着就可连续操作。

操作中还应根据片芯表面的黏度和片芯表面的吸湿性来调整操作顺序。例如某片芯黏度不大而表面的吸湿性却很大，这时开始喷薄膜液时的流量要大，热风温度可高，待片芯全部均匀喷到薄膜液而又不粘连时，应停止喷液或放慢流量至最小点，待片芯干燥后再继续喷雾或加大流量至正常喷液。目的是防止片芯松散、片面磨损，水分大量进入片芯，造成片面粗糙，含水量不合格；有的片芯表面的黏度特强，软化点又低，这时开始喷薄膜液时流量要小，而且越小越好，包衣锅转速要慢，待片芯表面略有一层衣时，开始包衣锅提速，流量加大。目的是防止片芯粘连，造成露底。

薄膜液喷完后，结束工作同样要根据片芯的特点进行操作，如软化点低的片芯喷完薄膜液后，要放慢包衣锅转速，关闭热风，加大吸尘进行冷却，冷却后才能出锅，以防变形，特别是刻字片更应注意。

15. 薄膜包衣片产生露边、露底解决方法

在薄膜包衣过程中，由于操作不当或薄膜液配方不合理，在片剂的边缘露出底色，称为露边；在片剂的中央露出底色称为露底。产生露边、露底的主要原因是在薄膜包衣过程中，由于对片芯的吸湿率没有充分了解，在喷薄膜液时流量过大，干燥速度一时跟不上就造成露边；若露边情况很明显，甚至严重时就会出现露底。如能及时发现，降低流量或提高干燥速度即可解决。但流量过小，干燥速度过快也会产生露边，这种露边不明显而是隐约出现，同时伴随出现隐约露底，包衣锅内可见粉尘飞扬严重、片的表面有残余粉末。如不及时发现，露底情况将随着时间延长，会更加严重，如能及时发现，则只需增加流量或减低干燥速度即可避免。

若在纠正了上述操作方法后，仍出现露边或露底现象，证明产生原因不是操作问题，而是薄膜液的配方问题。如薄膜液的配方中成膜剂用量太少，造成黏度不够；或润滑剂过量，造成黏度降低。这时必须增加成膜剂用量或更换复合膜材料品种，必要时也可降低润滑剂用量来解决。

16. 解决薄膜包衣片色泽不匀的方法

在薄膜包衣片成品中出现花片或色点都称为色泽不匀或叫色差。发生原因和解决办法如下：

（1）着色剂选用不当：在薄膜包衣液配方中一般都采用不溶物，如氧化铁、色淀等作着色剂，所以只要按照正确操作方法配制薄膜包衣液，是不会产生色泽不匀的质量问题的。如果采用水溶性色素或叶绿素等一类着色剂那么很容易产生色泽不匀，因

为此类着色剂与成膜材料或增塑剂及溶剂的亲和性或溶解性差，往往在包衣液中不能均匀分配而造成色差。因此，除全水薄膜包衣液外，在一般薄膜包衣液配方中不宜采用水溶性色素作着色剂。

（2）薄膜包衣液配制不当：在配制薄膜包衣液时由于预处理不规范或配方中着色剂用量不合适均会造成包衣成品色泽不匀。如①预处理中材料溶散时间不够或膜料没有过筛；②钛白粉没有经过预处理，造成白点，解决方法是可用适量水涨透；③着色剂如钛白粉用量不够，增加到适度即可。

（3）包衣机本身翻滚不好：片芯翻滚时有死角或有停顿，或操作时包衣锅转速没有根据片芯的大小、比重调到最佳翻滚转速，使薄膜液不能均匀地喷在片芯上，造成色泽不匀，这点在包异形片时更应特别注意。

17. 预防薄膜包衣片变形的方法

在薄膜包衣过程中由于包衣操作不当造成片剂无棱角、凹瘪、缩片、胖片等都称为变形。大多发生在全浸膏片的薄膜包衣，特别是全浸膏异形片包衣。变形一般都因包衣时操作不当造成，流量过大和温度过高是造成变形的主要原因。由于流量过大，一时来不及干燥，遇到高温，浸膏软化，片芯就失去棱角。此时虽及时降低流量，但大量水分已进入片芯，有些片芯在高温干燥下开始收缩，在片的边缘产生一条条收缩造成缩片；有的片芯在高温干燥下开始膨胀，如时间较长，片芯中间还会出现空心，造成胖片。因此根据片芯的热软化点掌握流量和温度是防止变形的关键所在。

由于包衣机内导向板和锅型的设计原因，造成片剂翻滚不好，片剂翻滚时留有死角或出现停顿；或未根据片芯的大小、比重调到最佳翻滚转速。均可使薄膜液不能均匀喷在片芯上，部分片芯吸湿过分造成变形。此时出现的变形不是整锅而是部分，特别是异形片更明显。必须及时根据片芯的大小、比重，调到最佳翻滚转速加以挽救。

18. 包衣中产生裂片的原因及解决方法

在薄膜包衣操作过程中，时而出现从片的腰间开裂或顶部脱落一层的裂片，俗称壳片。这种现象都发生在片芯，包衣前片芯质量检查时一时很难发现，一旦遇到薄膜液中的水分、乙醇和包衣中翻滚的冲击，就开始裂片，这种现象称隐裂，俗称暗壳。发生这种现象应该从片芯的处方设计即辅料选用、原辅料配比以及制粒方法、颗粒含水量等方面找原因，并加以克服。如裂片不严重，压片时适当降低压力，也能起到一定的作用。若包衣时发现这种片芯，开机后，包衣锅转速要缓慢，甚至可降到 2 转/分，同时包衣液喷雾流量要小，温度要控制在 40℃左右，使其慢慢上膜，防止水分的侵入和翻滚的撞击。待片芯上有一层薄薄的薄膜保护层时，才可恢复正常速度包衣。这种方法一般都能有效控制包衣中的裂片，但是要从根本上解决问题，还得从片芯着手。

19. 包薄膜衣后片重差异不合格的解决方法

片芯重量差异合格，但经包薄膜衣后，包衣片重量差异不合格，即可定为成品重量差异不合格。因薄膜衣片和糖衣片不同，糖衣片只要片芯重量差异符合规定限度，包衣后不再检查重量差异。而薄膜衣片包衣前后，即芯与成品均要检查重量差异，目的是确保包裹的薄膜衣厚薄均匀。包衣过程中主要有以下情况可能造成片重差异不合格，应针对解决。

（1）薄膜液配制工艺不合理或未过 100 目筛，料液不均匀，且喷液时未执行边搅拌边喷液规定，应按规定工艺配制薄膜液，并执行边搅拌边喷液规定。

（2）包衣机本身翻滚不好，片剂翻滚时有死角或有停顿，或未根据片芯的大小、比重调到最佳翻滚转速，从而使薄膜液喷在片芯上不均匀。应检查包衣机，重新调整包衣锅转速。

（3）片芯未全部包裹，就急于出锅，造成薄膜衣厚薄不均。因此包薄膜衣必须执行定量包衣，即按片芯量配制定量薄膜液，薄膜液必须全部喷完，包衣操作才能完成。

20. 薄膜包衣后崩解时限不合格的解决方法

片芯崩解时限合格，但经包薄膜衣后，成品崩解时限超出规定。出现这种情况，首先应观察崩解全过程，确定超标的原因是薄膜衣还是片芯。根据所造成的原因，一般解决方法如下。

（1）片芯崩解时限本身在规定的边缘，一经包衣即造成崩解不合格。应从片芯着手，调整片芯辅料与制粒工艺，使片芯有合适的、为薄膜崩解留有一定余地的崩解时限。薄膜衣崩解时限约为 5 分钟左右。

（2）薄膜衣料配方不合理，使薄膜衣的崩解时限太长，影响包衣成品崩解。薄膜衣崩解时限一般应控制在 5 分钟以内，最长不得超过 8 分钟，若超过 8 分钟说明该薄膜衣配方中成膜剂用量过量，应调整；如因特殊需要不能减少成膜剂用量时，可适当增加崩解剂，如羧甲基淀粉钠、交联羧甲基淀粉钠、PVP 等均可起到很好的崩解效果；着色剂中的钛白粉也具有崩解剂作用，在不影响色泽的情况下可适当增加用量。

（3）包衣工艺操作不当，且较易发生在全浸膏片或含浸膏较多的半浸膏片包衣过程中。一般是由于操作时温度过高或有一段持续高温，其温度超过片芯的软化点温度，使片芯内的浸膏受热软化结块，冷却后将片芯中的毛细管作用破坏，使水分无法进入，造成崩解不合格。可降低温度、严格控制片芯的软化点，并应注意压片时压力不宜过高，一般都有可能得到解决。

21. 薄膜包衣后含水量不合格的解决方法

片芯含水量合格，但经包衣后成品含水量不合格，造成原因主要是操作方法问题。首先是包衣操作时薄膜液喷枪流量过大，薄膜液来不及干燥所造成。在薄膜包衣过程中，流量、温度、风量三者关系密切，三者配合不好，容易发生各种质量问题，成品含水量不合格就是其中一种。如果流量、温度、风量三者调节好，喷雾速度与干燥速度相对平衡，成品含水量不但能保持与原片芯一样不变，而且还有所降低。因此，若出现水分超标，解决方法是调整流量、温度与风量，使喷枪喷出的薄膜液，用合适的温度、风量及时干燥，成品含水量就不至于上升。其次是薄膜液中作为溶剂的乙醇浓度，过低的乙醇浓度不容易干燥，当薄膜液中的水分超过一定温度、风量的干燥能力时，多余的水分就停留在片芯中，随着包衣时间的增加水分同时增加，导致成品含水量不合格。因此，可适当提高薄膜液的乙醇浓度，降低薄膜液中水分含量，在乙醇挥发干燥的同时又可带走水分。

经薄膜包衣技术制备的颗粒具有均匀、稳定、崩解快、服用剂量小等优点。如用 IV 号丙烯酸树脂、PEG 等材料制备板蓝根薄膜包衣颗粒，解决了原板蓝根冲剂易吸湿辅料量大等问题。一些易挥发的药物，如含冰片的颗粒，由于冰片在颗粒中逐渐挥发，用于压片后片面上会出现空洞，影响片剂的美观而且导致冰片含量下降，经薄膜包衣后可显著延缓冰片挥发，保持片面光洁。一些易松散的颗粒、易吸潮的颗粒剂，通过薄膜包衣，可避免产生或极少产生细粉，增强颗粒抗湿能力等，提高颗粒质量。

22. 颗粒进行薄膜包衣的方法及颗粒包衣与片剂包衣的差异

颗粒的薄膜包衣和片剂薄膜包衣操作一样，包衣锅的转速、喷枪的流量、温度、风量必须根据颗粒特性进行预选设定、调整。与片剂相比，区别在于颗粒不但体积小而且比重轻又易松散。因此在包衣时，包衣锅的转速相对要慢，特别是刚开机时更要慢，防止颗粒松散产生细粉；薄膜衣液的含固量要低，而溶剂乙醇的浓度相对要高些；喷枪的流量要小，雾化效果要好、雾化面要大，以防止颗粒粘连产生结块；温度相对偏高些，但风量要小，既要能保证及时干燥又要防止颗粒飞扬。必须注意，颗粒的包衣和片剂的包衣一样，一定要根据颗粒的特性，如颗粒的比重、黏度大小及吸湿率来确定包衣锅的转速，包衣液的流量、雾化的程度，温度的高低，风量的大小。才能确保薄膜包衣的顺利进行。

由于颗粒包衣的要求与片剂有所不同，特别是对光洁度要求较低或没有要求，因此处方虽然也由成膜剂、增塑剂、着色剂、润滑剂等组成，但其他用料相对比片剂简单。特别对无色泽要求的颗粒甚至只需成膜剂即可。故一般是成膜剂 HPMC、Ⅳ号丙烯酸树脂或 VA64 等增加一些润滑剂滑石粉，增塑剂聚乙二醇，都能获得很好的效果。

基本配方如下：

颗粒薄膜衣处方

羟丙基甲基纤维素（HPMC）	70%
Ⅳ号丙烯酸树脂	20%
滑石粉	1%~2%
聚乙二醇6000	8%
乙醇（按处方量计算）	20~25 倍左右

配制的操作方法与片剂薄膜液相同。

23. 干法制粒的颗粒最适合颗粒薄膜包衣的原因

薄膜包衣的颗粒与压片的颗粒要求有明显的区别，压片的颗粒要求疏松而又有弹性，颗粒与细粉要有一定的比例。而薄膜包衣的颗粒在保证溶散的前提下越硬越好，颗粒的粒度一般要求在 10~24 目，细粉越少越好。

制粒的方法很多，有湿法制粒、挤压法制粒、一步制粒、干法制粒等等。但除干法制粒外，各法制得的颗粒一般都有一定数量的细粉而且颗粒疏松、多孔。薄膜包衣时不但薄膜液用量大，而且一经翻滚，容易产生细粉和颗粒之间的黏连，加大了包衣的难度和影响成品得率。

干法制粒所制得的颗粒，结实不易松散，表面较光洁，颗粒在包衣锅内翻滚不易产生细粉，很大程度上防止了颗粒之间的黏连。包衣时薄膜液用料省，降低了原料成本，又由于干法制粒所制得的颗粒大小相对比较均匀，因此，干法制粒的颗粒最适宜颗粒薄膜包衣。

【课堂讨论】

1. 如何解决薄膜包衣片色泽不匀？
2. 包衣中产生露边露底如何解决？
3. 为何对颗粒进行薄膜包衣？
4. 如何对颗粒进行包衣，颗粒包衣与片剂包衣有何不同？

1. 薄膜包衣　2. 高效滚转包衣锅　3. 素片　4. 薄膜衣片

许多最牢固的信念是建立在无知的基础上的。

第八节　片剂的分装

主题　大生产时如何分装药片？

【所需设施】

片剂分装机

【步骤】

1. 人员按 GMP 一更，二更净化程序进入片剂内包间。
2. 生产前的准备工作。
3. 原辅料的验收配料。
4. 用 DXDK40P 型自动片剂包装机分装药片。

（1）准备工作

①给横封辊的四个支承部位加油，下料离合器及裁刀离合器滑动部分加油，铜及铜合金的转动部位和具有相对运动的各部位加油。

②选择安装一组间隔齿轮，根据包装袋的长度。

③调好横封偏心链轮的刻度，使其标牌上的包装袋的长度值对准轴上的刻线。

（2）开机

①接通电源开关，电源指示灯亮，纵封与横封加热器即可通电。

②调整纵封、横封温度控制器旋钮至所需的温度，温度的调整，需按所使用的包装材料而定，一般在 100～110℃ 之间，另外，纵封和横封温度也不相同，根据封合情况自行调整。

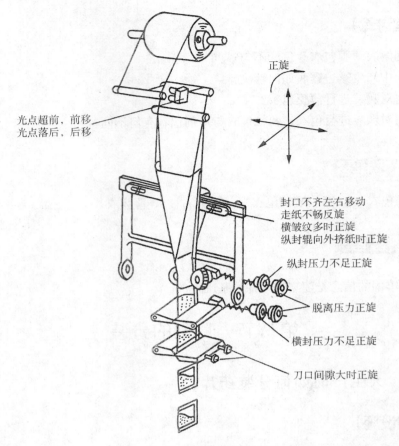

正旋

光点超前，前移
光点落后，后移

封口不齐左右移动
走纸不畅反旋
横皱纹多时正旋
纵封辊向外挤纸时正旋

纵封压力不足正旋

脱离压力正旋

横封压力不足正旋

刀口间隙大时正旋

图1-25 袋成型及封合调整示意图

③把薄膜装入，通过光电头时，使光电头左右稍稍移动，使其对准薄膜上的控制光点，否则光电头不起作用，热封部位不准。

④包装材料通过的最后一导辊的位置应使包装材料平滑进入导槽。

⑤将薄膜送进两纵封辊之间，并将薄膜两边对齐。

⑥手动无级变速皮带轮，将薄膜送入横封辊。

⑦接通光电头开关，调节"感度"和"修正量"旋钮，淡色时应顺时针转动"感度"旋钮，浓色时逆时针转动。

⑧将下料离合器脱开

⑨接通电机开关，则电机开关指示灯亮，此时进行空袋运行，看其粘接是否良好，若温度过低，封口易剥开，若温度过高，热封表面呈白色，不美观。注意：温度经常过高，易造成事故。

⑩将实际封合长度再测定一次，检查间隔齿轮安装是否合适。

⑪检查切断位置是否正确，当不准时，将裁刀齿轮顺箭头方向推动，使其脱离介轮转动裁刀，如裁刀滞后则逆时针转动裁刀，提前则顺时针转动，达到正常裁刀时将裁刀齿轮送回原位。

⑫接通下料离合器，调整供料时间，将介轮向上托起，脱离离合器齿轮并转动使

两者改变啮合位置，以达到开闭器开闭时间与横封封合时间动作协调之目的后，将介轮放回原处。

⑬将被包装物料装入料斗。

⑭以上各项进行完毕，方可开车进行包装。

（3）停车顺序

①切断下料离合器；②切断裁刀离合器；③切断电机开关；④切断电源开关；⑤操作结束进行检查，清扫及修理。

（4）维护保养

①在运转中应注意机器声音是否谐调，要迅速分清事故前的异常运转声音。

②把薄膜装入后，如长时间不开动，应将两纵封辊和两横封辊相互脱开。

③在热辊加热至启动准备这段时间内，应切断裁刀离合器，否则开动机器时会产生裁刀刀刃对撞，损坏裁刀。

④定时检查机器各紧固部位，是否有松动、脱接现象。

⑤减速器第一次用油要在 10 日左右更换，以后每隔两千小时更换。

【结果】

1. 通过分装得到 18 片/板或 18 片/包的复方丹参片。

2. 将分装好的复方丹参片装，称重，每件附标签，标明品名、重量、日期、工号，并作半成品检验，合格后转外包工序备用。

3. 填内包岗原始生产记录。

4. 本批产品分装完毕，按 SOP 清场，质检人员作清场检查，发清场合格证。待后续不同规格或不同产品的生产。

【相关知识和补充资料】

1. 包装技术

包装系指在流通过程中为保护产品、方便储运、促进销售，按一定技术方法而用的容器、材料及辅助物等的总称。包装技术即为达到上述目的采用容器、材料和辅助物而施加技术方法的操作活动。

包装具有三大功能：保护功能、方便功能和信息传递功能。包装对维护产品质量、减少损耗、便于运输储存和销售、美化商品提高使用、服务质量等有着重要作用。

包装按用途可分为通用包装、专用包装。药品包装属专用包装。

我国医药历史悠久，而且有药品以来就有包装。但是，我国的药品包装长期处于落后状态。古代的药品一般以竹木、陶瓷器、金属器皿或纸包装。17 世纪以后才有了玻璃制品包装药品。

由于医药工业的发展，一些新剂型的需求，大大促进了药品包装材料的发展。药品包装已经形成由内包装、中包装、外包装组成的包装体系；药品包装材料已由竹木、陶瓷、纸张、金属等发展为取各种材料之长、补各种材料之短的新型复合材料；一些直接接触药品的内包装已经在药品制剂中视为其中一个组成部分，一些剂型本身就依附包装而存在，如胶囊剂、气雾剂、水针剂、输液剂等。

药品包装材料和容器组成应根据药物制剂的给药途径，与药物的接触时间、接触方式，原辅料的性质、剂型以及生产工艺等来选择。不适当的药品包装可引起药品包装材料和药物成分的相互迁移，药物成分的吸附甚至发生化学反应，导致药品失效，影响用药剂量；药品包装材料与药液长期接触造成的腐蚀脱片、组分溶出均可能产生严重的副作用，甚至对人体产生三致隐患。因此，正确选择和进行药品包装，了解常用包装机械的原理，学会判断和解决使用中的常见问题是很有必要的。

2. 药品内包装材料的选择

（1）药品内包装材料：按组成，药品内包装材料大致可分为 6 类。

①塑料：如聚乙烯（PE）、聚丙烯（PP）、聚氯乙烯（PVC）、聚偏二氯乙烯（PVDC）、聚酯（PET）、聚酰胺（尼龙，PA）、聚苯乙烯（PS）等。

②金属：如铝、锡、马口铁等。

③纸、塑料、金属的两种或多种复合材料：如纸/PE、PET/PE、OPP/PE、OPP/镀铝 CPP、PET/镀铝 PET/PE、纸/Al/PE、涂层/Al/PE、PET/Al/PE，PA/Al/PE 等。

④橡胶：如丁基橡胶、天然橡胶等。

⑤玻璃（硅酸盐）：如中性玻璃、硼硅玻璃、钠钙玻璃、中性硼硅玻璃（仪器、安瓿玻璃）等。

⑥明胶：如药用明胶软胶囊、硬胶囊。

（2）对药品内包装材料的基本选择原则是：包装材料与被包装药物有良好相容性，即具有物理、化学、生物学惰性；有耐灭菌性、耐贮运性、良好的密闭性和保护性；无生物活性，无污染，易于清洗或清洁等。具体应用中，常见有以下选择。

①口服固体制剂，可选用聚烯烃（PE 或 PP）塑料瓶（可加入钛白粉作遮光剂）、PET、制成的无色透明或棕色透明塑料瓶包装，或用玻璃容器包装，亦可选用 PVC 硬片、PVC/PVDc、PVC/CFE（CFE—聚三氟氯乙烯）或 PVC/PE/PVIX 等复合硬片与药品包装用铝箔热封合的单剂量 PTP 包装和各种复合膜（如塑/塑复合膜、纸/塑复合膜、塑/铝/塑复合膜等）热封合的 SP 包装。

②口服液体制剂，一般采用 PP 或 PET 制成的塑料容器或用玻璃容器包装。

③注射液及碱性溶液，宜用质硬、耐热性和耐化学腐蚀性较强的中性硼硅玻璃容器包装。

④输液及粉针剂等，宜选用丁基橡胶材料制成的橡胶塞，易开启的铝塑组合盖。

⑤软膏剂等半固体制剂，可选用铝管或聚烯烃（PE 或 PP）塑料软管包装。

（3）选用中还应注意以下问题：

①不要选择落后且影响药品质量的药品包装材料。如已公布淘汰的软木塞、非易折安瓿、铅锡软膏管及粉针剂（包括冷冻干燥粉针剂）安瓿等包装。

②固体制剂不宜片面追求 PTP 包装。如对湿、氧、光敏感的药物制剂、粉末较多的胶囊、含油量大的丸剂等，就不宜选用 PTP 包装，宜选用玻璃瓶包装。

③塑料通常具有较强的透水透气性能，还可能因吸附或迁移对药品质量发生影响。因此，对密封性要求高的药物如对湿、氧敏感的药物，和可能发生吸附作用的药物等，

不宜用塑料作为内包装材料。必要时，应作特殊处理后使用。

3. 复方丹参片处方、制法（《中国药典》2010 年版一部）

【处方】 丹参 450g　三七 141g　冰片 8g

【制法】 以上三味，丹参加乙醇加热回流 1.5 小时，提取液滤过，滤液回收乙醇并浓缩至适量，备用；药渣加 50% 乙醇回流 1.5 小时，提取液滤过，滤液回收乙醇并浓缩至适量，备用；药渣加水煎煮 2 小时，煎液滤过，滤液浓缩至适量。三七粉碎成细粉与上述浓缩液和适量的辅料制成颗粒，冰片研细与上述颗粒混匀，压制成 333 片，包薄膜衣，或压制成 1000 片，包糖衣或薄膜衣，即得。

4. 复方丹参片的工艺流程图（图 1−26）

5. 中药片剂定义　系指提取物、提取物加饮片细粉与适宜辅料混匀压制或用其他适宜方法制成的圆片或异形片状的制剂，有浸膏片、半浸膏片和全粉片。

片剂以口服片为主，另有含片、咀嚼片、泡腾片、阴道片、阴道泡腾片和肠溶片等。

6. 片剂常规检查项目

片剂质量控制标准除个别品种另有特别规定外，应有以下几项。

（1）外观：完整光洁、色泽均匀，有适宜的硬度。

（2）重量差异：符合《中国药典》规定。

（3）鉴定：符合《中国药典》规定。

（4）含量测定：符合《中国药典》规定。

（5）崩解时限：符合《中国药典》规定。

（6）微生物限度：符合《中国药典》规定。

为保证片剂各项质量指标符合《中国药典》规定，企业应制定高于《中国药典》规定各项质量指标的内控标准，如含量标准、重量差异、崩解时限、溶出度和生物利用度、菌检等指标。

【课堂讨论】

1. 目前市场上常见的片剂包装有哪些？

2. 作为药品的内包装材料应符合哪些要求？

3. 本次所用片剂包装机可对哪些剂型的药品进行包装？

4. 你还见过哪些片剂包装机？

 词汇积累

1. 包装技术　2. 片剂分包机　3. 内包　4. 内包装材料

今日思考

如果不坚持到最后，许多事情就做不成。

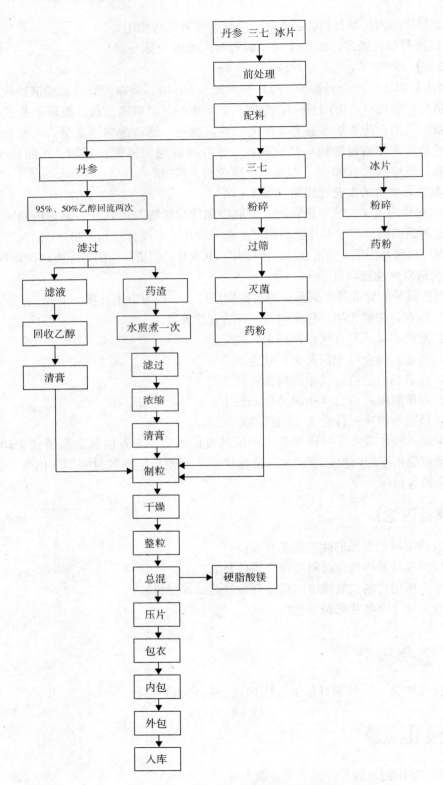

图 1-26　复方丹参片的工艺流程图

第二章

颗 粒 剂

第一节　中药材的前处理

主题　板蓝根原药材如何净选与加工?

【所需设施】

①洗药机；②往复式切药机；③台秤；④烘房；⑤药盘。

【步骤】

1. 人员按 GMP 一更净化程序进入前处理岗。
2. 生产前的准备工作。
3. 原辅料的验收配料。
4. 板蓝根的整理炮制。
（1）将定额领取的板蓝根，筛拣，除去灰渣、泥沙、杂质等非药用部分。
（2）用洗药机洗涤（详见片剂第一节）。
（3）用往复式切药机切药（详见片剂第一节）。

【结果】

1. 根据工艺需要板蓝根被加工成段或饮片。
2. 将切好的板蓝根分摊于药盘中 80℃ 干燥。
3. 写前处理工序原始生产记录。
4. 本批板蓝根处理完毕，按 SOP 清场，质检人员作清场检查，发清场合格证。后续不同规格或不同产品的生产。

【相关知识和补充资料】

1. 板蓝根

为十字花科植物菘蓝的干燥根，有较好的抗病毒作用，用于治疗流行性感冒、流行性腮腺炎、流行性乙脑炎等疾病有一定疗效。本章以板蓝根颗粒的生产过程为主线展开颗粒剂的制备及相关知识的学习，板蓝根颗粒处方、制法及生产流程见本章第九节基本事实和补充资料。

2. 抢水洗：本法是将药材快速洗涤，尽量缩短药材与水接触的时间，适用于松软水分易渗入及有效成分易流失者。如陈皮、桑白皮、五加皮等。

3. 常见的饮片类型及其规格

（1）极薄片：厚1毫米以下。

（2）薄片：厚1～2毫米。

（3）厚片：厚2～4毫米。

（4）直片：厚2～4毫米。

（5）斜片：厚2～4毫米。

（6）宽丝：宽5～10毫米。

（7）细丝：宽2～3毫米。

（8）段（咀、节）：长10～15毫米。

（9）块：1立方厘米左右。

【课堂讨论】

1. 抢水洗适合哪些药材？

2. 板蓝根的地上部分又称大青叶，其所含成分和其根部相同吗？

3. 不同批号的原料为何要分别记录？

4. 不同产地的同品种中药材有效成分含量有差异吗？

1. 配料　2. 清场　3. 抢水洗　4. 生产流程卡

天才是百分之一的灵感加百分之九十九的勤奋。

第二节　氨基酸的水溶性实验

主题　氨基酸为板蓝根的有效成分之一，它有什么特点？如何提取？

【所需材料和器材】

①试管三个，需编号；②玻棒三个；③95%乙醇、70%乙醇、热蒸馏水各10ml；④上述氨基酸样品0.3g。

【步骤】

1. 各取0.1g氨基酸样品分置于三试管内，并注意观察其形态和色泽。

2. 分别加入上述三种溶剂，同时不断搅拌，观察各试管内现象有何不同。分别加热观察各试管内现象有何变化。

3. 根据氨基酸在三种溶剂中的溶解状况，结合以前知识，推测氨基酸的溶解性能。

【结果】

学生在演示中了解，氨基酸（胱氨酸除外）大多能溶于水、及稀乙醇，酪氨基酸能溶于热水，均属亲水性成分；多采用水或稀乙醇等极性溶剂提取，因而物质的溶解性能，是选择提取溶剂的种类或浓度的主要因素之一。

【相关知识和补充资料】

氨基酸为无色结晶，除胱氨酸和酪氨酸外大都可溶于水；除脯氨酸和半胱氨酸外，一般都难溶于有机溶剂。茚三酮试剂是 α - 氨基酸的通用显色剂，除脯氨酸显黄色外，其他氨基酸都显蓝紫色。但应避免氨气的干扰。

【课堂讨论】

1. 板蓝根的主要有效成分是什么？

2. 从提取效果和经济角度综合考虑，提取板蓝根较理想的溶剂是什么？

3. 氨基酸为何称为氨基酸？其稳定性如何？

4. 除上述氨基酸外，板蓝根还有哪些有效成分？

 词汇积累

1. 氨基酸 2. 茚三酮试剂 3. 显色剂 4. 稀乙醇

今日思考

很容易说你什么时候是顺利的——除此全是上坡道。

第三节 水 提 法

主题 大生产中如何对板蓝根进行水提取？

【所需设施和原辅料】

①多功能中药提取罐；②贮液罐；③抽液泵；④板蓝根；⑤蒸馏水。

【步骤】

1. 人员按 GMP 一更净化程序进入提取岗。

2. 生产前的准备工作。

3. 原辅料的验收配料。

4. 用多功能中药提取罐煎煮提取（具体操作见片剂第三节煎煮法）。

（1）操作前准备

①全面检查电气线路、压缩空气控制系统是否正确，控制箱是否接地，控制箱中针形阀开度必须合适。

②检查投料门、排渣门工作是否顺利到位，关闭底部排渣门，出料阀。

③全面检查设备其他各机件，仪表是否完好无损，动作灵敏，各气路是否畅通。

④检查各汽路及各汽路安全装置，要保证设备工作压力不得超压。

（2）正常操作

①打开投料口，将处方规定量的板蓝根加入罐内。

②锁紧投料口，打开排空口，打开进溶媒阀门，第一遍加 6 倍量的水，浸泡后，煎煮 2 小时。第二遍加 3 倍量的水，煎煮 1 小时。

③开启直接加热蒸汽阀，同时打开疏水阀并作检查。

④开启冷凝器、冷却器之冷却水使其运转，关上排空阀，观察压力表是否在正常范围内。

⑤当开始沸腾时，关闭直接加热蒸气阀。

⑥开启夹套加热蒸汽阀，以维持罐内温度在规定范围内。

⑦同时从视镜观察液面起泡状况，并以蒸汽阀门调节，不致大量起泡，由此 2 小时后，第一次提取完成，关闭蒸汽，跟着打开出药液阀门，开始出液。进行第二次的提取。

⑧视压力释放为常压后，方可打开投料口及出渣门（切记），所得两次药液经过滤器进入药液贮罐。

⑨同时填写生产原始记录表。

⑩最后，将机器上的污迹及水擦干净，按多功能中药提取罐清洁 SOP 清洁本设备。

【结果】

1. 通过煎煮，大部分水溶性成分从板蓝根转移到水提液中。

2. 所得药液经过滤器进入药液贮罐。

3. 初步观察稀液的颜色、黏度。

4. 填写提取岗原始生产记录。

【相关知识和补充资料】

1. 煎煮法及操作要点

煎煮法是用水作溶剂，将药材加热煮沸一定时间，以提取药材所含成分的一种常用方法，又称煮提法。适用于有效成分能溶于水，且对湿热稳定的药材。根据煎煮时加压与否，可分为常压煎煮法和减压煎煮法。

煎煮时应控制投药量和加水量，不得超过设备容积的三分之二，并严格按工艺规程和 SOP 操作，必要时可补充水分。提取液应先粗滤，除去细粒杂质。并作原始记录。

2. 多功能中药提取罐的历史沿革

1980 年以后，多功能中药提取罐得到迅速推广。常用的规格有 0.5、1、3、5、6（m^3）五种。由于多功能中药提取罐有密闭、节省蒸汽、能承受一定压力以及排渣方便等优点，因而在中成药厂被广泛应用于，水提取、醇提取及提取挥发油。底部大出渣门的密封性能是衡量这种设备性能好坏的关键。

多功能中药提取罐的进料，一般采用电动葫芦提升加料，大型的有采用料管或皮带机加料的。有中药厂曾试制成负压气流进料，使提取工段的操作环境更为改善。

药渣运走的方式比较多，用轻轨槽车式的有上海中药一厂，厦门中药厂用工农 12—1 型翻斗车改装，将料斗放大盛装药渣运出车间的有广西玉林制药厂，还有用溜管排渣的如杭州中药二厂等等。上海中药一厂把排渣区域与提取工段隔离开来，大大改善了生产环境。

多功能中药提取罐机组是目前较先进的中药提取设备。它可以水煎、温浸、热回流，也可以用酒精提取，并能在装置内回收药渣中的酒精，还可以提取中药材中的挥发油。机组主体是不锈钢的提取罐，并可带相应的冷凝器、冷却器及油水分离设备。

多功能中药提取罐由于采用了气动执行机构进行操作使劳动强度大大降低。有的提取罐组实现了提取挥发油、水煎二项操作的程序控制自动化，这为中药生产向更高水平发展，提供了经验。

3. 多功能中药提取罐操作注意事项维护与保养（见片剂本章第二节）。

【课堂讨论】

1. 提取时间越长越好吗？
2. 提取次数越多越好吗？
3. 提取温度越高越好吗？
4. 影响提取的因素有哪些？

1. 水提　2. 粗滤　3. 生产指令　4. 提取岗

每个民族的基础是年轻人所受的教育。

第四节　水提液的初浓缩

主题　大生产中如何初浓缩水提液？

【所需设备和器材】

①双效外循环蒸发器；②贮液罐；③卫生泵。

【步骤】

1. 人员按 GMP 一更净化程序进入生产岗。
2. 生产前的准备工作。
3. 原辅料的验收配料。
4. 用双效外循环膜式蒸发器初浓缩（同片剂第三节）。

【结果】

1. 水提液浓缩至相对密度为 1.08～1.10 的初浓缩液。
2. 初步观察初浓缩液的颜色、感觉其粘性。

【相关知识和补充资料】

1. 薄膜蒸发

是使液体在蒸发时形成薄膜增加气化表面进行蒸发的方法。其特点是药液的浓缩速度快，受热时间短；不受液体静压和减压的影响，成分不易被破坏；能连续操作，可在常压和减压下进行；能将溶剂回收，重复利用。

2. 列管式薄膜蒸发操作要点

薄膜蒸发时应控制进液的黏度，相对密度或浓缩比，以免局部干壁。一般浓缩至相对密度 1.05～1.10，进一步的浓缩须在常压的夹层锅或减压的真空浓缩罐中进行。

3. 薄膜蒸发器的历史沿革

这种设备使用很普遍，但 20 世纪七八十年代多为单效，汽水比为 1.2～1.4（即蒸出 1t 水所需消耗的蒸汽量为 1.2～1.4t），常熟药机厂有系列产品。南京同仁堂药厂首先采用双效，使汽水比降至 0.8；福建省化工设计院也设计了一套双效升膜蒸发器，上海医药设计院为上海中药三厂设计了一套 $20m^3$ 的双效升降膜蒸发器（一效为升膜式，二效为降膜式），试用后效果满意。温州化机厂根据此设备结构发展成 5～$30m^3$ 的系列产品。为了提高蒸发器的效率，降低能耗，湖南零陵地区制药厂自 1976 年使用真空浓缩器以来，进行多次研制，把沸腾式改为外热循环式，把单效工艺改为双效工艺，使蒸发器的蒸发速度由 75kg/hr 提高到 600kg/hr；蒸汽消耗每蒸发 1t 水耗汽由原来的 1.65t 降到 0.8t（国家典型设计单效耗汽为 1.2t）。1984 年又在双效工艺的基础上研制三效外热循环式真空浓缩器成功，并已投产。设备性能好、生产稳定、操作方便，蒸发效率比双效工艺提高65%，能耗下降37.5%。该设备主要由一效加热室、一效蒸发室，二效加热室、二效蒸发室，三效加热室、三效蒸发室，水受器；逆流式冷却器及真空泵组成。

中成药厂中蒸汽耗量最大的就是蒸发浓缩工序，因而研制耗汽低的蒸发设备对中成药厂的节能工作有重大意义。上海医药设计院从印染行业的烧碱浓缩回收的多级闪蒸装置中得到启发，设计了一套蒸量为1t/hr的中药液单效八级闪蒸装置，其设计汽水比为0.384，即384kg水蒸汽就能蒸发1吨水，接近四效蒸发器的效率。

降低能耗是降低生产成本的重要措施，也是我国工业技术改造的战略方针之一，因而怎样利用中药生产蒸发的二次蒸汽是一项十分有意义的课题。

4. 其他国产薄膜浓缩设备

刮板薄膜蒸发器。宝鸡、天津、常熟均有产品，以宝鸡化工机械厂生产的性能较为优良，因采用的是带沟槽的活动高纯石墨刮板。这是一种适用于热敏性及高黏度物料浓缩的先进设备，如有必要可获得几万厘泊的高黏度浓缩物。

离心薄膜蒸发器。厦门机修厂生产。离心薄膜蒸发器是一种传热效率极高的浓缩设备，具有物料受热时间短，浓缩物品质特佳等优点，特别适用于热敏性物料的浓缩。它也能获得黏度高的产品，一般可达几千厘泊。厦门机修厂生产LZ—2.6型离心薄膜蒸发器，对于中药水煎液，它的第一次蒸发能力可达800kg/hr，并可循环浓缩以达到所需的浓度。

综上所述，对于小批量间歇操作的非热敏性物料，可采用适当规格的真空减压浓缩罐；对批量较大的间歇操作的中药水煎液可，采用真空浓缩锅；对于连续操作的大批量中药水煎液其初浓缩，可采用离心薄膜蒸发器或列管薄膜蒸发器；欲得到高黏度的浸膏，可选用刮板薄膜蒸发器。

5. 薄膜蒸发设备的维护与保养（见片剂第三节）

【课堂讨论】

1. 薄膜蒸发的特点是什么？
2. 如何根据提取液的处理量选择适宜的蒸发设备？
3. 在选择浓缩设备时，应考虑提取液的哪些物性？
4. 目前你了解几种中药薄膜浓缩设备？

1. 排污阀 2. 放空阀 3. 出料阀 4. 初浓缩

良好的礼貌由细微之处组成。

第五节　水膏的进一步浓缩

主题　薄膜蒸发浓缩后的板蓝根初浓缩液如何进一步浓缩?

【所需设施】

①可倾式球型夹层锅；②贮液桶。

【步骤】

1. 人员按 GMP 一更净化程序进入浓缩岗。

2. 生产前的准备工作。

3. 原辅料的验收配料。

4. 用可倾式球型夹层锅浓缩。

（1）操作前的准备工作

①每次开机前检查压力表，安全阀是否灵敏可靠；

②清洁锅体，检查蒸汽压力能否满足工艺要求。

（2）正常操作

①加入经过过滤的板蓝根初浓缩液到额定的容积；

②打开蒸汽阀到额定的工作压力，加热锅内浓缩液，检查冷凝液排放情况，开始时打开旁路阀，使大量冷凝液排放，到有蒸汽排出时关闭旁路阀，使疏水器自动排放。

③随着加热时间的延长，锅内物料的浓度越来越浓，可能有粘壁现象，可人工将粘壁物料铲除或搅拌，以利加速蒸发效果。

④当达到 50℃，相对密度为 1.20 时，关闭蒸汽阀停止加热。

⑤缓慢摇动手轮，通过蜗轮蜗杆传动，使锅体缓慢倾斜出料。

⑥最后，将机器上的污迹及水擦干净，按清洁 SOP 清洁本设备。

【结果】

1. 通过进一步的浓缩，板蓝根初浓缩液成为符合工艺要求的清膏。观察清膏的颜色、黏度。

2. 所得浓缩液称重，附标签，标明品名、重量、日期、工号，并作半成品检验，合格后转下一工段或中间站备用。

3. 写浓缩工序原始生产记录。

4. 本批产品浓缩完毕，按 SOP 清场，质检人员作清场检查，发清场合格证。待后续不同规格或不同产品的生产。

【相关知识和补充资料】

常压浓缩及注意事项

常压浓缩是液体在一个大气压下的蒸发，因此又叫常压蒸发。被蒸发液中的有效成分是耐热的，而溶剂又无燃烧性，无毒害、无经济价值者可用此法。

在常压下进行蒸发，小量的可用瓷质蒸发皿，大量的用蒸发锅。选用蒸发锅时应注意锅与药液不发生化学作用，以免影响制剂质量。

铜锅或铜制镀锡的锅可用于蒸发药液，但不适宜碱性或酸性的药液。铝锅也为常用的蒸发器，但不适宜碱性或含食盐药液的蒸发。搪瓷或搪玻璃的金属蒸发锅有较好的稳定性。

应控制药液受热时间、温度，防止锅底结焦，并注意车间的通风排气。

【课堂讨论】

1. 制药设备多用什么材质？
2. 中药中哪些化学成分多显酸性，哪些多显碱性？
3. 提取液可用双效外循环蒸发器直接浓缩到 1.20 的密度吗？
4. 综述中药浓缩设备类型和适用范围。

1. 常压蒸发　2. 水溶性成分　3. 清膏　4. 可倾式球型加层锅

问题从来没有轻率的，答案有时是轻率的。

第六节　水提醇沉法

主题　板蓝根浓缩液如何除杂？

【所需设施】

①酒精沉淀罐；②贮液桶。

【步骤】

1. 人员按 GMP 一更净化程序进入生产岗。
2. 生产前的准备工作。
3. 原辅料的验收配料。
4. 用酒精沉淀罐沉淀浓缩液。

（1）开机准备

①仔细检查电器、仪表是否良好状态。

②关闭上清液出液阀和底部出液阀及出渣门。

③关闭顶部排气阀。

④开启冷却水进口、出口阀。

（2）开机

①开启酒精进料阀，向罐内加入配方量的酒精，使含醇量达60%。

②开启搅拌系统。

③开启中药浓缩液进料阀，向罐内加入板蓝根浓缩液。

④待罐内液温达到工艺要求的沉淀温度时，停止搅拌。

⑤静置、冷却、沉淀，调节冷却水进出口阀以控制沉淀温度。

（3）停机

①保冷至工艺要求的时间12h后，关闭冷却介质进出口阀。

②逐渐开启上清液出液阀。

③打开顶部灯孔的照明灯。

④通过灯孔和出清液口的视镜观察，待上清液抽完，关闭出清液阀。

⑤打开排渣门，将废渣排出。

⑥打开清洗口阀，向罐内加入适量的饮用水。

⑦开启搅拌系统将沉淀打成悬浮液。

⑧开启底部球阀将悬浮液排出，并加饮用水进行清洗。

⑨关闭搅拌系统，关闭底部球阀。

⑩最后，将机器上的污迹及水擦干净，按清洁SOP清洁本设备。

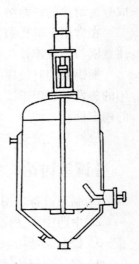

图2-1　醇沉罐

【结果】

1. 通过水煮醇沉，既保持了水溶性有效成分，又除去了水溶而在醇中不溶的杂质。

2. 填写醇沉工序原始生产记录。

3. 本批产品生产完毕，按SOP清场，质检人员作清场检查，发清场合格证。待后续不同规格或不同产品的生产。

【相关知识和补充资料】

1. 分离纯化技术

分离纯化技术，是将中药提取液与药渣、沉淀物和固体杂质进行分离，进而采用适当方法最大限度地除去无效成分、保留有效成分和辅助成分的技术。

常用的分离方法有滤过分离法、沉降分离法和离心分离法等。

常用的纯化方法有水提醇沉法（水醇法）、醇提水沉法（醇水法）、絮凝沉淀法、膜分离法、透析法、盐析法、离子交换法、大孔树脂吸附法、凝胶滤过法、聚酰胺吸附法、硅胶吸附柱色谱法、分子蒸馏法、酶法等。

由于中药成分复杂，含量有高有低，要通过分离纯化技术尽可能地保留有效成分，除去无效成分，就必须了解、掌握中药中所含成分的理化性质、相互之间有无作用或化学反应的可能性，以便采取合理的分离、纯化方法。分离纯化方法的选用，应根据药材所含成分理化性质、制剂所选剂型及成型工艺要求综合考虑，并需进行必要的实验研究才能确定。在分离纯化过程中常采用两种以上方法联合运用，充分发挥各种方法的优势，互补不足之处，灵活运用而不致拘泥一法，以取得良好的分离纯化效果。分离纯化方法的确定是提高制剂有效成分含量、便于制剂成型、减少服用剂量、确保中药制剂质量、疗效和稳定性的关键。因此，是一项既要考虑原有生产设备的充分运用，也要积极采取新技术、新工艺、新设备的十分艰巨而细致的工作。

现代中药应具有"三效"（高效、速效、长效）、"三小"（剂量小、毒性小、副作用小）、"五方便"（方便贮存、方便运输、方便携带、方便服用、方便生产）等特点。分离纯化技术运用恰当，对改变传统制剂"粗、大、黑"的外观，减少服用剂量，开发中药新剂型起了积极推动作用，将为中药实现现代化，走向世界，参与国际竞争奠定坚实的基础。

2. 颗粒剂提取工艺

目前，中药提取工艺一般可分为水提、醇提、水提醇沉、醇提水沉。而颗粒剂大部分采用水提醇沉工艺，醇沉的目的主要是去除杂质，以求缩小体积，减少服用剂量。此法的生产周期长，成本高，耗能大；近年来有采取高速离心和超过滤、澄清剂等技术，在缩小剂量上已取得一定效果。

3. 选择水提醇沉法和醇提水沉法的原则

中药中含有的生物碱盐、苷类、蒽醌类、有机酸盐、氨基酸、多糖等易溶于水的一些成分，适用于水提醇沉法。该法是利用中药中大部分有效成分溶于水的特性，用水将有效成分提取出来，并将提取液浓缩，然后用适量的乙醇反复数次溶解，使不溶于乙醇的杂质如蛋白质、黏液质、糊化淀粉、树脂或多糖等沉淀，达到分离精制的目的。

中药中含有的生物碱、游离蒽醌、苷类、鞣质、树脂等在乙醇溶液溶解的成分，适用于醇提水沉法，该法利用有效成分在不同醇浓度中溶解度不一样的特性，用乙醇从药材中将所含有效成分提取出来，回收乙醇后加入适量的水使有效成分与一些水不溶性杂质分离开来，从而达到精制的目的。

4. 水提醇沉法精制中药水提液可能出现的问题

水提醇沉法是目前应用较广泛的精制方法。然而在长期的应用中，也发现存在不少问题。

（1）成本高：醇沉，耗醇量大，消耗能量多。回收得到的醇浓度要降低，且回收需耗大量的热能和采用专门设备及安全设施，这就增加了固定投资；回收使生产周期延长，劳动强度提高。

（2）药物成分损失：生物碱类、黄酮类、有机酸、多糖、无机成分醇沉后均有一定的损失。

（3）影响疗效：经醇处理的制剂也有不如未经处理的疗效好。例如：蛇胆川贝液有祛痰作用，将醇处理制成的蛇胆川贝液与同剂量的蛇胆川贝散的疗效进行比较，发现二者均有祛痰作用，但作用强度前者是后者的一半；妇炎清糖浆、健脾一号方、四季青注射液经醇处理后，疗效亦均有所下降。究其原因，可能是醇沉使一部分具有生理活性或可起协同作用的成分被除去。

（4）制剂不便：醇沉后有时会给制剂带来困难。如药液浓缩较难，难以喷雾干燥；所得浸膏制粒困难等。以感冒灵干膏作吸湿性实验，结果表明随醇沉浓度升高，干膏收率降低，吸湿率升高。

由此可见，水提醇沉法并不是中药提取液通用的精制方法，在应用中应充分考虑药液所含成分的保留率，及对制剂成型和疗效的影响，不宜盲目采用。

5. 水提醇沉法操作要点

该精制方法是将中药材饮片先用水提取，再将提取液浓缩至约每毫升相当于原药材 1~2g，加入适量乙醇，静置冷藏适当时间，分离去除沉淀，最后制得澄清的液体。操作时应注意以下问题。

（1）药液的浓缩：水提取液应经浓缩后再加乙醇处理，这样可减少乙醇的用量，使沉淀完全，浓缩时最好采用减压低温，特别是经水醇反复数次沉淀处理后的药液，不宜用直火加热浓缩。浓缩前后可视情况调节 pH，以保留更多的有效成分，尽可能去除无效物质。例如，黄酮类在弱碱性水溶液中溶解度增大，生物碱在酸性溶液中溶解度增大，而蛋白质在 pH 值接近等电点时易沉淀去除。浓缩程度应适宜，因为有些生理活性的成分，如多种苷元、香豆素、内酯、黄酮、蒽醌、芳香酸等在水中难溶。若药液浓度太大，经醇沉回收乙醇后，如再进行过滤处理，则成分损失。

（2）加醇的方式：分次醇沉或以梯度递增方式逐步提高乙醇浓度的方法进行醇沉，有利于除去杂质，减少杂质对有效成分的包裹而被沉淀而产生的损失。应将乙醇慢慢地加入到浓缩药液中，边加边搅拌，使含醇量逐步提高。分次醇沉，每次回收乙醇后再加乙醇调至规定含醇量，可减少乙醇的用量，但操作较麻烦；梯度递增法醇沉，操作较方便，但乙醇用量大。

（3）含醇量：调药液含醇量达某种浓度时，只能将计算量的乙醇加入到药液中，而用酒精计直接在含醇的药液中测量的方法是不正确的。

实际生产中对浓缩药液和浓乙醇体积，用量取法很不方便，均用称重法。

酒精计的标准温度为 20℃，测量乙醇本身的浓度时，如果温度不是 20℃，应作温度校正。根据实验证明，温度每相差 1℃，所引起的百分浓度误差为 0.4，因此，这个校正值就是温度差与 0.4 的乘积。可用下式求得乙醇本身的浓度。

$$C_实 = C_测 + （20 - t）×0.4$$

式中，C 实为乙醇的实际浓度（%）；C 测为乙醇计测得的浓度（%）；t 为测定时乙醇本身的温度。

（4）冷藏与处理：加乙醇时药液的温度不能太高，加至所需含醇量后，将容器口盖严，以防乙醇挥发。待含醇药液慢慢降至室温后，再移至冷库中，于 5~10℃下静置 12~24 小时，若含醇药液降温太快，微粒碰撞机会减少，沉淀颗粒较细，难于滤过。待充分静置冷藏后，先虹吸上清液，可顺利滤过，下层稠液再慢慢抽滤。

6. 酒精沉淀罐的维护与保养

（1）日常维护

①设备必须在自动状态下开车，不得用工具强行开车。

②调整机器时一定要用专用工具，严禁强行拆卸及猛力敲打零部件。

③每月检查、坚固各部分连接螺栓。

④每月检查管路有无渗漏。

⑤每月检查搅拌系统转动是否灵活。

⑥每月检查减速机油箱有无漏油现象，对设备转动部分加油润滑。

⑦每月检查浮球出清液装置工作是否正常。

⑧每月检查气缸工作是否灵活。

⑨每半年检查机械密封，检查或更换石墨静环及O型密封圈。

（2）每年应对本设备进行大修

①大修前的技术准备

a. 查阅使用说明书、图样、技术标准等资料。

b. 查阅运行、检修、缺陷、隐患、故障等记录。

c. 对主要技术参数、设备性能进行预检并记录。

d. 制定检修方案。

②大修前的物资准备

a. 备好检修所需的材料及备件。

b. 备好所需用的拆装及检修器具。

③大修前的安全准备

a. 切断设备电源并悬挂"禁止开启警示牌"。

b. 清理设备现场，制定人机安全措施。

④大修内容

a. 整体解体，清洗检查。

b. 检查润滑部位，加注润滑油。

⑤大修方法

a. 卸下减速机底座及连轴器的螺栓，将减速机卸下。

b. 把搅拌轴固定好，拆下机械密封。

c. 机械密封上石墨静环及O型密封圈磨损的应更换。

d. 装配按拆卸相反程序进行。

（3）大修后的试车准备

①清除试车现场。

②检查安装无误后各连接螺栓应坚固。

③检查各运动部件无异物。

④润滑点加注润滑油。

（4）试车

①空载试车不少于2小时。

②机器运转平稳，无异常振动。

③运转无杂音，噪声不大于85Db（A）。

④负载试验不少于1小时。

⑤设备工作能力达到设计规定或符合生产要求。

（5）设备大修后的验收

检修质量符合本规定，试车合格，检修及试车记录齐全、准确，可办理验收手续，交付生产。

【课堂讨论】

1. 水提醇沉适合哪些成分的精制？

2. 醇提水沉适合哪些成分的精制？

3. 目前颗粒剂常用的精制方法及可能出现的问题是什么？

4. 综述中药提取液分离纯化方法。

1. 水提醇沉　2. 醇提水沉　3. 酒精沉淀罐　4. 分离纯化技术

你在急促中唯一能得到的只是烦恼。

第七节　乙醇的回收

用减压蒸馏装置回收板蓝根上清液中的乙醇，并浓缩至比重1.35～1.38（50～60℃温测）的清膏（具体操作见片剂）。

第八节　颗粒的制备

主题　如何制备板蓝根颗粒？

【所需设施】

①槽型混合机；②摇摆式颗粒机；③盛器；④热风循环烘箱。

【步骤】

1. 人员按GMP一更、二更净化程序进入制粒工序。

2. 生产前的准备工作。

3. 原辅料验收配料。

4. 制粒：

（1）按1份清膏，5份糖粉的比例（含糖型），用14目筛网制湿颗粒，80℃干燥，或按1份清膏，2份糊精的比例制粒（无糖型）；制粒方法及设备操作见1.5。

（2）用圆盘分筛机过筛　干颗粒水分在6%以下时，在圆盘分筛机上分筛，筛选1号~5号之间的颗粒。该机整个筛处理过程在全封闭的条件下进行，杜绝了物料的污染，并减轻劳动强度和粉尘飞扬，消除了敞口振动筛弊端。

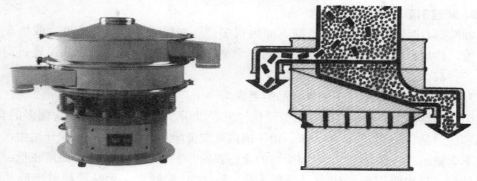

2. 分筛工作原理图

图2-2　BT-400圆盘分筛机

①准备工作

a. 检查各紧固件是否松动，予以拧紧，整机是否清理、消毒。

b. 根据工艺要求调换筛网，即利用锁紧手柄把上料斗去掉，把筛框取下拆掉螺丝即可。

c. 根据物料特性，调节底座螺栓，调整筛面，拆掉螺丝即可，倾斜角度。

d. 把盛料箱摆正，放在出料口下方。

②开机操作

a. 接通电源，便可工作，把物料均匀倒入加料口。

b. 在操作过程中，根据实际需要调节振动电机偏心块，得到最佳振幅状态。

c. 筛粉完毕，关闭电源，打开上料斗，用毛刷清理机内残渣、粉末。

③注意事项

a. 机器各部位防护罩打开时不得开机。

b. 每次开机前，必须对机器周围的有关人员声明"开机"。

c. 开机前必须将机器各部位清理干净，任何工具及杂物不得放在机器上，以免震动伤人及损坏机器。

d. 发生机器故障，必须停机处理，不得在运行中排除各类故障。

【结果】

1. 通过提取-精制-制粒-干燥-整粒-分筛，得到板蓝根干颗粒。

2. 所得干颗粒装桶，称重，每件附标签，标明品名、重量、日期、工号，并作半成品检验，合格后转下一工段或中间站备用。

3. 写制粒工序原始生产记录。

4. 本批产品制粒完毕，按SOP清场，质检人员作清场检查，发清场合格证。待后续不同规格或不同产品的生产。

【相关知识和补充资料】

1. 颗粒剂的辅料

主要辅料多为淀粉、糊精和蔗糖，也有采用乳糖、纤维素、甘露醇等新型辅料，以减少其吸湿性，使药品质量稳定，但成本较高。

2. 颗粒剂溶化性问题

颗粒剂有时溶化性不合格，究其原因很多，外在原因如原辅料不纯，或生产中带入纤维、焦屑；内在因素如药物本身的化学变化，收膏比重过大、加热温度过高、时间过长，都会造成颗粒剂溶化性不合格。

3. 适宜制成无糖颗粒剂的半成品的要求

因为蔗糖易引起龋齿且不宜给糖尿病等患者服用，国外市场不欢迎含糖多的食品、药品和保健品，20世纪80年代末，由于国内外交流增加，国内厂家逐渐开始生产含糖少或不含糖的"无糖颗粒"。目前所谓的无糖颗粒，主要是指不含糖，甜度较低，辅料用量较少，每次服用剂量较小（一般为2～5g/次）的颗粒。无糖颗粒对半成品的要求是：

（1）半成品口感应较好，或用除糖粉外的矫味剂能够调整口感。

（2）半成品的溶化性较好，具有一定的粘合性，能成粒，其中药材细粉不宜过多。

（3）半成品加入少量辅料即能成粒，或是直接烘干成浸膏粉，采用干式造粒工艺制粒。无糖颗粒所用辅料，要求有一定的粘合性，水溶性好，但不易吸潮，价格便宜，口味良好。目前常用乳糖、甘露醇、山梨酸等作辅料，但价格昂贵。国内尚有用可溶性淀粉、麦芽糊精等辅料。

4. 口感差的颗粒的矫臭矫味

颗粒剂一般用开水溶化后冲服，对口感有一定的要求，为保证病人乐于服用，口感应适宜，对于口感特别差的颗粒剂可考虑用如下方式来矫味、矫臭。

（1）在不改变药物疗效的情况下，对原材料进行加工炮制，或改变提取、精制工艺，去除或掩盖产生口感较差的成分，如某处方中含地龙药材，考虑将其醋制，减弱了它散发的腥臭味，而未降低其疗效，大大改善了颗粒剂的口感。

（2）在颗粒剂日服剂量允许的情况下，在制粒成型时，选用一些矫味、矫臭剂，并考虑不加大辅料的用量，选用新型的矫味、矫臭剂。最常用的矫味剂有：

①甜味剂，如：蔗糖、橙皮糖浆、枸橼糖浆等，可掩盖咸味、涩味和苦味；

②芳香剂，如：薄荷油、桂皮油、橙皮油、枸橼油、茴香油等，可掩盖药物的不良臭味；

③胶浆剂，如：西黄耆胶浆、琼脂胶浆、海藻酸钠液等，能减轻某些药物的刺激性，掩盖辛辣味。

（3）考虑用β-环糊精对产生不良气味的药物提取物进行包裹，制成β-环糊精包合物，再与其他颗粒混合均匀。如四物颗粒，将提取的挥发油用β-环糊精包合，再制成颗粒。

（4）用以HPMC作透明衣的主料或其他包衣材料将制成的颗粒剂包衣，通过包衣工序后，掩盖了颗粒剂的不良气味，最终起到矫味、矫臭作用。如广州奇星药业在生产制作新雪丹颗粒时，为解决其口感差，就选用了以 HPMC 作透明衣的主料，对颗粒进行薄膜包衣，取得了满意的效果。

（5）在药物有效成分理化性质不受影响的前提下，考虑将颗粒剂制成泡腾性颗粒剂，利用泡腾剂酸碱中和产生的二氧化碳溶于水后显酸性，刺激味蕾，起到矫味、矫臭作用。如阿胶颗粒剂制备时考虑将其制成阿胶泡腾颗粒剂，改善了阿胶的不良气味，利于颗粒剂的服用。

（6）利用微囊等新技术，将口感特别差的药物或药物提取物制成微囊后，再与其他颗粒混合均匀，起到矫臭、矫味作用。如从牡荆叶中提取牡荆油制成牡荆油微囊，掩盖了牡荆油的不良臭味，使颗粒剂便于吞服。

5. 浸膏黏性过大时的制粒方法

颗粒剂制粒时，常因浸膏黏性过大，无法制粒，此时可以考虑通过以下途径来解决。

（1）从浸膏的来源入手，选择或改变其提取、精制工艺。通过正交或均匀试验法选择或优化提取、精制工艺，将浸膏中有效成分留下来，去除含黏性强的无效成分，如利用高速离心或大孔吸附树脂等先进技术处理，降低黏性，利于制粒。

（2）浸膏黏性过大，在考虑日服剂量允许情况下，选用或增加稀释剂与吸收剂并依据浸膏黏性大小，确定所选用辅料的种类、剂量及加入方法。并最终降低成品的黏性，制成颗粒。

（3）浸膏黏性过大，可以将浸膏的相对密度增大，降低其中的含水量，用高浓度乙醇迅速制粒。用乙醇制粒时，应注意加入量及浓度。

（4）改变制粒方法，可以将浸膏干燥成浸膏粉，用乙醇二次制粒或制成软材烘干，再二次制粒，也可用水稀释，用喷雾制粒法制成颗粒。

6. 颗粒剂中挥发性成分加入方法

挥发性成分是中药中的一类常见重要有效成分，多具有止咳、平喘、祛痰、消炎、驱风、健胃、解热、镇痛、解痉、杀虫、抗肿瘤、利尿、降压和强心等作用，但挥发性成分经常与空气、光线接触会逐渐氧化变质，影响药品质量。如何防止颗粒剂中挥发性成分散失是比较重要的环节。以前，是用水蒸气蒸馏或"双提法"提出药材中的芳香挥发性成分，待颗粒制成后，用喷雾法喷入颗粒表面，并密闭一定时间，让挥发性成分在颗粒剂中分散均匀，再进行分装。如感冒清热颗粒，将荆芥、薄荷、紫苏叶提取挥发油，其余制成颗粒干燥后，再加入挥发油，混匀，分装即得。这样，挥发性成分在贮存过程中有破坏，不稳定，现不提倡使用此法。

首选的方法是采用 β-环糊精包合，因为药物分子的不稳定部分被包合在 β-环糊精的空穴中，从而切断了药物分子与周围环境的接触，使药物分子得到了保护增加了稳定性。环糊精包合的方法有：①饱和水溶液法；②研磨法；③冷冻干燥法。其次是将含有芳香挥发性成分的药材，在药物性质和处方剂量许可的情况下，将其粉碎成细粉或极细粉，制粒时可以将细粉当做辅料加入，制成混悬性颗粒剂。

如阑尾炎颗粒剂，将含挥发性成分较多的广木香粉碎成细粉，制粒时当做辅料加入，制成颗粒剂。也有用水蒸气蒸馏等其他方法提取药材中的芳香挥发性成分，利用现代科学技术，采用微囊、包衣等将芳香挥发性成分制成固体粉末或颗粒，再均匀混入颗粒剂中。

7. 含挥发性成分的颗粒包装材料的选择

由于部分处方药物中含有较多的挥发性成分且具有明显的药理作用，必须予以保留才能充分发挥原方的治疗作用。含挥发性成分的颗粒，由于其所含挥发性成分穿透力强、易挥发、氧化变质而降低疗效。故在选择包装材料时要特别注意，除了考虑包装材料的化学稳定性好、无毒、无味、不易破损外，更要特别强调包装材料对水湿和气味及氧气的阻隔性能好等优点。一般玻璃容器具有优良的保护性能，其化学稳定性好，气、液不能穿透，质硬、价廉，但其质量较大、脆性大、运输携带不便。所以一般应选用铝箔或复合材料（以尼龙膜、聚丙烯、无毒聚氯乙烯等透明纸为基质并喷涂高压聚乙烯的复合材料）作为颗粒剂包装袋，特别是铝箔和铝塑复合膜包装材料，有良好的隔气性、防潮性、密封性及避光效果，能使含挥发性成分的颗粒剂的保质期大大延长，并且包装的外观效果极佳。

8. 颗粒色泽深浅不匀问题的解决方法

在中药颗粒剂生产中，有时会出现颗粒色泽深浅不匀的现象，究其原因可能有以下几个方面：一是由中药稠浸膏本身的理化性质所引起，例如浸膏中含糖分太多，浸膏黏度及相对密度过大等；二是制粒时原辅料混合不匀，其中包括粉末细度不合格、比重差异大及原辅料受潮结块未过筛等；三是颗粒干燥温度不一（一步制粒机干燥温度差异太大）和干燥箱未及时勤翻。要解决颗粒剂色泽不匀的问题，应当根据产生问题的原因，采取有效措施解决。

中药提取液中如含有较多的糖类、树脂类等成分时，其黏性强。这种黏度和稠度较大的浸膏难以分散和与辅料混合均匀，很容易产生颗粒色泽不匀的现象。解决的办法，首先应针对中药材原料中所含成分的性质，选择适宜的提取工艺条件，如水提工艺中采用离心、乙醇沉淀、絮凝沉淀和大孔吸附树脂吸附等方法，能有效地减少糖类、树脂等成分在提取液中的含量，从而降低浸膏的黏度；其次，对黏性太大的浸膏制粒时也可在浸膏中加入少量乙醇以降低其黏度。也可采用多次通过筛网制粒的方法，即使用 8 ~ 10 目筛网，通过 1 ~ 2 次后，再通过 12 ~ 14 目筛，即可制成色泽及大小均匀的颗粒。再次，应注意原辅料混合要充分，防止死角，制软材多加搅拌，搅拌速度不宜过慢，时间不宜过短，使浸膏湿润剂与原辅料细粉充分搅匀，制成恰到好处的软材，即用手握紧能成团，手指轻压团块即散裂为宜。颗粒干燥时，应注意干燥室内热空气上下循环，并注意翻动颗粒，使颗粒受热均匀。选用新型制粒设备，如一步制粒机等，只要在工艺操作时控制好进风量和加热温度，调节好压力和喷头药液雾化程度，就能使制出的颗粒色泽均匀。

9. 防止颗粒剂吸潮、结块的措施

颗粒剂吸潮后常会产生结块、流动性差、潮解、变质、发霉等现象，生产中要特别注意防止此类现象的产生。防止颗粒剂吸潮、结块一般应采取以下几方面措施：

（1）首先要减少颗粒剂原料提取物中的有关杂质，以降低其吸潮性。中药干浸膏吸湿性一般较强。因此在颗粒剂原料制备过程中应该设法尽量弃除其引湿性杂质，例如采用静置沉淀法、水提醇沉法、加入澄清剂滤过法、高速离心滤过法等，以除去提取液中的淀粉、糖类和黏液质类成分，常可降低其吸湿性。

（2）在制粒时加入适宜的辅料，如磷酸氢钙、淀粉、糊精、乳糖等，亦可加入部分中药细粉，一般为原料量的 10%～20%，对降低吸湿性可起到一定作用。

（3）采用防潮包衣，例如将胃溶型Ⅳ号丙烯酸树脂溶于乙醇（浓度 4%～6%）中，以喷雾法加至包衣锅中，即可制成薄膜衣，不仅可改善其外观，且能提高其抗湿性。

（4）控制生产环境中空气湿度，可通过加强环境通风或在室内安装空气除湿机，以控制空气湿度，避免吸湿，引起颗粒剂结块。

（5）采用防潮包装，例如复合膜或铝箔包装都具有良好的防潮性能，能有效地防止颗粒剂吸潮结块。

【课堂讨论】

1. 颗粒剂的常用辅料有哪些？
2. 如何降低颗粒剂的药辅比例？
3. 颗粒剂制备时可能出现的问题有哪些？
4. 如何预防、解决上述问题？

1. 颗粒剂　2. 低糖颗粒　3. 无糖颗粒　4. β－环糊精包合

害怕未来是对现在的一种极大浪费。

第九节　颗粒剂的分装

主题　板蓝根颗粒如何分装？

【所需设施】

①自动颗粒分装机；②盛器；③天平。

【步骤】

1. 人员按 GMP 一更、二更净化程序进入内包岗。
2. 生产前的准备。
3. 原辅料的验收配料。
4. 用自动颗粒包装机分装。

（1）操作程序

①检查设备是否清洁，安全开关是否闭合，在以下各部位注油：横封辊的四个支承部分，转盘离合器及裁刀离合器滑动部分，铜及铜合金的转动部位。

②接通电源开关，电源指示灯亮，电源开关接通后，纵封与横封辊加热器即可通电。

调整纵封、横封温度控制器旋钮，调至所需要的温度，温度的调整需按所使用的包装材料而定，一般在 100～110℃ 之间，另外，纵封和横封的温度也不相同，使用时根据封合情况自行调整。

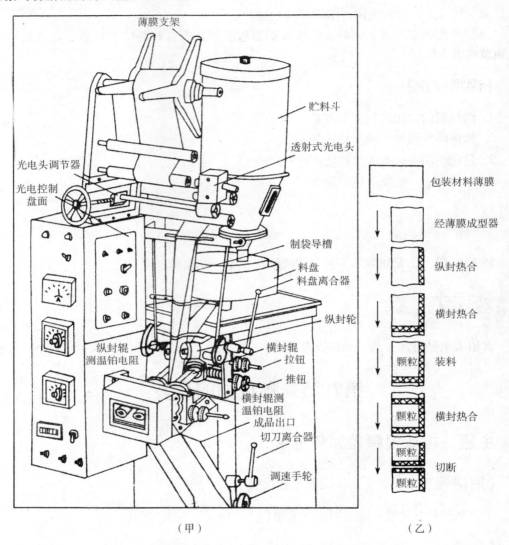

图 2-3　颗粒剂自动包装机（甲）及包装过程示意图（乙）

③把包材装入选择安装一组间隔齿轮中的某一个，使其符合光点指示的长度，首先测量包装材料上光点指示的长度，即袋的实际长度。对好横封偏心链轮的刻度。把包材沿导槽送至纵封辊附近，并将包材两端对齐。如不对齐纵封时会出现卷曲。

④检查转变离合器和裁刀离合器是否脱开，然后接通电机开关，则电机开关指示灯亮。

⑤将包材送进纵封辊，进行一段空程前进，看其是否黏结完善，倘温度过低，受拉伸易剥开，倘温度过高，热封表面呈白色，不美观，温度不可经常过高，易造成故障。

⑥将实际封合长度再测一次，检验间隔齿轮安装是否合适。

⑦手动无极变速皮带轮，送包材入横封辊，使包材的光点位置正好在横封热合中间，使立轴上的上下凸轮，旋至位置1，即上下微动开关均为开路，使光电头正好对准包材上的光点位置。

⑧接通光电面板上的电源开关，置延时方式开关为"单稳"或"断开"状态，置亮暗选择开关为"暗动"状态，调节"灵敏度"和"时间"的旋钮，"灵敏度"随包装材料上色标与背景的反差大小来调节，色标淡时应将旋钮顺时针转动，色标浓时应将旋钮逆时针转动，直至光电头工作状态指示灯在色标处闪亮即可。

⑨接通裁刀离合器、转盘离合器，调整供料时间，调不好容易造成热封部位夹入被包装粉粒。

⑩把被包装物料装入料斗，即可开车进行包装。并随时检查装量。

（2）关机

①切断转盘离合器。

②切断裁刀离合器。

③切断电机开关。

④切断电源开关。

⑤操作结束，进行检查、清扫。

3. 注意事项

①在运转中，应注意机器声音是否谐调，要迅速分清事故前的异常运转声音。

②把薄膜装入后，如长时间不开动，应将三个背螺母顺时针旋转，将两纵封辊和两横封辊相互离开，防止把薄膜烧坏。

③经常用铜刷清扫纵封辊、横封辊的表面，防止引起热封不良。

④运转中，在横封辊和裁刀之间，不准手及其他物品靠近。

⑤在热辊加热至启动准备这段时间内，应切断裁刀离合器。否则开动机器时会产生裁刀刃对咬，损坏裁刀。

⑥定时检查机器各紧固部位，是否有松动、脱节现象。

【结果】

1. 通过分装得到每袋装5g或10g的板蓝根颗粒。

2. 所得颗粒装框，每件附标签，标明品名、重量、日期、工号，并作成品检验，合格后转外包工段。

3. 写内包工序原始生产记录。

4. 本批产品包装完毕，按SOP清场，质检人员作清场检查，发清场合格证。待后续不同规格或不同产品的生产。

【相关知识和补充资料】

1. 颗粒剂

系指提取物与适宜辅料或药材细粉制成具有一定粒度的颗粒状制剂，分为可溶颗粒、混悬颗粒和泡腾颗粒。

2. 板蓝根颗粒的处方及制法（依据《中国药典》2010年版一部）

标准处方　板蓝根1400g　糊精适量　蔗糖粉适量　香精适量

生产处方　板蓝根5600g　糊精适量　蔗糖粉适量　香精适量

本品为板蓝根经加工制成的颗粒。

【制法】取板蓝根5600g，加水煎煮二次，第一次2小时，第二次1小时，煎液滤过，滤液合并，浓缩至相对密度为1.20（50℃），加乙醇使含醇量达60%，静置使沉淀，取上清液，回收乙醇并浓缩至适量，加入适量的蔗糖粉和糊精，制成颗粒，干燥，制成4000g；或加入适量的糊精、或适量的糊精和甜味剂，制成颗粒，干燥，制成2400g，即得。

【性状】本品为棕色或棕褐色的颗粒；味甜、微苦或味微苦（无蔗糖）。

【鉴别】（1）取本品0.5g（含蔗糖）或0.3g（无蔗糖），加水5ml使溶解，静置，取上清液点于滤纸上，晾干，置紫外光灯（365nm）下观察，斑点显蓝紫色。

（2）取本品0.5g（含蔗糖）或0.3g（无蔗糖），加水10ml使溶解，滤过，取滤液1ml，加茚三酮试液0.5ml，置水浴中加热数分钟，溶液显蓝紫色。

【检查】应符合颗粒剂项下有关的各项规定（附录IC）。

【功能与主治】清热解毒，凉血利咽。用于肺胃热盛所致的咽喉肿痛、口咽干燥、腮部肿胀；急性扁桃体炎、腮腺炎见上述证候者。

【用法与用量】开水冲服。一次5～10g（含蔗糖），或一次3～6g（无蔗糖），一日3～4次。

【规格】每袋装　（1）3g（无蔗糖）；（2）5g；（3）10g。

【贮藏】密封。

3. 板蓝根颗粒的工艺流程图

流程如图2-4。

4. 颗粒剂制剂通则

颗粒剂在生产与贮藏期间应符合下列有关规定。

（1）配制颗粒剂时可加入适宜的辅料、矫味剂和芳香剂。

（2）除另有规定外，药材应按各该品种项下规定的方法进行提取、纯化、浓缩至规定相对密度的清膏，喷雾制粒或喷雾干燥，制成细粉，加适量的辅料，混匀，制成颗粒；或加适量的辅料或药材细粉，混匀，制成颗粒，干燥。辅料用量应予以控制，一般前者不超过干膏量的2倍，后者不超过清膏量的5倍。

（3）除另有规定外，挥发油应均匀喷入干燥颗粒中，密闭至规定时间。

（4）颗粒剂应干燥、颗粒均匀、色泽一致，无吸潮、软化、结块、潮解等现象。

（5）除另有规定外，颗粒剂应密封贮藏。

【粒度】除另有规定外，取单剂量分装的颗粒剂5袋（瓶）或多剂量分装颗粒剂1包（瓶），称定重量，置药筛内过筛。过筛时，将筛保持水平状态，左右往返轻轻筛动3分钟。不能通过一号筛和能通过五号筛的颗粒和粉末总和，不得过15%。

【水分】照水分测定法（附录ⅨH）测定。除另有规定外不得过6.0%。

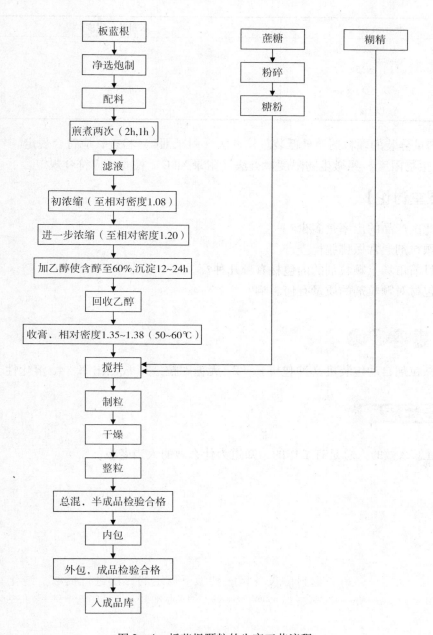

图 2 - 4   板蓝根颗粒的生产工艺流程

【溶化性】取供试品 10g，加热水 20 倍，搅拌 5 分钟，立即观察。可溶性颗粒剂应全部溶化，允许有轻微浑浊；混悬性颗粒剂应能混悬均匀；泡腾性颗粒剂遇水时应立即产生二氧化碳气体并呈泡腾状。颗粒剂均不得有焦屑等异物。

【装量差异】单剂量分装的颗粒剂，装量差异限度应符合下表中规定。

检查法　取供试品 10 袋（瓶），分别称定每袋（瓶）内容物的重量，每袋（瓶）的重量与标示装量相比较（凡无标示装量应与平均装量相比较），超出限度的不得多于 2 袋（瓶），并不得有 1 袋（瓶）超出限度一倍。

标示装量	装量差异限度
1g 及 1g 以下	±10%
1g 以上至 15g	±8%
1.5g 以上至 6g	±7%
6g 以上	±5%

多剂量分装的颗粒剂照最低装量检查法（附录ⅫC）检查，应符合规定。

【微生物限度】 照微生物限度检查法（附录ⅫC）检查，应符合规定。

【课堂讨论】

1. 此次产品的出率是多少？
2. 颗粒剂通常做哪些检查？
3. 目前市场上颗粒剂的内包材有哪几种？
4. 包材对颗粒剂的质量有何影响？

 词汇积累

1. 颗粒剂自动包装机（冲包机）　　2. 无糖颗粒　3. 成品出率　4. 溶化性

 今日思考

知道怎么做的人总是有工作的，知道为什么做的人当老板。

第三章

胶 囊 剂

第一节　中药材的前处理

主题　蚁素肝泰胶囊原药材如何净选与炮制？

【所需设施】

①洗药机；②往复式切药机；③台秤；④烘房；⑤盛器；⑥炒药机。

【步骤】

1. 人员按 GMP 一更净化程序进入前处理岗。

2. 生产前的准备工作。

3. 原辅料的验收配料。

4. 原药材的整理炮制。

（1）将按生产处方要求定额领取的 4 味原药材：蚂蚁、茵陈、枸杞子、甘草，筛拣，除去灰渣、泥沙、杂质等非药用部分。

（2）甘草、枸杞子、茵陈分别水洗，及时烘干（80℃±5℃）；洗药机、烘房等操作详见片剂。

【结果】

1. 处方中的原药材被处理为能满足工艺需要的净料。

2. 写前处理工序原始生产记录。

3. 本批原料处理完毕，按 SOP 清场，质检人员作清场检查，发清场合格证。待后续不同规格或不同产品的生产。

【相关知识和补充资料】

1. 炮制依据

《中国药典》2010 年版一部附录及《江苏省中药炮制规范》。

2. 硬胶囊剂的特点及不宜制成胶囊剂的药物

（1）中药硬胶囊剂系将一定量的药物（包括药材粉末与提取物）加辅料制成均匀粉末或颗粒，填充于空心胶囊中，或将药材粉末直接分装于空心胶囊中制成的制剂，是新发展起来的剂型，其具有以下一些优势。

①药物被填充于空心胶囊中，可掩盖中药的苦味、气味，易分剂量，外观光洁、美观，便于携带和服用。

②对光敏感、对湿热不稳定的药物，可装入不透光的胶囊中，隔绝药物与光线、空气和湿气的接触，起到防潮、防氧、避光作用，以提高药物的稳定性。

③制备过程中一般不加压力，不需要黏合剂。在胃肠中较丸剂、片剂，分散快、崩解快、溶出度高及吸收好，故较丸剂、片剂生物利用度高。

④可定时定量释放药物或延缓释放药物，将药物用不同释放速度的包衣材料进行包衣，制成不同的缓释颗粒，按所需比例混合均匀，装入空心胶囊中，可达到缓释延效的作用；制成肠溶胶囊可定位于肠道释药显效；制成直肠给药或阴道给药的胶囊，可定位在腔道内释药显效，故可实现多种途径给药。

⑤制备过程中一般不加或少加赋形剂，节省辅料，成本低，并可减少服用量。

⑥剂型适用范围广，保持了丸、散、片等固体剂型服用方便、便于携带与贮存等优点。

⑦空心胶囊可掺入不同的着色剂、遮光剂，外皮还可印字，增加美观并使生产者和使用者易于识别。

（2）受到一些因素的影响，以下药物不宜直接制成胶囊剂。

①药物的水溶液、稀乙醇液、乳剂等，因其对空心胶囊（主要由明胶制成）有溶解作用。

②易溶性药物如溴化物、碘化物、氯化物等，以及刺激性较强的药物，因其在胃中溶解后造成局部浓度过高而刺激性增强。

③与囊壁接触后不稳定的药物，如 O/W 乳剂，易使明胶鞣质化，影响药物崩解；易风化的药物，可使空心胶囊软化变形；易潮解的药物，可使空心胶囊过分干燥而脆裂。

④临床应用于儿童的药物，因儿童不宜吞服，故一般不宜作成胶囊剂。

【课堂讨论】

1. 硬胶囊剂的特点有哪些？
2. 哪些药物不宜制成硬胶囊剂？
3. 蚂蚁中含有何有效成分？
4. 茵陈、甘草各含有哪些有效成分？

 词汇积累

1. 茵陈　2. 枸杞子　3. 甘草　4. 蚂蚁

 今日思考

我们通过逻辑证明，通过直觉发现。

第二节 提取浓缩

主题 如何提取蚁素肝泰原药材中的有效成分?

【所需设施】

①多功能中药提取罐；②双效外循环蒸发器；③酒精沉淀罐；④减压浓缩罐。

【步骤】

1. 人员按 GMP 一更净化程序进入提取岗。
2. 生产前的准备工作。
3. 原辅料的验收配料。
4. 用多功能中药提取罐提取。

（1）用水蒸气蒸馏法提取茵陈挥发油（蒸馏法的操作详见片剂第三节），蒸馏后的水溶液另器保存。

（2）枸杞子与提过挥发油的茵陈药渣用煎煮法煎煮两次（煎煮法的操作详见片剂第三节），每次 2 小时，合并煎液，滤过，与上述水溶液合并，用双效外循环蒸发器浓缩至相对密度为 1.10（60～80℃热测）（具体操作见第一章）；用酒精沉淀罐沉淀，加入乙醇，使含醇量约 60%，放置过夜，滤取上清液，用减压浓缩罐浓缩至相对密度为 1.38～1.40（60～80℃）的清膏。检验合格后备用。

【结果】

1. 根据处方中各药材有效成分的特性，依次采取水蒸气蒸馏法、煎煮法提取出茵陈挥发油和茵陈、枸杞子的水膏。
2. 填写提取工序原始生产记录。
3. 本批原料提取完毕，按 SOP 清场，质检人员作清场检查，发清场合格证。待后续不同规格或不同产品的生产。

【相关知识和补充资料】

1. 水蒸气蒸馏法

系将药材经加热蒸馏使内含挥发性成分汽化并冷凝为液体的浸出方法。此法适用于含挥发性、能随水蒸气蒸馏而不被破坏、与水不发生反应、又难溶或不溶于水的化学成分的药材如挥发油、丹皮酚等成分的提取。

水蒸气的蒸馏分为：共水蒸馏法（即直接加热法）、通水蒸气蒸馏及水上蒸馏法三种。为了提高馏出液的纯度或浓度，一般需进行重蒸馏，收集重蒸馏液。但蒸馏次数不宜过多，以免挥发油中某些成分氧化或分解。

2. 水提醇沉法注意事项

相关内容详见颗粒剂第二章第六节。

3. 选择空心胶囊时应注意的问题及常用空心胶囊的规格标准

（1）选择空心胶囊需注意的问题：选择空心胶囊是胶囊剂生产前期的关键工作，故应严格把握空心胶囊的质量关。选用的空心胶囊必须符合药用要求，生产中对空心胶囊的质量要求较高，受空心胶囊质量因素制约较大，选择时应注意以下几点：

①空心胶囊的体、帽两节的套合方式有平口与锁口两种，为防止药粉泄漏，应选用套合后密封性能良好的双锁口空心胶囊为佳。

②根据不同的医疗用途，选用速溶、胃溶、肠溶等空心胶囊。

③根据药物的特殊性质选用不同的空心胶囊，如对光敏感的药物不宜选用白色或透明的空心胶囊。

④根据药物剂量的大小合理选择空心胶囊型号。目前的空心胶囊按大小编号有000、00、0、1、2、3、4、5号等8种不同规格，装量依次递减，其容积（ml）分别为1.42、0.95、0.67、0.48、0.37、0.27、0.20、0.13。一般常用0～3号。药物的填充多用空心胶囊的容积控制，因此，选用适当容积号码的空心胶囊，对于保证药效含量准确有着直接的意义，应按药物规定剂量所占容积选择最小的空心胶囊。由于药物的密度、晶态、颗粒大小不同，所占的容积亦不同，一般宜先测定待填充物料的堆密度，然后根据应填充的剂量计算该物料的容积，以决定选用胶囊的号数，便于生产和防止不必要的浪费。还有凭经验或小量试填充来决定空心胶囊的号码，也可用图解法找到所需空心胶囊的号码。

（2）常用空心胶囊的规格标准：1985年卫生部发布了空心胶囊的质量标准，其中对0～3号空心胶囊的长度及囊壁厚度作了具体规定，详见表3－1。

表3－1　0～3号空心胶囊长度和囊壁厚度质量标准　（单位：mm）

胶囊型号	口径外部		长度		全囊长度	囊壁厚度
	囊帽	囊体	囊帽	囊体		
0	7.65±0.03	7.33±0.03	11.05±0.30	18.69±0.30	21.50±0.50	0.12～0.14
1	6.90±0.03	6.55±0.03	9.82±0.30	16.75±0.30	19.60±0.30	0.12～0.14
2	6.35±0.03	6.01±0.03	9.04±0.30	15.75±0.30	18.50±0.30	0.11～0.13
3	5.84±0.03	5.54±0.03	8.01±0.30	14.01±0.30	16.10±0.30	0.11～0.13

4. 空心胶囊的验收及贮存注意事项

空心胶囊系用明胶加辅料制成。对于空心胶囊的成品应作必要的检验，以保证其质量。检查项目包括外观、弹性（手压胶囊口不碎）、溶解时间（37℃，30min）、水分（10%～15%）、胶囊壁的厚度与均匀度、微生物等，也有专门的空胶囊预选机，用于装药前对囊壁不平、长度不合格的空胶囊进行剔除。有关检验项目内容如下。

（1）性状：本品呈圆筒状，系由帽和体两节套合的质硬且具有弹性的空囊。囊体应光洁、色泽均匀、切口平整、无变形、无异臭。本品分透明、半透明、不透明三种。

（2）松紧度：取本品10粒，用拇指和食指轻捏胶囊两端，旋转拔开，不得有粘结、变形或破裂，然后装满滑石粉，将帽、体套合，逐粒在1m的高度处直坠于厚度为2cm的木板上，应不漏粉；如有少量漏粉，不得超过2粒。如超过，应另取10粒复试，均应符合规定。

（3）脆碎度：取本品 50 粒，置表面皿中，移入盛有硝酸镁饱和溶液的干燥器内，置 25℃±1℃恒温 24 小时，取出，立即分别逐粒放入直立在木板（厚度 2cm）上的玻璃管（内径为 24mm，长为 200mm）内，将圆柱形砝码（材质为聚四氟乙烯，直径为 22mm，重 20g±0.1g）从玻璃管口处自由落下，视胶囊是否破裂，如有破裂，不得超过 15 粒。

（4）崩解时限：取本品 6 粒，装满滑石粉，照《中国药典》现行版一部附录ⅫA 崩解时限检查法胶囊剂项下的方法检查。硬胶囊、软胶囊或肠溶胶囊在各自规定时间内，如有 1 粒不能全部溶化或崩解，应另取 6 粒复试，均应符合规定。

（5）干燥失重：取本品 1.0g，将帽、体分开，在 105℃干燥 6 小时，减失重量应为 12.5%~17.5%。

（6）炽灼残渣：取本品 1.0g，依《中国药典》现行版一部附录ⅨJ 炽灼残渣检查法检查，遗留残渣分别不得过 2.0%（透明）、3.0%（半透明或一节透明、另一节不透明）、4.0%（一节半透明，另一节不透明）、5.0%（不透明）。

（7）重金属：取炽灼残渣，依《中国药典》现行版一部附录ⅨE 重金属检查法第二法检查，含重金属不得过百万分之五十。

空心胶囊的合理贮存条件为：经检验空心胶囊质量合格后，将上下两节套合，空心胶囊一般含水分 12%~15%，当贮放于原包装容器中时应维持这一水平，装于密闭容器中，内以双层塑料薄膜袋密封，贮藏温度 18℃~28℃，相对湿度 30%~40% 处，避光贮藏、备用。容器经开启后，如继续暴露在空气中则会引起空心胶囊含水量的波动。如含水量超过 16%，胶囊会变软，发黏及变形，若含水量低于 10% 时，胶囊会变脆并出现皱缩。无论发生何种变化，都会使空心胶囊在填充时发生困难，因此，仓储现场应有恒温、恒湿装置，对温度、湿度进行定时的记录。

【课堂讨论】

1. 使用酒精计的标准温度是多少？
2. 空胶囊的贮存条件有哪些？
3. 醇沉时为何要用慢加快搅的方式加乙醇？
4. 水蒸气蒸馏法适合哪些成分的提取？

1. 水蒸气蒸馏法　2. 水提醇沉法　3. 醇提水沉法　4. 酒精计

智慧就是知道下一步该做什么。

第三节　粉碎灭菌

主题　如何制备蚂蚁、甘草的细粉？

【所需设施】

①ZZKF－3 型水冷式粉碎机组；②DZG 型多功能中成药灭菌柜。

【步骤】

1. 人员按 GMP 一更净化程序进入粉碎岗。
2. 生产前的准备工作。
3. 原料的验收配料。
4. 用 ZZKF－3 型水冷式粉碎机组粉碎。

按处方量将处理后的上述原料混合后用 ZZKF－3 型水冷式粉碎机组粉碎（详细操作见第一章第二节）。

5. 用 DZG 型多功能中成药灭菌柜灭菌。

（1）准备

①气源：启动空气压缩机，使压缩空气储罐内充盈额定工作压力。

②汽源：打开蒸汽阀门，并排放管路冷凝水及确认汽源压力正常。

③水源：打开进水阀，并确认其压力正常。

④电源：相继打开进线电源开关、控制电源开关。

（2）开门

①启动面板上人机界面（触摸屏）显示神农商标，按"神农商标"进入"主控界面"画面，按"前门操作"键，显示"前门操作"画面（图 3－1，3－2）。

a.标题画面：显示神农商标，按"神农商标"进入主控界面　　b.主控界面：选择要进入的程序界面

图 3－1　灭菌柜主控界面图

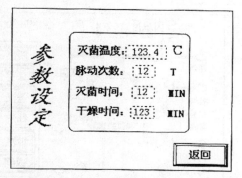 

c.参数设定画面：按"数据设置"键，可修改灭菌温度、灭菌时间、脉动次数、干燥时间，按"返回"键，返回主控界面。

d.前门操作界面：显示前门操作状态，按"返回"键，返回主控界面。

图 3 - 2　灭菌柜参数设定界面图

②按"前门真空"键，门圈真空系统（真空泵、门圈真空阀、真空泵用水阀）启动，抽排门圈内密封用压缩空气。

③约 15 秒以后，按"开前门"键，前门锁紧机器开启，用手拉开前门。

（3）装载

将灭菌物品装入灭菌车，利用搬运车移至柜门，送入灭菌腔。

（4）关门

装载完毕，用手把门关上，并按住门板，同样在"前门操作"界面下，按"关前门"键，前门锁紧机构锁住。

（5）密封

如果此时前后门均为关闭位，准备进行灭菌操作，即可将门圈密封。

（6）自控运行

在"主控界面"画面中按"自控界面"键将转入自动控制界面，此时按下"启动"操作键，设备将按预设程序自动运行，画面将同时动态显示实时工况。

①准备：前后门关到位，空压气到位，触摸屏显示"准备"字串。

②真空：预热至一定温度，按启动、循环三次真空转入升温。

③升温：灭菌室压力、温度维持在设定范围内，到设定灭菌时间，转入灭菌。

④灭菌：灭菌室压力、温度维持在设定范围内，到设定灭菌时间，转入干燥。

⑤干燥：排汽 1 分钟左右，真空泵启动，抽湿热蒸汽，其间真空、补汽相循环，到设定干燥时间，结束真空干燥，补充百级空气。

⑥结束：灭菌柜压力上升至 0Mpa，结束灯亮，按"门真空"15 秒后，开门取物。

（7）手控运行

①当有特殊的灭菌需求，或自控程序出现无法满足灭菌需要时，任何时刻均可经"主控界面"画面进入"手控界面"操作，利用手控操作键继续完成灭菌操作（图 3 - 3）。

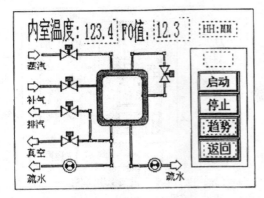

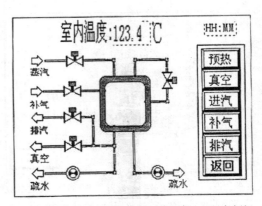

e.自动工作界面：实时显示程序运行状态、各种灭菌参数、报警状况。按"返回"键，返回主控界面。按"趋势"键，实况显示温度曲线界面。

f.手动工作界面：手动控制灭菌程序，显示各阀门控制状态、报警状态。按"返回"键，返回主控制界面。

图 3 - 3　灭菌柜界面图

②手控操作是一种非常规范的应用，需要操作者在理解该设备运行原理的基础上，不偏离灭菌的常规原则，合理地应用这些手控操作键，达到预期的结果（图 3 - 4）。

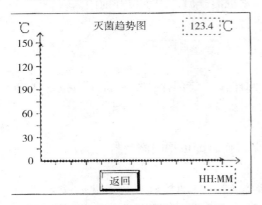

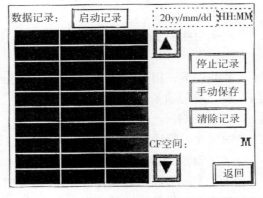

g.灭菌趋势界面：实况显示温度变化动态曲线，按"返回"键，返回自动控制界面。

h.数据记录界面：实况记录温度进展数据，灭菌结束自动保存灭菌数据。利用CF卡转换功能可在计算机内打印温度数据、曲线。按"返回"键，返回主控界面。

图 3 - 4　灭菌柜界面图

（8）开门取物

按"后门真空"按钮，约 15 秒后，按"开后门"按钮，后门锁紧机构开启，用手拉开后门，用搬运车把灭菌车拉出即可。

（9）报警处理

①在整个工作运行过程中，针对各工作段可能出现的异常情况，设备都列出了详尽的报警信息，随时而醒目地闪烁于用户界面，操作者碰到这类情况要冷静而准确地作出判断，从而采用相应的处理措施。

②内室压力异常：这是一个很关键的参数，如出现这种情况，在确认短时间内无法排除时，必须立即停止其他一切操作，将柜内压力蒸汽迅速排完，方法是停止自动

程序的运行，转入手控操作界面，利用"排汽"操作键得以实施。

③真空泵过热：真空泵缺水或阀门开启不良引起。

④锁紧机构不灵活：有无异物在转动部件卡住，连接螺栓有无松动、脱落。

本批原料处理完毕，按 SOP 清洁本设备。

6. 冷却、混匀

灭菌后的药粉，置冷却室冷却；过筛混匀备用。

【结果】

1. 通过粉碎、灭菌、冷却、混匀得到甘草及蚂蚁的细粉，经检验合格后，称量、记数，用洁净干燥容器盛装，加盖密封后，标明品名、数量、批号，转入下一工序或中转站备用。

2. 填写粉碎工序原始生产记录。

3. 本批原料处理完毕，按 SOP 清场，质检人员作清场检查，发清场合格证。待后续不同规格或不同产品的生产。

【相关知识和补充资料】

1. DZG 型多功能中成药灭菌柜维护与保养

（1）每次灭菌结束，需对灭菌室进行清理，去除柜内、滤污网上的污物。

（2）每天灭菌终了，在手控操作界面排放柜底存水，对灭菌室进行清洗。

（3）长时间不用，需将腔室擦洗干净，保持干燥清洁，并将双门关闭。

（4）安全阀：安全阀是保证设备在设计压力安全运行的重要部件，每月应反复提拉数次，保证其灵活状态。

（5）管路过滤网应每天清洗，确保畅通。

（6）压力表、测温探头应每天校验一次。

（7）每天排放压缩空气管路分水过滤器内存水。

（8）密封圈表面保持清洁，及时消除异物，如有残损应及时更换。

（9）锁紧机构应每月检查一次，有无松动、卡住现象，发现及时调整。

2. 粉碎的种类及相关内容（见第一章第二节）。

3. 中药胶囊剂填充物常用的制备方法

（1）原药材直接粉碎，装入胶囊。该方法制备出的药粉，保持了原有的植物细胞及所含的各类成分，保持了药材在大气中的固体状态，所以不需要特殊处理，仅存放在干燥的地方即可。

（2）水煎煮液，经浓缩、烘干、粉碎后装入胶囊。此方法大部分成分在煎煮过程中都已溶出，除去了大部分植物细胞，但因滤过一般为粗滤，药液中还保留了一部分植物组织碎片，水提液中既有水溶性成分，也有脂溶性成分。经干燥后，以浸膏存在，较（1）法吸湿较快，易于吸潮。

（3）部分原药材和水煎液干粉混合装入胶囊。此方法掺入部分药材粉末，并可控制其吸潮性。

（4）水煎煮的浓缩液，经醇沉后取沉淀物，再经烘干，粉碎装入胶囊（适合于多糖类成分含量较高的药材）。

（5）水提醇沉，取醇液，经回收醇，烘干醇的提取物，再粉碎装入胶囊。

前3种方法，制备简单，易于防潮。但含有大量的植物组织碎片及非活性成分，仅适合一些单味药或药味数较少、用药量较小的处方。而一些大复方，以及用药量较大的处方，用前3种方法是不能解决服用量问题的，必须通过一定方法去除无效成分，保留有效成分，从而缩小服用量。常用的方法是醇处理法。经醇处理后的中药浸膏，特别是通过高浓度醇处理后，除去了许多水溶性成分，如蛋白质、氨基酸、无机盐、糖类等亲水性成分，保留了大部分亲脂性成分，如生物碱、黄酮类、挥发油、皂苷类等，这些成分往往多具有强烈的生物活性，将它们人为地从水溶性成分中分出后，放置于大气中，有些成分因吸潮而变软、结块。有一部分成分，则因周围环境的改变而以流体状态出现；还有一部分成分，因与上述成分共存而使整个熔点降低，这种情况往往也会被一概误认为是"吸湿"，这时如果将浸膏放入烘箱内，以加温的方式去潮，效果适得其反，浸膏会因温度升高而变软、变稀，所以这时最好的方法是将浸膏放入盛有生石灰或硅胶的干燥筒内，置阴凉处数日，这样既可以去水分，又可以防止因高温而引起的变软、变稀。因此，对后2种方法制备的干浸膏，无论在粉碎前后，都必须存放在有干燥剂的密封容器中，置阴凉处存放。

【课堂讨论】

1. 灭菌柜的测温探头、压力表效验周期是多少？
2. 本次胶囊剂内容物的制备方法属于哪一种？
3. 灭菌柜的灭菌效果由哪些因素决定？
4. 制备中药胶囊剂填充物常用的方法有哪些？

1. 胶囊剂　2. 灭菌柜　3. 胶囊填充物　4. 水冷式粉碎机组

害怕未来是对现在的一种极大浪费。

第四节　填充物的制备及胶囊填充

主题　如何制备蚁素肝泰囊内填充物？如何填充打光？

【所需设施】

①槽形混合机；②摇摆式颗粒机；③烘房；④总混机；⑤胶囊填充机；⑥胶囊打光机。

【步骤】

1. 人员按 GMP 一更、二更净化程序进入填充岗位。
2. 生产前的准备工作。
3. 原辅料的验收配料。
4. 填充物的制备。

将上述蚂蚁、甘草细粉与清膏混合、搅拌、制粒、干燥、整粒；喷加茵陈挥发油，总混即得蚁素肝泰囊内填充物。

5. 用 NJP－C 型系列全自动胶囊充填机填充

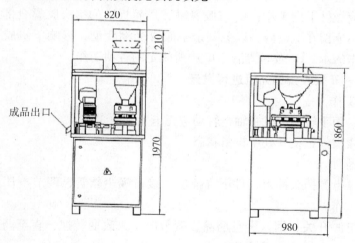

图 3－5　NJP－C 型系列全自动胶囊充填机

（1）准备工作

①检查变速箱、供料装置减速箱是否有润滑油。

②检查所有螺钉、螺母是否松动，如有松动应紧固，各运动件工作面应要求抹润滑油。

③开机前先检查工作台面是否洁净，与胶囊、药粉接触的部分是否已用酒精消毒过。

（2）操作程序

①先用手柄转动主电机轴，使回转台旋转壹圈，确认无异常情况后抽出手柄，接

通电源后将电源总开关从"0"位转至"1"位，电器箱面板上的显示屏显示初始阶段画面，即"欢迎使用"页面。按"进入"键，进入操作页面。

②将空胶囊加入胶囊罐中，将药粉加入粉斗中，按页面上的"→"键，将"手动/自动操作切换"和"手动/自动加料切换"指向手动，然后在＜手动操作模式＞栏里面按"真空泵"键，启动真空泵，按"加料"键，启动加料电机，加料到药室内的药粉高度接触料粉传感器下平面为止，按"主机"键，启动主机运转，使回转台运行壹周，停机，检测装量。

③如剂量达不到标准，停机调整1～5组充填杆的高度与料粉传感器高度，再点动"主机"键，测试剂量，直至剂量达到标准后，关闭好四扇防护门，开始生产。

④运行中每隔20min应作一次剂量差异自检，每次自检不得少于10粒，并要填写好操作工剂量自检表。

⑤除调试和故障排除外，其余的运行情况都要在关闭机器四扇防护门的状态下进行，严禁在机器运行时，用手或工具去清除机器内的故障及异物。清除故障及异物时必须停机后进行，以确保环境的洁净与人身安全。

⑥机器的台面及电器箱面板上不得放置任何工具。如胶囊通针、钩针、通模刷等专用工具应放置在专用工作台上，以确保机器正常运行。

⑦操作工要经常观察料斗视镜中的粉层高度，及时加料，避免因药粉不够而产生自动停机现象。同时要经常观察送囊板槽中拨囊情况，随时剔除残次胶囊。

⑧下班前应做好下列工作：a. 将胶囊罐和送囊板中的空心胶囊全部用完，否则必须清理干净，不能留在机器内，以免剩余空胶囊受潮变型，影响下班胶囊上机率。b. 更换循环水箱中的水。c. 做好清洁SOP中所规定的各项工作。

3. 用YPJ－Ⅱ型胶囊抛光机进行抛光

（1）准备工作

①通电前，用手转动电机主轴，转动应无卡紧现象。

②检查各紧固件，使其处于拧紧状态。

（2）操作程序

①将吸尘器电源插头插入机件下方插座，接口吸尘软管，调节电压至200V左右，吸尘器先开始工作。

②再打开电源开关，倒入少量药品，调节电压，改变转速，直至药品表面清洁度达到满意效果，转速与清洁度成反比。

③为了回收多余药粉，建议抛光前用大孔筛把药品筛一次。

④加入少量药用石蜡于毛刷上，能提高药品表面的清洁度。

⑤由于毛刷与网罩在工作中摩擦发热，温度过高会影响药品表面光洁度，故操作工要自行掌握机器连续工作时间，不宜过久。

⑥在运转中，如有异常现象，应停止工作及时排除。

【结果】

1. 通过填充、抛光应得到光亮整洁，套合紧密，不黏结变形，无破损和砂眼，装量合格的蚁素肝泰胶囊。放入整洁合格的盛器内密闭保存，备用。

2. 写胶囊填充工序原始生产记录。

3. 本批产品充填完毕，按 SOP 清场，质检人员作清场检查，发清场合格证。待后续不同规格或不同产品的生产。

【相关知识和补充资料】

1. NJP－C 型系列全自动胶囊充填机维护保养

（1）经常对传动部件各连杆的关节轴承加注润滑油，检查转动链条是否过松，如有过松现象，应调整张紧链轮，链条涂润滑油。

（2）检查主传动减速机的离合器是否过松，如有过松现象，应适量拧紧离合器螺帽。

（3）机器运转每 200 个工时，检查上、下模块同轴度，剂量装置的充填杆、夹持器、更换失效的夹持器弹簧。

（4）机器每运行 1000 个工时，将回转部件进行一次全面清洗；检查剔废机构，锁合机构，成品出料机构，更换磨损的轴承及零件；更换凸轮箱内的润滑油，加至油位线。每年也要更换一次润滑油。

2. YPJ－Ⅱ型抛光机维护保养

（1）每月检查主轴一次，对轴承加润滑脂。

（2）每 3 个月检查联轴器，并涂润滑油。

（3）经常检查各紧固件的松紧情况。

（4）做到日日清洗、消毒。

3. 胶囊剂填充的常用设备及填充机的选择原则

胶囊剂的填充方法分手工填充法和机械填充法，手工填充法效率低、重量差异大，因此生产中一般用机械填充法，目前多数采用全自动或半自动胶囊填充机进行生产。

胶囊剂填充机的型号颇多，国内外均有生产，其工作原理基本类似，主要流程是：空心胶囊供给－排列－校正方向－空心胶囊帽体分开－药物填入－残品剔除－胶囊帽体套合－成品排出。填充机的类型归纳起来主要有四种：a 型：由螺旋钻将物料压进；b 型：用柱塞上下往复运动将物料压进；c 型：物料自由流入；d 型：在填充管内，先将药物压成单剂量的小圆柱，再填充于胶囊中。在实际生产中，应根据物料性质来选用胶囊填充机。对于物料要求不高，只要物料不易分层的，则可选择 a 型、b 型填充机；对于要求物料流动性好、不易分层的，则选择 c 型填充机，但这种物料不多，大多数物料常需制粒后才能达到要求；对于流动性差，但混合均匀的物料，如针状结晶，吸湿性药物，可选择 d 型填充机。

现将几种主要型号填充机的工作能力介绍如下：联邦德国 Hofliger 与 Karg 公司生产的 GKF 型号较多，其中 70 型、120 型、330 型每小时生产能力分别为 4200、7200、19800 粒。另有 1200 型、1500 型、2400 型，速度均相当快，每小时生产能力分别达到 7.2 万粒、9 万粒及 14.4 万粒；意大利 MGZ 公司生产的 G－36/4 型、G36/2 型，G36

型及 G37 型，每小时生产能力分别为 9000、1.8 万、3.6 万和 10 万粒。Zanasi 公司的 RV – 59 型、AZ – 30 型、AZ – 60 型、BZ – 72 型、BZ – 150 型，每小时生产能力分别为 1.5 万、3 万、6 万、7.2 万和 15 万粒。

胶囊装药后要进行检查整理，主要检查沙眼、漏粉、擦破等残品，可用人工进行，也可采用意大利 Zanasi 工厂生产的 DS71 型涡轮胶囊挑选机，该机采用气流翻动以剔除未装药的空胶囊及装药量不足的残品，每小时可查成品 16 万粒。

印字：为使患者便于识别胶囊品种，而避免错服，在国际市场上，胶囊印字已极普遍，上海延安制药厂制药机械分厂生产的 SY – 1 型胶囊印字机，并有油墨及清洁剂配套供应，该机工作能力每小时可印 0，1，2 号胶囊 45000 ~ 60000 粒，工作条件要求温度为 16 ~ 20℃，相对湿度为 60% ~ 70%，其性能与美国 Markem 公司的 156A – MKⅡ 型印字机基本一致。

4. 硬胶囊剂填充的主要方法

胶囊剂的制备工艺过程总体上可分空心胶囊的选择、药物的填充、封口、磨光、包装等。生产胶囊剂时，工艺上要求填充到胶囊内的药物应干燥、松散、混合均匀，其流动性要好，粉末飞扬低。若组成成分为复合药物成分时，分层现象宜少。

生产实际过程中，由于药物理化性质不尽相同，完全符合和达到填充工艺标准的药物不多，填充过程会出现诸多问题，因此，内容物往往需要通过人为处理才能达到填充的要求。待填充的药物是否要经过加工处理，应根据药物的性质和填充设备的性能来确定。

（1）若药物剂量小，则直接将处方中的药材粉碎成细粉，过筛，加入润滑剂，混匀，填充。

（2）药物剂量大，则可将部分或全部中药提取，浓缩制成稠膏或干浸膏，再将剩余的中药粉碎成细粉与之混合、干燥、粉碎，加入润滑剂混合后填充。

（3）内容物含挥发油时，处方中如有其他药物细粉或吸收剂时，应先用其吸收挥发油，或用 β – 环糊精包合等方法转化成固体后再填充。挥发油应先用吸收剂（如碳酸钙、微粉硅胶、轻质氧化镁、磷酸氢钙等）吸收后填充。如为中药复方者，可用复方中粉性较强的药材细粉吸收挥发油。

（4）易引湿或混合后易发生共融的复合药物，应根据情况分别加入适量的稀释剂，如白陶土、氧化镁、碳酸镁等稀释后再混合予以克服。如玄明粉、硼砂，应先混合过筛闷 24 小时，待发热冷却后，再与其他药物混合过筛。

（5）对于疏松性药物可加适量乙醇或液状石蜡混合均匀后再填充。

（6）填充小剂量的药粉，尤其麻醉、毒性药物，应先用适量的稀释剂（如乳糖、淀粉）稀释一定的倍数，混匀后填充。

（7）内容物为中药浸膏粉时应添加适量辅料混匀，并保持干燥，否则可能造成空心胶囊软化。

（8）定量药粉在填充时常发生小量的损失而使最后者的含量不足，故在配方时按实际需要量应大于理论需要量。全部填充后将多余的药粉弃去。但麻醉、毒性药物不按此法处理。

5. 硬胶囊剂常用的辅料及需要制粒后再填充的药物

（1）中药硬胶囊剂可不加赋形剂，但如果药物剂量太小，或吸湿性强、或含挥发油、或太疏松、或浸膏黏性大，为方便生产，提高药物稳定性，则应加入适宜的赋形剂。常用辅料：

①稀释剂与吸收剂：如淀粉、氧化镁、碳酸镁、磷酸氢钙、磷酸二氢钙等。

②润湿剂与黏合剂：如水、乙醇、淀粉浆、糖浆、液状石蜡等。

③崩解剂：如干淀粉、羧甲基淀粉钠、泡腾崩解剂等。

④助流剂与润滑剂：如微粉硅胶、滑石粉、硬脂酸镁等。

（2）以下药物需要制粒后再填充：

①复方制剂，为了改善待填充药粉的流动性，减少分层现象，缩小体积，适应空心胶囊，可将药粉加入适量的辅料（如 HEC、MC、淀粉、硬脂酸盐、滑石粉、乙二醇酯、聚硅酮、二氧化硅等）制粒，经干燥后再填充。也可将药粉与辅料混合后直接填充，以减少自动填充和填充药物时的分层现象。

②药材细粉或药材浸膏粉加辅料（或不加）混合，用适宜的润湿剂或黏合剂制成软材，再制成颗粒，用 60℃~80℃ 的温度烘干，整粒后加辅料混合均匀，填充。如为中西药复方制剂，均应将西药粉碎成细粉加入中药粉末（或颗粒）中填充。

6. 胶囊剂生产中常出现的问题及解决方法

在胶囊剂的生产过程中，可能出现胶囊瘪头或锁口不到位，以及错位太多等质量问题，应针对不同情况加以解决。

（1）胶囊瘪头或锁口不到位：胶囊填充机的压力太大会引起胶囊瘪头，压力太小则会使锁口不到位，此时应及时调整胶囊填充机的压力，使其符合生产要求。

（2）错位太多：按贮存条件保管好空心胶囊，以防止其变形。检查胶囊填充机的顶针是否垂直，如不垂直，应予调正。检查胶囊盘（半自动机）或冲模（全自动机）是否磨损，如磨损严重，过于残旧，则应更换胶囊盘或冲模。

（3）交叉污染：为防止药物交叉污染，在更换生产品种时，应彻底清洗生产场所、机械设备及生产所用的一切用具。对进入操作室的人员和物料要进行净化处理，待生产的原料必须贮存在与其他物料明显分开的地方，以防止生产原料的污染，操作室与邻室及外界的静压差应符合 GMP 的要求。

（4）微生物污染：为防止药物在生产过程中受微生物污染，可采用以下措施进行预防。

①所用原辅料、胶囊壳卫生学必须符合规定。制作好的粉末（颗粒），填充好的胶囊，经验收合格后，盛装于干净的容器内，并加盖密封保存好。

②使用的工具、容器应清洁无异物。生产前用含有乙醇的布擦拭搅拌机、胶囊填充机等接触药物的机械表面。

③按规定定期对室内进行消毒灭菌操作。操作室的换气次数、尘粒数、活微生物数应符合 GMP 的要求。

④对进入操作室的人和物必须进行净化处理。操作人员应按规定穿戴好工作服、帽、卫生手套，不得用手直接接触药物。每次工作完毕，清洁室内及设备应符合卫生

要求，做到无尘、无污染、无积水，物具堆放整齐。凡有传染病者，不得参与药品生产工作。

⑤在生产过程中，一经发现药物半成品或成品受微生物污染，并造成药物卫生学不合格时，应立即停止该品种、批次的生产，并杜绝进入下一道工序。对该生产场所必须进行彻底消毒灭菌，经再检验符合生产要求后方可继续使用。对仅受霉菌污染且微量超标的少量粉末（颗粒），可用加10%左右乙醇闷透的方法进行灭菌。

7. 造成胶囊剂装量差异不合格的主要因素

药物颗粒的均匀性和流动性是影响胶囊剂装量差异的主要因素。当药物颗粒大小相差悬殊时，过多的大颗粒会影响颗粒间隙的空间，大颗粒与小颗粒之间比例的变化会使胶囊剂填充量产生波动，这时可将颗粒过筛，以除去过多的大颗粒；当颗粒或粉末流动性差时，药物输送时会时断时续，使填充不完全，此时加入适量的助流剂有利于情况的改善；另外药物与助流剂混合不匀，会使流动性减弱，使颗粒难以有效地进入囊体，若将药物与助流剂重新混合，会对颗粒流动性的增加产生明显的效果。

由于中药制剂的特殊性，加之有的胶囊分装器仍属于手工操作，且受其他因素影响，从而造成装量不合格这一具有普遍性的问题，与《中国药典》胶囊剂装量差异项下的规定有显著的偏差。具体操作过程中造成不合格的主要因素可分析如下。

（1）中药物料粉碎后的不均匀性：因胶囊剂填充物既有中药材原粉，又有中药材提取浓缩后的浸膏粉碎物，还有中药材原粉和浸膏粉碎物之混合物等。这样就形成了药粉质地、粒度、比重等不均匀性，从而造成了填充过程中药料流动性的不均匀性，进一步造成填充物不均匀性，导致胶囊剂装量不合格。

（2）虽然精确称量，胶囊一次填充应符合要求所需的填充物药料之用量，但是为防止填充过程损耗造成不足量，均多投一个或几个胶囊的备份。由于手工操作，加之操作者力度有差异，操作熟练程度不一样，振动用力和次数又各异，从而使得药料分布不均匀，虽尽量填充完全，但也会造成分装器四周或中心胶囊装量存在差异，使胶囊剂装量不合格。

（3）不按要求定量投料，而是不称量一次性多投料，待填充完全后去掉多余的药料。这样虽可保证每一个胶囊完全被填充，但因药料过多，加上填充过程的力度、振动次数、药料属性等诸多因素的影响，从而导致胶囊剂装量不合格。

（4）预先称量或不称量即投药料于胶囊分装器上，由于药料集中一处而造成整个分装器面上药料分布不均匀，伴随药料的不同属性及操作差异等因素，也就会造成胶囊剂装量不合格。

（5）不经称量药料而一次性多投药料填充，虽注意了分装器面上药料的均匀性，但也会因投料过多且掺杂其他因素，最后使填充的胶囊剂装量不合格。

（6）对于胶囊分装器来说，存在着囊孔和囊身（空心胶囊）不配套的情况。而磨孔因磨损会变大，且还因分装器面、底板材料厚度过薄造成面、底板变形，下节本身即使是同型号的空心胶囊也会造成囊材与囊孔不配套，周边存在或大或小的空隙（若胶囊变形则更明显），一经填充振动分装器药料则会从空隙漏下，造成填充的药料减少，影响填充质量，造成装量不合格，若称量投料则情况更糟。而漏下的药料在底板上堆积过多又会造成填充困难，甚至使其他胶囊破损或变形。

8. 胶囊剂的封口和除粉磨光工艺过程

（1）封口：空心胶囊的套合方式有平口与锁口两种，当生产中使用平口套合时，由于这种套合不如锁口密封性好，为防止泄漏，需经封口这道重要的工序。封口材料常用与制备空胶囊相同浓度的明胶液，如明胶 20%、水 40%、乙醇 40% 的混合液，保持胶液温度在 50℃，于囊帽与囊体套合处封上一条胶液，烘干即可；也可使用平均分子量 40000 的 PVP 2.5%、聚乙烯聚丙二醇共聚物 0.1%、乙醇 97.4% 的混合液；或苯乙烯马来酸共聚物 2.5%、乙醇 97.5% 的混合液作为封口材料，封口质量均比明胶好；还可用超声波使胶囊剂封口。若采用锁口型空心胶囊，药物填充后，囊体与囊帽套上即咬合锁口，药粉不易泄漏，空气也不易在缝间流通，有利于药物的保存。

（2）除粉磨光：有时填充好的胶囊剂囊体布满粉尘，必须进行除尘抛光，最常用的磨光方法是用抛光机将胶囊除尘后，再用加有少许惰性油的布摩擦胶囊，使其光亮整洁，另外还有盐打光、锅打光等抛光方法。除此之外，目前市场上还出现了防止粉尘吸附的空心胶囊，可减少除尘抛光这道工序。

【课堂讨论】

1. 胶囊的主要成分是明胶，药物的水溶液或稀乙醇液能填充于胶囊中吗？
2. 风化性或吸湿性药物为何不能填充于胶囊中？
3. 硬胶囊剂常用的附加剂有哪些？
4. 如何根据药物的不同物理性质，选用硬胶囊填充机？

1. 胶囊充填机　2. 胶囊抛光机　3. 0 号胶囊　4. 胶囊填充

道歉是掌握主动权的一个好方法。

第五节　胶囊的分装

主题　大生产时硬胶囊剂如何分装

【所需设施】

DPH–200 滚板式泡罩包装机。

【步骤】

1. 人员按 GMP 一更、二更净化程序进入内包岗。
2. 生产前的准备工作。
3. 原辅料的验收配料。
4. 内包用 DPH-200 滚板式泡罩包装机分装。

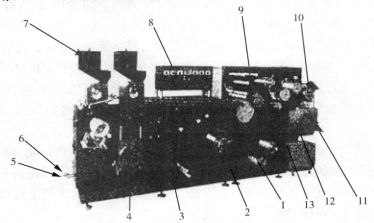

图 3-6   DPH-200 滚板式泡罩包装机

1. 塑片输送   2. 加热器   3. 成型器   4. 加料器   7. 滚压热封   8. 气系统
9. 批号机构   10. 冲切板   11. 传动机构   12. 电控系统   13. 步进机构

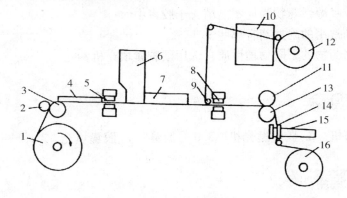

图 3-7   DPH-200 滚板式泡罩包装机工艺流程示意图

1. PVC 塑片   2. 橡胶辊   3. 送料辊筒   4. 加热板   5. 成形模   6. 加料斗   7. 加料器
8. 转折辊   9. 热封模   10. 自动印刷机   11. 压紧辊   12. 铝箔
13. 牵引辊筒   14. 冲剪模   15. 成品   16. 收料辊筒

（1）准备工作
①清理机器各部位，并将机器周围的地方进行清洁杀菌。
②给机器加注润滑油。
③用人工转动皮带轮，确认机器和传动部分正常并无卡滞现象。
（2）开机
①插上电源开关，电源指示灯亮。

②打开供水阀。

③打开四只加热器按钮，给加热器预热，并给各温控仪定温度值，参数值上下两块加热板温度120～150℃，压痕60～120℃，吹塑加热温度160℃左右，此温度不能太高或太低，会影响吹泡质量。

④先按"自动/手动"转换按钮，呈脱开状态，按主机启动按钮，启动后再停机，模具，加热器同时分离。

⑤放置薄膜，伸过吹泡模。

⑥将固定钢字座的螺钉旋下，取下钢字离座，打开钢字压板和钢字压销，用镊子夹持，更换本班批号钢字，然后按相反顺序装回钢字底座。

⑦吹泡温度达到时，先按"自动/手动"，再按下主机启动按钮，将薄膜吹4米长后，按下主机停车按钮。

⑧将泡带装绕入各工位，通过步进辊筒，进入冲模。

⑨将铝箔铺好并放下网纹辊。

⑩调整好薄膜，铝箔走线，就可开始加料工作。

⑪要控制冷却水量，保持模具温度在40～50℃。

⑫工作完毕，提起网纹辊切断电源，气源，水源，清理现场，提防加热部分烫手。

（3）维护与保养

①每班上班，要对冲模箱，加热板架，成形箱润滑，每周对机箱内的链条，齿轮加润滑油。

②每班检查气控，电控，水冷却系统是否正常，如有损坏问题应及时上报维修。

③要严格按操作程序进行，严禁用硬物或手伸入成形模及冲模中，用硬物敲击吹泡滚模，热封网辊。

【结果】

1. 通过分装得到18粒/板或24粒/板的蚁素肝泰胶囊。

2. 将分装好的蚁素肝泰胶囊装框，称重，每件附标签，标明品名、重量、日期、工号，并作半成品检验，合格后转外包工序备用。

3. 填内包工序原始生产记录。

4. 本批产品分装完毕，按SOP清场，质检人员作清场检查，发清场合格证。待后续不同规格或不同产品的生产。

【相关知识和补充资料】

1. 中药胶囊剂的包装要求

目前常采用的包装材料有玻璃瓶、塑料瓶、铝箔包装等。一般来说，玻璃瓶的密封性比塑料瓶强。所以对吸湿性强的胶囊剂，可选用玻璃瓶；对吸湿性不太强的可选用塑料瓶或铝箔包装。用铝箔包装，为保证产品质量，以双层铝箔包装为佳。胶囊剂经质量检查合格后，要妥善包装，使胶囊剂在贮运中免于受潮、破碎、变质。包装时也要注意便于分发和使用。

胶囊剂易受温度与湿度的影响，因此包装材料必须具有良好的密封性能。现常用的有玻璃瓶、塑料瓶和铝塑水泡式包装。用玻璃瓶和塑料瓶包装时，应先将容器洗净、干燥，装入一定数量的胶囊剂后，容器内间隙处塞入干燥的软纸，脱脂棉或塑料盖内带弹性丝，防止震动漏粉，瓶口密封，可用铁螺盖内衬橡皮垫圈或加塑料内盖或以木塞封蜡，再加胶木盖旋紧。易吸湿变质的胶囊剂，还可在瓶内加放一小袋烘干的硅胶作吸湿剂。铝塑水泡式包装，卫生美观，便于携带。

2. 胶囊剂贮存中易出现的问题及预防措施

胶囊剂应贮于密封性能良好的玻璃容器或透湿系数小的特制容器内，温度22~24℃，相对湿度30%~45%的条件下贮藏，此时胶囊剂既不吸水，也不失水。若湿度在20%时，胶囊变硬易碎；而在80%~90%时，易使包装不良的胶囊剂变形，且加速药物变质，有利于微生物滋生，甚至空心胶囊发生溶化。胶囊剂若长期贮藏于高湿度环境中，崩解时间明显延长，溶出速度也会有较大的变化。因此，贮存现场应有恒温、恒湿装置，对温度、湿度进行定时记录。

胶囊剂如果其处方或工艺不太合理，或使用的包装材料不当、或包装不严密、或贮存保管不善、或贮存时间过长，在外界条件（如温度、湿度、日光、空气等）的影响下，或因微生物的作用，在贮存过程中常常会引起药物发生分解、氧化、水解、异构化、聚合、潮解、发霉等变化，在药物分析中会出现外观性状不符合规定、水分超标、崩解时限或溶出度不合格、含量下降、卫生学不符合规定等质量问题。为防止这些问题的发生，可采用以下措施预防：对容易发生变化的药物加入一定量的保存剂或稳定剂。对易水解的药物，如工艺必须用湿法制粒时，可采用乙醇等非水溶剂为润湿剂。对光敏感的药物，制备过程要避光操作，应避免使用透明或白色空心胶囊填充，而要选用棕色玻璃瓶包装。对热特别敏感的药物，采用冷冻干燥等特殊工艺制备，同时产品要低温保存。

使用的赋形剂、稳定剂（表面活性剂、抗氧剂等），应注意其与主药是否发生相互作用，其酸碱性等性质是否会影响主药的稳定性。另外，地区、季节对中药胶囊剂的贮存也有影响。北方气候寒冷，温度低，空气干燥，有利于中药胶囊剂的贮存；南方气候温和，空气湿度大，给中药胶囊剂的贮存带来一定影响，需采取一定的防潮措施。冬季，气候寒冷干燥，利于中药胶囊的贮存；夏季，雨水多，气温高，不利于中药胶囊的贮存。总之要生产出合格的中药胶囊，应从其制备方法、包装材料进行选择，并对贮存条件、地区、季节等众多因素进行综合考虑。

3. 目前特殊种类胶囊剂研究开发的进展状况

近年来，由于医疗临床的需要，对胶囊剂进行了多方面的开发研究，如肠溶胶囊、缓释胶囊、液体胶囊等，均获得较快发展。

（1）肠溶胶囊剂：此空心胶囊经药用高分子材料处理或用其他适宜方法加工制成，不溶于胃液，但能在肠液中崩解而释放活性成分。

肠溶胶囊剂的制备有多种方法，一种是根据明胶性质，与甲醛作用生成甲醛溶液，使明胶无游离氨基存在，失去与胃酸结合的能力，故不溶于胃液，但因仍含有羧基，故能在碱性肠液中溶解并释放药物，但此种处理法受甲醛浓度、处理时间、成品贮存时间等因素影响，使其肠溶性极不稳定，故现已不用；另一种方法是在明胶囊壳表面包肠溶衣料，如用PVP（聚乙烯吡咯烷酮）作底衣层，然后用CAP（邻苯二甲酸醋酸纤维素）、蜂蜡等作外层包衣，可改善单用CAP时的"脱壳"现象，也可用甲基丙烯酸-甲基丙烯酸甲酯共聚物与苯二甲酸二乙酯-乙醇溶液包衣，还可用甲醛-甲酮（1:60）溶液直接喷洒于胶囊剂而制成，其肠溶性较稳定。

（2）包衣缓释、控释胶囊：将不同释放速度的药物颗粒按比例混合装入囊体，以达到控制释放的目的（如30%速释部分，30% 4小时释放，30% 8小时释放，10%填充颗粒）。各类缓释可采用不同的阻滞剂，或将药物制成一定大小的颗粒（小丸），再包衣。如延安制药厂的吲哚美辛缓释胶囊即使用丙烯酸树脂材料包衣小丸制成。

（3）液体、半固体药物胶囊：①加入无水硅胶，增加填充药物的黏度，使填充后变成非流动性，填充物具有触变性。也可采用蜂蜡之类熔点高于室温的物质，在加温情况下填充。②使用胶囊密封机将明胶溶液制成带状涂于囊帽与囊体的接合部。这种胶囊剂的优点是由于药物分散在油状的赋形剂中，与空气及水分隔绝，增加了药物的稳定性。

（4）泡腾胶囊：用明胶作囊材的阴道或直肠用泡腾胶囊，可代替阴道或肛门栓给药。塞入前先用水湿润，但对于不能很快溶解或有刺激的药物，不宜用此类胶囊剂。此类胶囊中，除药物外，尚需加入泡腾赋形剂如枸橼酸、富马酸、酒石酸、苹果酸等酸源，碳酸氢钠或碳酸钠作为二氧化碳源，以及其他一般的辅料，将药物与所选的辅料混合制粒或直接填入胶囊中。

4. 蚁素肝泰胶囊质量标准

处方　蚂蚁200g　茵陈450g　枸杞子300g　甘草100g

制法　以上四味，取蚂蚁、甘草粉碎成细粉，过筛。将茵陈提取挥发油，水液另器保存，药渣与枸杞子加8倍水煎煮二次，每次2小时，合并煎液，滤过，滤液与上述水液合并，浓缩至相对密度1.10（60~80℃），加入乙醇使含醇量达60%，静置过夜，取上清液，回收乙醇并浓缩至相对密度1.38~1.40（60~80℃）稠膏状，加蚂蚁、甘草细粉，混匀，干燥，粉碎成细粉，过筛，喷以茵陈挥发油，混匀，装入胶囊，制成1000粒，即得。

5. 蚁素肝泰胶囊工艺流程图

6. 胶囊剂定义

胶囊系指将饮片用适宜的方法加工后，加入适宜辅料填充于空心胶囊或密封于软质囊材中制成的制剂，可分为硬胶囊、软胶囊（胶丸）和肠溶胶囊等，主要供口服用。

硬胶囊：系指将提取物、提取物加饮片细粉或饮片细粉与适宜辅料制成的均匀的粉末、细小颗粒、小丸、半固体或液体填充于空心胶囊中的胶囊剂。

软胶囊：系指将提取物、液体药物或与适宜辅料混匀后用滴制法或压制法密封于软质囊材中的胶囊剂。

肠溶胶囊：系指不溶于胃液，但能在肠液中崩解或释放的胶囊剂。

7. 胶囊剂常规检查项目

控制胶囊剂成品质量，除在上述生产工艺过程进行严格控制外，在成品质量检验上也应严把关，主要进行以下检查：

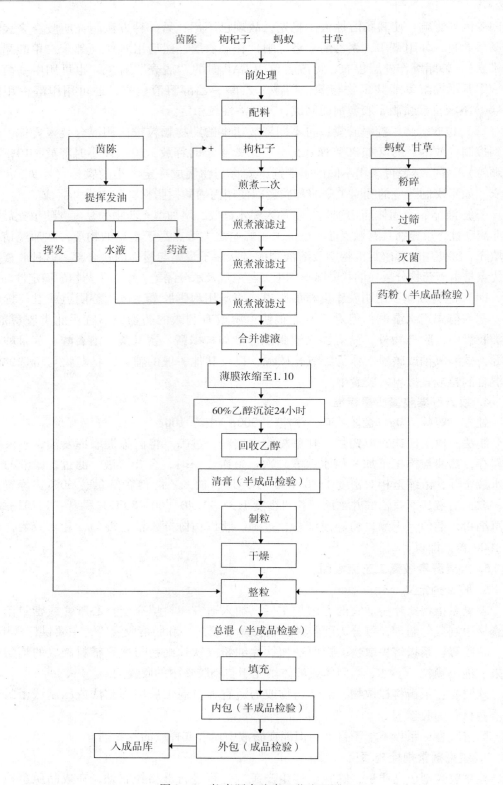

图 3-8　蚁素肝泰胶囊工艺流程图

（1）外观：胶囊剂应整洁，字迹清晰，色泽一致，不得有黏结、变形或破裂现象，并应无异臭，必要时应进行除粉和打光操作。硬胶囊剂内容物应干燥、疏松，混合均匀。

（2）水分：胶囊剂的内容物照《中国药典》现行版一部附录Ⅰ水分测定法测定，除另有规定外，不得超过9.0%。控制残留水分对保证胶囊剂的质量与稳定性有直接的关系。水分过高将引起胶囊膨胀、变形，有助于微生物的滋长，对吸湿性强的药物（如中药浸膏）还会产生溶化现象。

（3）装量差异：取供试品10粒，分别精密称定重量，倒出内容物（不得损失空心胶囊）；空心胶囊用刷或其他适宜的用具拭净，再分别精密称定空心胶囊重量，求出每粒内容物的装量。每粒装量与标示装量相比较（有含量测定项的或无标示装量的胶囊剂与平均装量相比较），应在±10%以内，超出装量差异限度的不得多于2粒，并不得有1粒超出限度1倍。

（4）崩解时限：照《中国药典》现行版一部附录崩解时限检查法测定。

除另有规定外，应符合规定。肠溶胶囊剂的崩解时限，应先在人工胃液中检查2小时，再在人工肠液中检查。胶囊剂的崩解时限与其含助流剂（或润滑剂）的性质，制粒的方法，填充的类型，贮存的条件与时间有关，对于疏水性及亲水性小的药物，崩解时间将明显延长，为此可酌情加入崩解剂。一般情况下，体外崩解时限不能全部反映体内的吸收和药效的情况，因此，溶出度试验也应列为胶囊剂质量评定的重要内容。胶囊剂中药物的溶出度受粒径等多种因素的影响，不同药物的胶囊剂应有不同的溶出度指标。凡规定检查溶出度的胶囊剂，不再检查崩解时限。

（5）微生物限度：应符合药典规定。

【课堂讨论】

1. 目前市场上常见的硬胶囊包材有哪些？
2. 硬胶囊的内包装材料有哪些要求？
3. 胶囊灌装时应注意哪些问题？
4. 胶囊的贮存应注意哪些问题？

 词汇积累

1. 泡罩包装机　2. 温湿度　3. 明胶　4. 空心胶囊

今日思考

一个真正的家不仅是你头上的一个房顶，而且是你立足的一个基础。

第四章

丸　剂

第一节　中药材的前处理

主题　大黄䗪虫丸原药材如何净选与炮制？

【所需设施】

①洗药机；②切药机；③台秤；④烘房；⑤盛器；⑦炒药机。

【步骤】

1. 人员按 GMP 一更净化程序进入前处理岗。
2. 生产前的准备工作。
3. 原辅料的验收配料。
4. 原药材的整理炮制。

（1）将按生产处方要求定额领取的 12 味原药材，筛拣，除去灰渣、泥沙、杂质等非药用部分。

（2）熟大黄　取净大黄，大小分档，大者劈成小块，洗净，润透，切厚片，干燥，用酒喷淋拌匀，稍闷，待酒被吸尽，置密闭容器内蒸至内外均显黑色，取出，将蒸时所得原汁拌入，待吸尽，干燥，每 100kg 大黄用黄酒 30～50kg 。

（3）炒水蛭　将水蛭洗净，切段，用滑石粉炒至鼓起，筛去滑石粉，凉透。每 100kg 净水蛭用滑石粉 40～50kg。

（4）米炒虻虫　将虻虫摘去头、足、翅翼，将米置锅内加热，喷水少许，使米贴锅上，待冒烟时，加入虻虫，轻轻翻炒，至米呈黄棕色，取出，除去米粒，放凉，每 1kg 虻虫用米 0.3kg 。

（5）炒土鳖虫　将土鳖虫置锅内，用文火炒至黄色。

（6）炒蛴螬　将蛴螬置锅内，用文火炒至黄色，微显焦斑。

（7）桃仁用水洗净，及时烘干（80℃±5℃，1 小时）。

（8）黄芩，地黄，甘草、白芍分别水洗，及时烘干（80℃±5℃）。

【结果】

1. 处方中的原药材被加工为能满足工艺需要的炮制品。

2. 写前处理工序原始生产记录。

3. 本批原料处理完毕，按 SOP 清场，质检人员作清场检查，发清场合格证。待后续不同规格或不同产品的生产。

【相关知识和补充资料】

1. 整理炮制依据

《中国药典》2010 年版一部及《江苏省中药炮制规范》。

2. 清炒法

不加辅料的炒法称为清炒法。包括炒黄、炒焦、炒炭三种操作工艺。炒黄、炒焦、炒炭，均须选用适当的火力，温度一般不宜过高以免炒黄的药物焦化、炒焦的药物炭化、炒炭的药物灰化。还应根据药物的不同品种及炒制方法，必须将大小不同的药物分开，分次操作，以免加热时生熟不匀。

3. 中药丸剂概述

中药丸剂是由药材细粉或药材提取物加适宜的黏合剂或其他辅料制成的球形或类球形制剂，分为蜜丸、水丸、糊丸、浓缩丸、蜡丸和微丸等类型。丸剂经服用后在胃肠道溶散，缓慢吸收平缓、作用持久，可延缓毒、剧、刺激性药物的吸收，降低毒性和减少不良反应。丸剂能容纳固体、半固体药物以及黏稠性的液体药物，并可利用包衣掩盖其不良气味。但丸剂一般服用量大，生产过程中污染机会多，操作不当则会影响崩解和疗效，故临床运用的范围已逐渐缩小。

近代中药丸剂已有较大发展，主要体现在制剂原料的改进、新赋形剂的使用以及制法的更新等几方面。

传统丸剂的原料多采用中药材粉末，这正是造成传统丸剂诸多缺点的最主要原因。有些丸剂已将部分或全部药材粉末改为药材提取物（如浸膏、浸膏粉），甚至有效部位。这既减少了服用剂量，又增加了丸剂的稳定性，也提高了制剂的可控性。当然，同时又出现了新的工艺质量问题，如崩解时限、含量及重量差异不合格等问题。

制备传统丸剂时一般根据药物所治疾病的虚实缓急选择赋形剂，然后再确定制法。如选纯炼蜜作赋形剂时多用塑制法，但也有蜜丸采用泛制法制备的，如冠心苏合丸。

新赋形剂的使用不仅体现在黏合剂、润湿剂等成型辅料的种类增加方面，更体现在对丸剂释药性能的改善与控制方面。

根据固体分散技术的原理，用滴制法制备丸剂，丰富了中药丸剂的制法与品种，极大地改进了中药丸剂的释药性能和生物有效性。但是，无论从制剂原料、赋形剂还是从制法方面比较，滴丸剂和传统丸剂之间都有着本质的区别。

微丸的制法较为先进。主要有挤压、搓丸成丸法；流化床制丸法等。目前，中药制药厂也正尝试应用这些方法制备中药微丸。

【课堂讨论】

1. 熟大黄与生大黄的功效有何不同？

2. 炒制本处方中动物药的目的？

3. 熟大黄和生大黄的成分有何改变？

4. 酒炙时，一般多用黄酒，若用白酒代替黄酒，用量如何换算？

1. 熟大黄　2. 清炒　3. 炒焦　4. 炒黄

聪明的关键是知道自己的无知。

第二节　粉碎灭菌

主题　如何制备大黄䗪虫丸原药材的细粉？

【所需设施】

①粉碎机；②DZG 型多功能中成药灭菌柜。

【步骤】

1. 人员按 GMP 一更净化程序进入粉碎岗。

2. 生产前的准备工作。

3. 原料的验收配料。

4. 粉碎

按处方量将处理后的上述原料混合后用水冷式粉碎机组粉碎。

5. 灭菌

药粉用 DZG 型多功能中成药灭菌柜灭菌。

【结果】

1. 通过粉碎、过筛、混匀、灭菌得到大黄䗪虫丸原药粉，经检验合格后，称量、计数，用洁净干燥容器盛装，加盖密封后标明品名、数量、批号，转入下一工序或中转站备用。

2. 填写粉碎工序原始生产记录。

3. 本批原料处理完毕，按 SOP 清场，质检人员作清场检查，发清场合格证。待后续不同规格或不同产品的生产。

【相关知识和补充资料】

1. 丸剂的常规制法

（1）泛制法：系指在转动的适宜的容器或机械中将药材细粉与赋形剂交替润湿、

撒布，不断翻滚，逐渐增大的一种制丸方法。以泛制法制备的丸剂又称泛制丸。泛制法用于水丸、水蜜丸、糊丸、浓缩丸、微丸等制备。

（2）塑制法：系指药材细粉加入适量黏合剂，混合均匀，制成软硬适宜、可塑性较大的丸块，再依次制丸条、分粒、搓圆而成丸粒的一种制丸方法。以塑制法制备的丸剂又称塑制丸。塑制法用于蜜丸、糊丸、浓缩丸、蜡丸等制备。由于制丸机的使用，目前塑制法已可用于水丸、水蜜丸的制备。

（3）滴制法：系指药材或药材中提取的有效成分与水溶性基质、脂肪性基质制成溶液或混悬液，滴入一种不相混合的液体冷却剂中，冷凝而成丸粒的一种制丸方法。以滴制法制备的丸剂又称滴制丸。滴制法用于滴丸、软胶囊剂（胶丸）等制备。

2. 药粉细度与丸剂的质量关系

药物粉末的细度，可分为最粗粉、粗粉、中粉、细粉、最细粉和极细粉。根据《中国药典》2010 年版规定，丸剂的粉末细度一般应为细粉，即通过六号筛（100 目）。矿物、动物类药物如朱砂、雄黄等应为极细粉，即通过九号筛（200 目）。

丸剂的粉末细度与丸剂的质量有着密切关系。由于粉末的细度不符合工艺要求，可能产生种种质量问题。而在解决丸剂质量问题时又往往忽略粉末细度这一点。与之相关的主要问题有：

（1）外观色泽不匀、粗糙：粉末细度未达到工艺要求，造成粉末混合不均匀，使丸剂成型、干燥后，丸面外观色泽不均匀而且粗糙，甚至影响药物的溶出。

（2）溶散时限不合格：片面追求丸面光洁度，随意提高粉末的细度标准，造成溶散时限超标。众所周知，丸剂的溶散主要依靠丸剂表面的润湿性与毛细管作用。丸剂成型过程中形成的无数孔隙和毛细管是丸剂溶散时水分渗透入丸内的通道，遇水后水分可迅速进入丸中，使丸剂吸水膨胀而溶散。丸剂润湿的难易对水分进入丸剂中的速度也有很大影响。因此，若任意提高粉末细度，增加了丸剂的致密程度，使丸剂润湿不易，过多的细粉更影响了颗粒间孔隙和毛细管的形成，使水分进入丸剂中的速度明显放慢，甚至难以进入丸剂中，造成溶散时限超标。中药丸剂的溶散问题是常见的老大难问题，而粉末细度对这一问题的影响不容忽视，注意泛丸用药粉不要太细，一般过五号或六号筛即可。

3. 机械泛丸操作方法不当所产生的质量问题及解决措施

机械泛丸一般指滚筒泛丸，其原理与手工泛丸一样。是利用药物本身的粘性，在水的润湿下，产生适宜的可塑性，借机械的作用，使粉末在运动中相互粘着，逐步形成细小颗粒，并继续以适宜的赋形剂润湿后加入药物细粉附着于颗粒表面，如此层层增大。同时，颗粒在滚动中渐渐被塑造成圆形。通过反复筛选，球形丸粒可达到要求的大小。中药丸剂多数由复方组成，成分复杂。因此，药物细粉在润湿过程中出现的溶解性、粘合力、分散性和对液体的吸附性也不同。对这些性质的判断和调节还需要依靠人的经验。这种技能熟练程度的差异，就可能引起产品质量的差异。主要有以下情况。

（1）圆整度不合格：针对中药丸剂成分比较复杂，每一品种的药物细粉在润湿过程中出现的溶解性、黏合力、分散性以及对液体的吸附能力不同的特点，必须注意：

①首先应根据药物的特性选择正确的起模方法，选用不当会加大起模难度；②操作时掌握好黏合剂和药粉的比例及加入时间。当黏合剂加入量太多时会造成丸药黏连或并粒；黏合剂太少在丸药的表面无法均匀分布；③加入的黏合剂本身分散要均匀，否则也会造成因吸附药粉不均匀而导致丸粒圆整度不合格；④应保证丸粒中黏合剂和每一层药粉的均匀分布以及恰当的用量。因为采用机械滚动泛丸时，由于离心力的作用，大的丸药在滚筒口，小的丸药在滚筒底，若黏合剂和药粉在丸粒表面分散不匀，将造成圆整度不合格。因此，黏合剂的加入量必须根据药物粉末的特性掌握，加入后应配合机械滚动用手从里向外充分搅动均匀；⑤黏合剂应加入机械中丸药翻滚最快的位置，待黏合剂在丸药表面充分均匀后再加药粉。药粉加入量须根据黏合剂的吸附能力掌握，宁少勿多，这样才能得到光洁圆整的丸剂。

（2）均匀度差：泛制的丸药大小不均，导致反复过筛和反复加大，消耗了人力和工时，更造成含量不合格。究其原因，同样是操作问题。主要原因和解决方法基本同上，还是每一层黏合剂和药粉的加入量以及加入的均匀度问题。泛丸操作工序一般如图4-1所示：

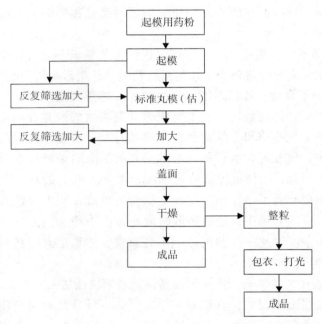

图4-1　泛丸流程图

4. 机械泛丸的起模方法、操作要点及适合的物料

机械泛丸的起模方法一般可分为粉末直接起模和湿粉制粒起模二种。

（1）粉末直接起模（俗称大开门）：本法适合于药物粉末较疏松、淀粉较多、黏性较差的物料。黏合剂一般为水、乙醇、稀药汁等。适用于可塑性较好的丸药，如甘露消毒丸等。起模时，取适量的起模用粉，置泛丸机的滚筒内，开动机器用喷雾器将水或其他无黏性或极少黏性的液体赋形剂喷洒于药物粉末上，借机器的转动及人工的搅拌和搓揉动作使粉末分散，均匀地润湿。润湿过程中，有时粉末会黏附在锅壁上，应及时用手或用有弹性无刃口的小刀铲下，保持锅壁洁净。至药物粉末润湿后至逐步相互黏着成细粒状时，再取少量粉末撒于已经润湿的粉粒上，搅和均匀，同时，不断地用手揉散锅口的结块，使粉末均匀地黏附于润湿的粉粒上，再喷洒赋形剂使其润湿。如此反复操作，使粉粒逐渐增大并呈球形，最大的丸模直径达 3.25mm 时（丸模直径大小应按欲制成品直径大小而定，一般湿丸成品直径 6.0mm 则丸模直径可定为 3.25mm），用直径 3.25mm 筛筛去大于直径 3.25mm 的大丸和团块，用 12 目筛擦碎化浆后，留待加大时用。通过 3.25mm 筛的丸粒再用直径 3.0mm 筛，筛取直径在 3.0mm 以下的丸模，继续增大，然后再筛选、分档、增大，如此反复至全部达到直径 3.25mm。操作时要注意，当药粉形成粉粒后，加赋形剂的量要适当，搅拌要均匀，要防止结块。加粉料用量也要适当，宁少勿多。如果粉量过多，不但粉粒不会增大成丸模，提高丸模增大的速度，反而会产生更多的小颗粒或细小丸模，导致起模失败。当然，也不排除有操作技术较高者在丸模量不够时，利用此步操作增加丸模量。

（2）湿粉制粒起模（俗称小开门）：此法适合于黏度一般或较强的药物粉末。黏合剂一般为水、药汁、流浸膏等，适用于可塑性一般又易并粒的丸药，如浓缩丸等。起模时，取适量的起模用粉，置泛丸机的滚筒内或其他盆、匾等容器内，加入适量的水或其他赋形剂如药汁、炼蜜、流浸膏（炼蜜、浸膏密度过大可加入适量水加以稀释）开动机器或用手搓揉，搅拌均匀至形成软材，取出，置颗粒机内过 8~12 目筛（视成丸的大小和可塑性而定，一般为 10 目），制成颗粒。然后放入泛丸机内，开动机器，立即用手推动使其滚动，注意防止滑动。稍后视颗粒的润湿程度撒入适量药物粉末，然后照粉末直接起模法，经过反复的筛选、增大至达到要求。

操作时应注意，当颗粒润湿时，应注意其完整度，不能有瘪粒、长条。若出现这种现象，可将颗粒过二次筛。若过于润湿时，可加入适量的药粉，混合后再过第二次筛。锅口处常有结块、大丸或不圆整丸，也应及时取出或筛去。起模过程要保持锅壁洁净，防止粘粒，加粉末时，粉量要适当，宁少勿多。

5. 丸剂的估模方法、适用丸剂及操作方法

估模是丸剂生产中较为重要的一个环节，是指在增大及筛选均匀的丸模前，对成模数量是否符合整批生产的用模量要求的估计判断，做到心中有数，及时取舍的步骤。如果丸模过多，会造成药粉用完时，丸药的直径还达不到规定的要求。若丸模过少，则丸模增大至规定的要求时还有一部分药粉未用完，须重新起模来补模，使生产过程重复。尤其对分层丸或裹心丸，可能造成无法挽救的质量事故。因此必须重视并操作好估模这一环节。估模方法有以下几种。

（1）经验模粉比例法：该法计算简便，便于操作，但精确性不高，适用于成品直径要求不太严格的大量生产。方法是按照泛丸的一般规律，推算每千克丸模增大至湿丸成品时的用粉量（包括丸模本身的用粉量），从而计算出本批生产应用多少丸模（丸模直径3.25mm）。见表 4－1。

表 4 - 1 经验模粉比例

丸模直径（mm）	湿丸直径（mm）	每千克丸模用粉量（kg）
3.25	5.0	3
3.25	5.5	4
3.25	6.0	5
3.25	6.25	6

上述为一般药物特性的参考数，具体生产时还必须按各品种的药粉特性，如黏性、密度、吸湿率、赋形剂的含量等灵活加减。如粉质较黏的六味地黄丸湿丸，成品直径为 6.25mm，增大时每 1kg 实际用粉量为 6.5kg。而粉质疏松的清气化痰丸湿丸，成品为 5.5mm，增大时每 1kg 实际用粉量为 3.7 kg。因此，如果把每一品种，每 1kg 标准丸模增大时所需药粉的实际用量一一规定下来，作为生产依据，那么，产品质量的可控性定会提高。

经验计算式：

$$需用丸模重量 = 投料重量 \div 每 1kg 丸模成形时的用粉量$$

（2）粒数计算法：适用于以成丸粒数或丸重为依据的丸剂生产。此法操作方便，准确性好。如：按工艺规定每料成丸数差异不得超过 ±1% 或成品有丸重标准的，即每一粒重多少或每几粒重多少，如计算需用丸模数，可用以下二种方法：①数粒称重法。将成形的丸模用数丸板数一定量的丸模数后，称重，数三份，称三份，求得平均重，再计算出丸模数。②称重数粒法。将成形的丸模，用称取一定重量后数其粒数，数三份，称三份，求得平均粒数，再计算出丸模数。

例如，一批丸剂共 350 料，要求每料成丸 100 粒，即该批丸药成丸应为：35000 粒。用一法先将丸模用数丸板数 100 粒，数三份，分别称重为 1.9g、2.0g、2.1g，平均每粒重 2.0g，即需用丸模 700g。用二法分别称三份 2.0g，粒数分别为 99 粒、100 粒、101 粒，平均每 2.0g 为 100 粒，即需用丸模同样为 700g。

又如有一批药粉重 200kg，要泛制成每粒重 0.05g 的丸药需要多少丸模？先求得丸模数 200kg ÷ 0.05g/粒 =4000000 粒，然后按上述任何一法都可求得。

6. 用泛制法增大成形的操作要点

增大成形也称加大，是将已经筛选合格的丸模加大至近湿丸成品的步骤。增大的方法和起模方法基本相同，是润湿、加粉及筛选的反复交替操作，也是丸剂成形过程中较易掌握一个工序，但仍不能忽视，以免造成不必要的质量问题。操作中要注意：①加水或赋形剂时，应随丸药的直径增大而逐渐增加；若泛制水蜜丸、糊丸或浓缩丸时，所用的赋形剂的浓度在允许情况下，也应随丸药的直径增大而逐渐提高，达到处方对赋形剂含量要求。同时，确保丸药的圆整度和光洁度。②在快速加大时，应重视操作的质量，主要是赋形剂、药粉在丸面的均匀分散。当然，加入量还必须适中，并不断地用手在锅口揉碎粉块和并粒丸，由里向外捣翻搅和，以利丸药均匀增大；③对特别黏的丸剂，应随时注意其圆整度，谨防丸群结饼、打滑。丸药在滚筒内的滚动时间要适中，过长易影响崩解，过短造成不均匀；④当增大至湿丸盖面直径要求时应及时取出，筛选，筛下的小丸继续加大。丸药取出加大时，宜适当多加一些药粉，并适当干燥，以便于筛选。但要防止因此较多粉末不能黏着于丸面而产生半湿粉屑，造成过筛困难。在小丸增大时更要防止产生小丸模（俗称头子）。⑤发现筛网黏糊时，应及时清洁，以保证丸药的均匀性；⑥对于起模、增大时产生的歪丸、并粒、粉块、或多做的丸模应随时和入水中，调成糊，过12目筛，加入赋形剂中混合，供在增大过程中随时应用。

7. 泛制法常用的盖面方法、常见的质量问题及解决方法

盖面是丸剂成形的最后一道工序，是将增大、筛选均匀后的丸药，再用赋形剂或粉末，增大至符合工艺质量要求，并将本批的药物粉末全部用完，完成湿丸成形全过程。通过盖面使丸面光洁、色泽一致。

盖面的方法有多种，应根据丸药的特性进行选择。

（1）干粉盖面：俗称"干盖面"。将丸药置于泛丸锅内，药粉加赋形剂充分湿润、搅和均匀，待丸药开始散开时，分一次或二次将药粉慢慢地撒于丸面上，至加最后一层粉时，不再湿润，经搅和均匀后迅速出锅，出锅速度一定要快，以防翻滚过头影响色泽。干粉盖面的丸药表面色泽不但一致，而且可基本保持药粉的原有色泽，比较美观。这种方法适用于色泽要求比较高又容易花面的品种。常见的质量问题有因出锅速度太慢或加入的粉不够，造成色花；粉末量加入太多或加入后还未搅匀即出锅，造成粉末脱落。因此，采用此种方法盖面时，加入赋形剂、粉末量和搅和的时间及出锅的速度是关键操作，必须掌握得当。

（2）清水盖面：操作方法与干粉盖面完全相同。只是最后不加粉而是加适量的水，待丸粒充分湿润、表面光滑后即可出锅。其丸面色泽仅次于干粉盖面。

（3）粉浆盖面：操作方法与清水盖面完全相同，只是将盖面用的水与部分药粉混成薄浆，过60目筛，作赋形剂盖面。一般用于容易花面，又不便采用上述两种方法的丸药。成品色泽较暗，但能解决色花问题，所以较常采用。

（4）丸浆盖面 操作方法与清水盖面完全相同，只是用废丸加水成浆。过60目筛或与其他赋形剂（如蜜、糊、浸膏或药汁等）混匀过60目筛，作赋形剂盖面。由于丸剂成形时或多或少总有一部分废丸产生，因此，这种盖面方法也较多采用。

清水盖面、粉浆盖面、丸浆盖面，在生产上通称潮盖面，方法相同，只是赋形剂不同。因此，产生的质量问题也基本相同。如色花、崩解不合格、丸药并粒、粘连等。主要是在操作过程中，赋形剂未搅匀或量不够易产生色花；赋形剂量多未搅散易产生并粒、粘连；出锅时为了追求光洁度，滚动时间太长造成溶散不合格。因此，在湿盖面时一定要掌握好赋形剂和粉末的加入量。特别是粉末量，一般应控制在90%，即需加入1kg的量者，只加0.9kg，以保证丸药的光洁度。出锅时，当丸药达到光洁度即出锅，与干盖面一样出锅速度要快。对一些黏性较大，易并粒的丸药，出锅时可适当加一些麻油、液状石蜡等，以防止粘连、并粒、结块，注意加入量不宜过多，以免影响溶散和色泽。

盖面特别强调统一，大生产时俗称的"统一盖面"，是将一批丸药统一增大至一定直径，如成品6.25mm，增大至6.0mm时盖面。但大生产有时很难做到，多分为

5.75mm 和 6.0mm 两个规格。根据泛丸锅容量将准备盖面的丸药平均分成若干份，然后将多余药粉相应平均分成若干份数，再把多余的赋形剂也相应平均分成若干份数。赋形剂量应根据多余药粉的吸湿率及盖面的方法决定，如量不够可用水来调整，调整后的赋形剂应过 60 目筛，以防不均匀。如量多可适当浓缩。二个规格同样平均分成二个规格的若干份，一般丸药直径相差 0.25mm，小规格用粉量是大规格用粉量的一倍，赋形剂是 0.5 倍。待分份工作结束后即可开始盖面。统一盖面相当重要，不但要将丸药、粉末和赋形剂分份，而且操作方法也必须统一，虽然表面上看似浪费一点工时，但能确保盖面的质量。大生产有时为了追求产量和速度往往忽视这一工序，造成各种各样的质量问题，如色花、溶散时限不合格、丸重差异不合格等等。

8. 泛制丸常用的干燥设备、干燥时常见的质量问题及解决方法

用泛制法制得的潮丸，含水量一般都较高，容易变质。因此，盖面后的潮丸必须及时干燥，使其含水量达到工艺规定的标准。除另有规定外，一般均应在 80℃ 以下进行干燥。含芳香挥发性成分或遇热易分解成分的泛制丸应在 60℃ 以下干燥。对于丸质松散、吸水率较强、干燥时体积收缩性较大、易开裂的丸药宜采用低温焖烘。对色泽要求较高的浅色丸及含水量特高的丸药，应采用先晾、勤翻、后烘的方法，以确保质量。

泛制丸的干燥设备较多，有隧道式烘箱、热回风烘箱、真空烘箱、红外线烘箱、电烘箱、沸腾床烘箱等等。大生产常用隧道式烘箱、热回风烘箱、真空烘箱三种。

（1）隧道式烘箱：①以蒸汽为热源，经散热器、鼓风机将热风送入隧道式烘道，烘道长约 20m 左右，一次能烘 500～700kg 丸药。该烘箱结构简单，造价低，温差小，易控制，易操作，适合大生产。缺点是不适应多品种、小批量的生产。②以微波为热源，隧道长 10m 左右，经输送带速度调节干燥时间，干燥周期短，大大提高了生产效率，已在水丸的生产中得到广泛应用。

（2）热回风烘箱：以蒸汽为热源，经散热器、鼓风机将热风循环于干燥箱内进行干燥。该烘箱是药厂最普遍采用的一种。它的干燥能力虽不及隧道式烘箱，但适合多品种、小批量、大批量的生产。缺点是箱内上下、前后、左右温差较大，干燥时上下、前后，必须换位、勤翻。

（3）真空烘箱：以蒸汽为热源，经散热管、发热板并同时抽真空进行干燥。该烘箱价格高，容量小，以蒸汽为热源，需配备真空泵。因此，费用较高。一般大生产不采用。但是对浅色丸，特别是难以溶散、崩解的丸药较为适宜。用真空烘箱干燥的丸药疏松、溶散、崩解好，色泽好。

泛制丸的设备和干燥效率与设备类型及操作方法密切相关。由于设备缺陷加上操作不当，经常会出现如下质量问题：①色泽不均，俗称色花。有的一半深一半浅也称"阴阳面"。"阴阳面"的产生主要是干燥问题。一般潮丸含水量在 30%～40% 左右，甚至更多。干燥盛皿都用竹匾、铝盘或不锈钢盘。丸药在盛皿中堆积，厚度少则 2～3cm，多则 4～5cm，当丸药受热至内外温度一致后，特别是高温，大量水分开始蒸发，表面层由于无阻挡，干燥最快，随着堆积层的增厚，越是内层水分越难蒸发。又因含水量高，水分开始往下沉，下沉的速度超过蒸发速度，使水结聚在丸底部，俗称"汀水"，加上干燥箱内温差，如果不及时翻动，水分就不能均匀蒸发，就形成"阴阳面"。解决方法主要是干燥时须及时翻动，而且比一般丸药翻动次数要多。在条件许可的情况下，最好先晾至半干（特别是颜色丸）后再进干燥箱低温干燥；②不规则色花，色泽深浅不一。一是因盖面时赋形剂和药粉未加匀造成，二是由于在干燥时烘箱本身温差太大，加上干燥时翻动不及时所造成。解决方法是用水或其他赋形剂重新盖面、低温干燥。有的品种重新盖面后，应先晾4小时左右，再低温干燥。但干燥时仍需加倍勤翻。③含水量不合格。操作时勤检测即可控制。④溶散、崩解时限不合格。虽影响丸剂溶散、崩解时限的因素有多方面，包括处方组成、粉末细度、赋形剂选择、操作方法、盖面方法和干燥等。但是，干燥是重要一环。由于干燥设备温差太大、温度的选择和操作不当都会造成溶散时限不合格。只要勤翻，一般都能解决。如果是全部产品不合格则应观察其超过多少时间。若超过规定时限5分钟左右，通常降低干燥温度即能合格。如已经采用低温干燥，则可改为先晾后烘。超限时间较长应考虑真空干燥或从全过程中去考虑修改工艺。

9. 泛制丸打光的质量问题及解决方法

泛制丸的打光质量与打光的方法、所用的辅料，以及打光时的温度、湿度有关。如何根据品种的特性选择方法、材料和操作时的温度、湿度，对保证泛制丸的打光质量至关重要。

（1）打光的方法 常用的有：①干打光。即先将丸药干燥至一定含水量，再用工艺规定的辅料进行包衣，俗称"回衣"后，用冷、热风进行打光。一般适用于直径6.0mm左右的丸剂，特别是浓缩丸；②潮打光。将丸药成形后，不干燥就用工艺规定的辅料进行包衣后，用冷、热风进行打光。一般适用于直径2.5mm以下的丸剂，大多为微丸。

（2）辅料的选择 丸剂打光的辅料选择比较复杂。一般辅料有滑石粉、石蜡、液状石蜡、羟丙基甲基纤维素、氧化铁等。也可以是处方中的药物做打光的辅料。在一定的温度和湿度下，有的材料本身会起光，如代赭石；有的结合后会起光，如百草霜和浸膏，二者一结合就会起光；有的则要靠光亮剂起光，如石蜡、羟丙基甲基纤维素等。因此，如何根据品种的特性选择适当的辅料极为重要，对打光的难易也起着关键作用。特别是新品种的研制更应反复调整，为大生产的工艺稳定打基础。

（3）温度与湿度 丸药的起光与打光的方法和辅料的选择关系密切。但是，在操作时如何根据品种的特性，控制好温度与湿度更为重要。起光与丸药表面的辅料含水量、温度密切相关，在一定时间内掌握好特定温度与湿度是打光成败的关键，否则即便有正确的方法和适当的辅料，还是不会起光。

（4）常见质量问题与解决方法 ①不起光。有时经正常时间或超过所需正常时间打光后还不见光，或是见暗光。此时应首先检查所用的辅料是否合适，若是辅料问题应更换辅料。此外，一般也可能是温度与湿度掌握不当，特别是湿度，每一个品种都有它特定的起光湿度，过干和过潮都有可能造成不起光。其中过干更易造成不起光。如遇过湿，可适当增加热风量或冷风量，时间稍长一点，只要不粘锅仍然能起光。有时，适当加一点干燥的滑石粉也能起光。②露底。制品虽然较光亮，但表面的回衣色已露底，造成色泽不匀。这种情况的出现，一是回衣时赋形剂黏合力不够，增加黏合力即可解决；二是回衣色过潮，打光时造成大量黏锅，损失了回衣量所造成。因此，发现黏锅现象，应立即停止打光，停车，翻滚，待稍干后继续打光，一般都能很好地改善。如打光已结束，应进行返工，重新盖面。盖面时应加大黏合力。因经过打光后的丸药表面已很光洁，如不加重黏合力，很可能造成脱衣，即"脱壳"。重新打光时，温度应比原来的低，风量比原来的小，因为这时水分挥发要比原来的快。二次打光难度较大，应特别注意。③脱衣。俗语称"脱壳"。打光后，有部分丸药出现小点或大面积脱衣，即脱壳的现象。除辅料种类外，主要是黏合剂用量不够造成。有时由于丸面过于光洁，在盖面时，辅料与丸面的黏结力降低也会造成。这时，除适当增加黏合剂外，还应注意丸面不要过分光滑，以免产生脱衣现象。

10. 适宜做微丸的药物及工艺设计应注意问题

微丸由于剂量小，工艺复杂，技术难度大，成为中药丸剂中的极品。中药成分复杂，大多为复方，不但黏度较强而且剂量大，故较难研制。但正是由于剂量小，技术较难攻破，经济效益却好，就受到企业和科研人员的青睐。

微丸剂载药量小，一般丸重多在 3 ~ 18mg 左右。故多为剂量小的贵细药物选用。如野山参、牛黄、珍珠、蟾酥、麝香、苏合香脂、冰片等。精制的中药提取物也可选用。一般原料药如黄芪、甘草、磁石等，则由于剂量太大不宜制成微丸。

设计微丸工艺路线时应注意如下问题。

（1）药粉细度：制备微丸首先应考虑药粉细度问题。微丸药粉细度一般在 120 ~ 200 目之间。由于微丸直径小，在 1.5 ~ 2.5mm 左右。如果药粉达不到 120 目以上的细度，微丸的圆整度和表面的光洁度是无法保证的。微丸的直径越小对细度的要求越高。这样的细度，如果用泛制法起模就无法进行，起模时将会出现只增多不加大的现象。

（2）粉碎和混合：粉碎方法常采用各研与共研二种。一般采用各研细粉过 100 目筛，共研细粉过 120 目以上筛的方法，以确保药粉的细度和均匀性。各研细粉可根据药物的特性选择粉碎设备，共研细粉一般都采用球磨设备。但是，在方中药物特性基本一致的情况下，也可采取共研细粉过 100 目筛，然后再采用球磨设备过 120 目以上筛的方法。

（3）赋形剂的选择：微丸赋形剂的选择应根据药粉本身的粘度、可塑性而定。需有的放矢，更应注意大生产的可行性和可操作性。赋形剂的选择包括成形粘合剂、盖面材料和打光材料三大类，实验时应多选几种加以比较，从可塑性和丸面的光洁度二方面反复验证后才能确定。选择粘合剂的粘度时宜弱不宜强，一般为水、乙醇、大曲。选择盖面材料的颜色时宜深不宜浅。因丸小深色较易操作。打光材料应根据盖面材料而定，选择容易起光的材料如石蜡等，若能利用盖面材料本身起光则更佳。

（4）成形方法：微丸的成形方法一般为泛制法。有手工泛制也有机械滚动泛制。随着制药机械的发展也出现了挤压滚圆和机械喷射等方法。研制时应根据产品的特性进行选择。但无论哪一种方法都应以圆整度、光洁度、均匀度及制备的效率作为选择的标准。

（5）盖面和打光：微丸因直径小，为防止脱衣一般都采用潮盖面。首先要做到丸面光洁才能盖面。打光方法有潮打光和干打光二种，一般直径2mm以下最好采用潮打光，即边干燥边打光。直径2mm以上，2.5mm以下的，一般采用干打光。要特别注意干打光丸药的含水量控制，以确保打光的一次成功。

【课堂讨论】

1. 药粉适合长期贮存吗？
2. 药材粉碎前和粉碎后灭菌各有何优缺点？
3. 中药原料灭菌的方法还有那些？
4. 泛制丸常用的干燥设备有哪些？干燥时常见的质量问题及解决方法？

 词汇积累

1. 手控运行　2. 自控运行　3. DZG型多功能中成药灭菌柜　4. 触摸屏

 今日思考

事实永远存在着，只是有时被忽略了。

第三节　炼　蜜

主题　如何炼制丸剂所用的蜂蜜？

【所需设施】

①夹层锅；②3～4号筛网。

【步骤】

1. 人员按GMP一更净化程序进入炼蜜岗。
2. 生产前的准备工作。
3. 物料的领取验收。
4. 炼制

在蜂蜜中加入沸水使溶化、并适当稀释，通过3～4号筛以滤过杂质。滤液置夹层锅中加热，并不断去沫搅拌，至蜂蜜温度达116℃。

【结果】

1. 通过炼制得到适合大黄䗪虫丸使用的中蜜。

2. 填写炼蜜工序原始生产记录。

3. 本批蜂蜜炼制完毕，按 SOP 清场，质检人员作清场检查，发清场合格证。待后续不同规格或不同产品的生产。

【相关知识和补充资料】

1. 蜂蜜的选择

蜂蜜选择的目的是为了保证蜜丸的质量，使制成的蜜丸柔软，贮存期不变质。我国幅员辽阔，植物繁茂，蜂蜜由于蜜源不同，其外观形态和各种成分含量也不完全相同。北方产的蜂蜜一般含水分较少，而南方产的蜂蜜含水分较多；其相对密度也不一样。过去根据蜜源花种、蜜液的外观形态、气味、浓度等指标将蜂蜜划分成四等级（详见有关文献），较为复杂，结合中国药典指标及生产实践，用于制备蜜丸的蜂蜜应选用半透明、带光泽、乳白色或淡黄色，稠厚糖浆状液体或凝脂状半流体，25℃时相对密度为 1.349 以上，还原糖不少于 64.0%，用碘试液检验无淀粉、糊精，有香气，味纯甜而不酸、不涩、不麻，清洁而无杂质。个别地区，由于蜜源是乌头花、曼陀罗花、雪上一枝蒿等有毒花朵，所酿成之蜜汁稀而色深，味苦麻而涩，有毒，切勿药用。

另有一种人造蜂蜜。由于生产的发展，对蜂蜜的需要量日增，同时由于各种原因致使蜂蜜质量极不稳定，据研究报道有用果葡糖浆代替蜂蜜生产蜜丸、糖浆剂、煎膏剂等。果葡糖浆又称人造蜂蜜，是由蔗糖水解或淀粉酶解而成。研究结果表明果葡糖浆与蜂蜜在外观指标、理化性质及所含主要成分果糖和葡萄糖的含量等均基本相似或略超过。

药效学试验结果表明果葡糖浆与蜂蜜同样具有镇咳、通便、抗疲劳的作用，但对免疫和镇痛无影响。

用果葡糖浆生产大、小蜜丸的质量与应用蜂蜜基本相似。留样观察表明两者均无明显差异。

果葡糖浆在国外早已大量进入食品饮料中，是逐步取代蔗糖等的新糖源，用果葡糖浆制备蜜丸有利于保证中药制剂的质量，且能简化工艺，降低成本。

2. 炼蜜的规格及炼制方法

蜂蜜的炼制系指蜂蜜加热熬炼的操作。得到的制品称炼蜜。蜂蜜中含有较多的水分和死蜂、蜡质等杂物，故应用前须加以炼制，其目的是除去杂质，破坏酶类，杀死微生物，降低水分含量，增加粘合力。

炼蜜由于炼制程度不同分成三种规格，即嫩蜜、中蜜（炼蜜）、老蜜，可根据处方中药材性质选用。传统的炼制法多采用常压炼制，即在蜂蜜中加入沸水（或蜂蜜中加水煮沸），使溶化，并适当稀释，通过三至四号筛网以滤除杂质，滤液置铜锅中加热，并不断去沫、搅拌，至需要程度。

（1）嫩蜜 蜂蜜加热至 105～115℃，含水量在 17%～20%，密度为 1.35 左右，色泽无明显变化，稍有黏性。嫩蜜适合于含较多油脂、黏液质、胶质、糖、淀粉、动物组织等黏性较强的药材制丸。

（2）中蜜（炼蜜）　　嫩蜜继续加热，温度达到 116～118℃，含水量在14%～16%，密度为1.37左右，出现浅黄色有光泽的翻腾的均匀细气泡，用手捻有黏性，当两手指分开时无白丝出现。中蜜适合于黏性中等的药材制丸，大部分蜜丸采用中蜜制丸。

（3）老蜜　　中蜜继续加热，温度达到 119～122℃，含水量在 10% 以下，密度为1.40左右，出现红棕色光泽较大气泡，手捻之甚黏，当两手指分开出现长白丝，滴入水中成珠状。老蜜黏合力很强，适合于黏性差的矿物质或纤维质药材制丸。

炼蜜程度除由制丸药材性质而定外，与药粉含水量、制丸季节、气温亦有关系，在其他条件相同情况下，一般冬季用稍老蜜，夏季用稍嫩蜜。

目前，多半药厂采用减压炼制，即将蜂蜜经稀释滤过除去杂质后引入减压罐炼制至需要程度。该法时间短，工效高，卫生条件好，蜜液澄明清亮、色橙红，气味芳香，含水量 16%～18%，黏度适宜。减压炼制以沸点判断炼制程度有困难，可采用含水量结合相对密度方法来控制，具有一定的实践意义。有人就减压、常压炼制方法对蜂蜜成分的影响作了比较研究，结果表明，当用两种方法得到的炼蜜含水量接近时，绝对黏度常压炼蜜比减压炼蜜略高，但无显著差异；酸度比较减压炼蜜无变化，而常压炼蜜则随温度升高酸度增加；5 - 羟甲基糠醛的含量，常压蜂蜜与减压炼蜜均有增加，而常压炼蜜则更明显；淀粉酶值测定，减压炼蜜不改变由于常压炼蜜部分果糖被破坏，使葡萄糖比例增高，蜜丸质地硬结、粗糙、滋润性略差，而减压炼蜜果糖含量相对高于常压炼蜜，使蜜丸质地柔软、细腻、滋润。但是，有人对减压炼制持不同意见。认为常压直火炼制，不仅是除去蜂蜜中水分，还伴随着复杂的氧化、聚合、裂解等多种物理、化学过程。所炼成的蜂蜜与减压法相比较，无论在外观、色泽、黏度等方面都有区别。

【课堂讨论】

1. 如何判断三种规格的炼蜜？
2. 质量好的蜂蜜哪种糖较多？
3. 生蜜保存不当容易发酵变质，如何鉴别已发酵的蜂蜜？
4. 如何通过性状、臭味简单鉴别蜂蜜的质地优劣？

 词汇积累

1. 炼蜜　2. 嫩蜜　3. 中蜜　4. 老蜜

 今日思考

不讨论去解决问题比讨论而不解决问题更好。

第四节　制　丸

主题　如何制备小蜜丸？

【所需设施】

①炼药机；②制丸机；③药匾。

【步骤】

1. 人员按 GMP 一更、二更净化程序进入制丸岗。
2. 生产前的准备工作。
3. 药粉的领取验收，核对品名，批号，数量。

4. 用槽形混合机制丸块

（1）准备工作

①检查混合箱是否清洁，给机器各部位加注润滑油。

②检查电源是否正常。

（2）操作程序

①接通电源，进行空运转试车，按各按钮运转正常后，即可投入生产。

②按药粉：炼蜜 = 1:0.8 ~ 1 的比例加入物料，以浸没搅拌浆为宜，盖好口盖。

③按下浆叶开按钮，开始搅拌。

④待物料达到工艺要求后，（优良的丸块应能随意塑形而不开裂，手捏而不粘手，不粘附器壁为宜。）按下浆叶停按钮，停止搅拌。

⑤先将盛料箱放入机架前，将口盖取下，按下倒桶按钮，倒出物料，最后按复位按钮，把混合箱置于上位。

⑥倒桶与复位按钮不可同时按住，以免造成短路。

⑦运转中遇到紧急破坏情况，可按下紧急按钮切断总电源，予以情况进行排除后，方可开车。

5. 用炼药机炼制丸块

（1）工作

①开机前对机器各不同部位加注不同润滑油，齿轮和三个油环加黄油，料仓内的三角块两端加食用油，以免污染药物。

②开机空运转，听声音有无异常，只有在一切正常的情况下才允许投入使用。

（2）开机

①合上组合开关接通电源，顺进料口倒入物料，按启动按钮开始炼制。

②如果炼合较干的药物如"水丸"，可把出料口取下炼合。

③物料的软硬可根据工作需要炼合次数多少来调整。

④炼药时应注意不要将干药块放入机器中挤压以免造成设备损坏。

⑤工作过程中发现异常情况，应立即停机，请专业人员进行认真检查。

⑥工作完毕，打开出料口倒出物料。

（3）注意事项

①机器注油或料仓清洗需将上面托盘移开时，一定要将组合开关放在关的位置，以免按钮带电对人身造成伤害。

②打开前门进行电气维修时，该机所有开关均不得带电，避免造成触电事故。

③减速机内加35#机油，除减速机半年加一次油外，其余均需运行500小时加一次油。

④料仓内三角块应相对转动属于正常。

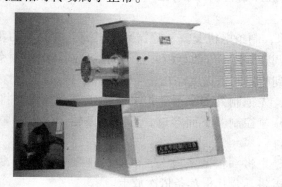

图4-2　炼药机

6. 取出丸块须立即用 YUJ-17A 型制丸机制条搓丸（图4-3）

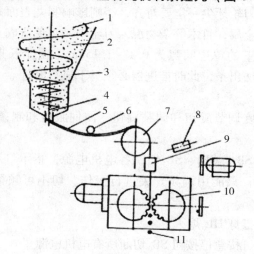

图4-3　中药制动制丸机工作原理示意图

1. 推进器　2. 药坨　3. 料斗　4. 出条片　5. 药条

6. 自控轮　7. 导轮　8. 喷头　9. 导向架　10. 制药刀

11. 药丸

（1）准备工作

①根据制丸需要把工作选择开关 SA 手动或自动，反调频开关 SA_1 关闭。

②把伺服机速度调节旋钮 RP 和制条机调频旋 RP_3 反时针调至最低位置，合上低压

断电器 $QF_1 - QF_2$，电源指示灯 HL_0 燃亮。

（2）正常操作

①先后启动各电机。

②按启动按钮 SB_4 搓丸电机启动，指示 HL_1 燃亮，电机旋转方向从电机皮带轮端看为逆时针旋转，绝不可以相反。

③按启动按钮 SB_6 伺机准备启动，接通数字电压表和数字电流表电源，此时两数字表均显示为零，约经过 2 秒左右指示灯 HL_2 才开始燃亮，只有在这时才可以缓慢转动速度调节旋钮 RP，伺服机开始转动，HL_2 指示灯未燃亮前，绝对不可以转动 RP 调速旋转钮。

④按启动按钮 SB_2，制条电机交流变频器数显燃亮，并显示为零，把调频开关 SA_1 板向开，顺时针转动调频旋钮 RP_3 数显板，显示的就是制条电机频率，制条电机速度随频率增加，而增加直到所需制条进度停止，转动调频旋钮。

⑤打开酒精开关，先把制丸刀润滑。把丸块加入料仓桶内。将制出的药条放在测速发电机轮上，并从减速控制器下面穿过，再到送条轮上，通过顺条器进入制丸刀轮进行制丸。

⑥工作开始一般是先将一根落条放上，通过测速发电机轮和减速控制器，待进一步确认速度调好后，再将其余几根落条依次放上。

⑦在生产过程中可通过更换出条 D 与制丸刀来制出所需直径的药丸。本丸 4~5 丸重 1 克。

⑧更换刀轮时，两刀轮牙尖一定要对齐，否则影响制丸表面光滑度。

⑨制丸过程中严禁金属，竹木等杂物混入刀轮中，以免造成刀轮损坏。

⑩推进器与料仓筒壁的单边间隙为 0.1~1.15mm，由于长期磨损造成间隙过大，使出条速度减慢甚至无法出条，此时推进器必须拆下进行修理。

（3）关机

①先反时针转动速度调节旋钮和调频旋钮，使伺服机和制条机停止转动，并把调频开关扳向关。

②依次按停止按钮 SB_1、SB_2、SB_3 切断各电机电源，指示灯和变频器数显均熄灭。如果短时间停止制条机，只能用调频开关进行操作，切不可频繁操作 SB_1、SB_2 按钮，以免损坏变频器。

③切断整机电源，指灯 HL_0 熄灭。

④遇有紧急情况，可按急停按钮 SB_0 切断所有电机电源。

⑤工作结束后应将料仓和刀轮上的残留物清洗干净。

【结果】

1. 通过制丸块和制丸得到成丸，稍放置待表面不互相粘连时，经检查验收合格即可分装。

2. 填写制丸工序原始生产记录。

3. 本批产品生产完毕，按 SOP 清场，质检人员作清场检查，发清场合格证。待后续不同规格或不同产品的生产。

【相关知识和补充资料】

1. 槽型混合机的维护保养

（1）不得过载运行，混合时负载电流不超过 6 安培为正常。

（2）搅拌浆两轴端应保持清洁，混合槽两端外档的方孔必须畅通，否则会引起反压力，造成污物渗入轴心污染槽内物料。

（3）经常检查三角带是否松弛，加以调节。

（4）注意对设备做到日日清洗，消毒。

2. YUJ－17A 型制丸机维护与保养

（1）机器在运行过程中，须保证油箱的油面光度。

（2）减速机定时保养，3~6 个月换油一次，并将内部油污冲净。

（3）按急停按钮停电后，要想重新启动必须等 5 分钟后才能通电，以免损坏变频器。

（4）如是水蜜丸、水丸、浓缩丸，成丸后还须及时进行干燥，现多采用微波隧道干燥。

3. 塑制丸常见的质量问题及解决办法

塑制法是丸剂中最古老的制丸方法，大多为大粒丸，以纯蜜丸为主。随着制剂工艺的发展，目前小蜜丸和大蜜丸、浓缩丸、水丸都能塑制法生产。在生产过程的以下工艺环节中，由于操作不当，常会造成质量问题：

（1）和药：将已混合均匀的药物细粉，按处方规定用量，加入适宜的赋形剂，混合制成软硬适度、可塑性好的软材。也称"和坨"。大生产采用双浆搅拌机进行。最常见的质量问题是色泽不均。造成原因一是粉末搅拌混合时间不足，尤其是冰片、麝香等芳香性后加药物粉末，搅拌时间应按药物粉末和赋形剂的特性而定，过长和过短都可能造成色泽不均。二是炼蜜、淀粉糊在和药前都应过筛，才可避免产生花点。另外，混合温度不能太低。特别是炼蜜温度太低很容易造成混合不均，产生色泽不均。

（2）出条：出条对塑制丸质量至关重要。直接影响到丸药的光洁度和丸重差异。造成出条不光洁、粗细不一致的主要原因是，软材存放的时间和出条时软材的温度掌握不当所致。每一品种混合后的软材都有它特定的温胀时间，即药物粉末和赋形剂混合后，药物粉末膨胀所需的时间。该过程与时间、温度有关。如果膨胀不透，在出条时就会造成毛条，不光洁。另外，药物粉末和赋形剂的配比也应有一定的比例，虽然工艺上已有规定，但是，还应根据每一批药粉的吸湿率进行微调。如果赋形剂过量或温度过高会造成软条或粗细不一。反之，赋形剂太少或温度太低会造成硬条。因此，在药物粉末和赋形剂配比恰当的情况下，还应掌握好温胀的时间和出条时的温度，以保证出条光洁和粗细一致，为分粒和搓圆打好基础。

（3）分粒与搓圆：一般采用轧丸机完成分粒与搓圆。轧丸机有双滚筒和三滚筒二种。因三滚筒比双滚筒制得的丸药圆整度和光洁度都更好，目前多采用三滚筒。一般合格的出条都能得到合格的丸药。但有时小蜜丸机会碰到轧丸和出现软瘫，不能分粒、搓丸的现象，这与温度有关。温度太低，轧丸，温度太高又造成软瘫。因此，温度对塑制丸质量影响很大，必须全过程严格控制。尤其是冬天，必要时可采取保温措施。

（4）干燥：塑制法成丸后，纯蜜丸由于所用的蜂蜜经过炼制，蜜的含水量已控制在一定范围，通常成丸后即可包装，不须经过干燥，以保持丸药的滋润状态。但应注意成丸后必须吹冷，以防止并粒和变形。

4. 大黄䗪虫丸处方、制法

熟大黄 300g　土鳖虫（炒）30g　水蛭（制）60g　虻虫（去足翅，炒）45g

蛴螬（炒）45g　干漆（煅）30g　桃仁 120g　苦杏仁（炒）120g　黄芩 60g　地黄 300g　白芍 120g　甘草 90g

以上十二味，粉碎成细粉，过筛，混匀。每 100g 粉末用炼蜜 30～45g 加适量的水泛丸，干燥，制成水蜜丸；或加炼蜜 80～100g 制成小蜜丸或大蜜丸，即得。

5. 大黄䗪虫丸工艺流程图（图 4-4）

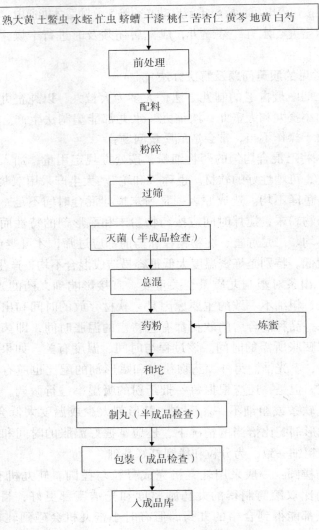

图 4-4　大黄䗪虫丸工艺流程图

6. 中药丸剂定义　系指饮片细粉或提取物加适宜的黏合剂或其他辅料制成的球形或类球形制剂，分为蜜丸、水蜜丸、水丸、糊丸、蜡丸和浓缩丸等类型。

蜜丸：系指饮片细粉以蜂蜜为黏合剂制成的丸剂。其中每丸重 0.5g（含 0.5g）以上的称大蜜丸，每丸重在 0.5g 以下的称小蜜丸。

水蜜丸：系指饮片细粉以蜂蜜和水为黏合剂制成的丸剂。

水丸：系指饮片细粉以水（或根据制法用黄酒、醋、稀药汁、糖液）为黏合剂制成的丸剂。

糊丸：系指饮片细粉以米粉、米糊或面糊等为黏合剂制成的丸剂。

蜡丸：系指饮片细粉以蜂蜡为黏合剂制成的丸剂。

浓缩丸：系指饮片或部分饮片浓缩后，与适宜的辅料或其余饮片细粉，以水、蜂蜜、或蜂蜜和水为黏合剂制成的丸剂，根据所用黏合剂不同，分为浓缩水丸、浓缩蜜丸和浓缩水蜜丸。

7. 丸剂常规检验项目

（1）外观检查　丸剂外观应圆整均匀，色泽一致，大蜜丸和小蜜丸应细腻滋润，软硬适中。

（2）水分　取供试品按照《中国药典》一部附录水分测定法项下的烘干法或甲苯法测定，除另有规定外，大蜜丸、小蜜丸、浓缩蜜丸中所含水分不得超过 15.0%，水蜜丸、浓缩水蜜丸不得超过 12.0%，水丸、糊丸或浓缩水丸不得超过 9.0%，微丸按其所属类型的规定判断。

（3）重量差异　按丸服用的丸剂，按照《中国药典》2010 年版一部附录第一法检查，按重量服用的丸剂，按照《中国药典》2010 年版一部附录第二法检查。滴丸按照《中国药典》2010 年版二部附录检查。

（4）溶散时限　除另有规定外，照《中国药典》2010 年版一部崩解时限检查法检查，水蜜丸，小蜜丸、水丸应在 1 小时内全部溶散；浓缩丸、糊丸应在 2 小时内全部溶散；微丸的溶散时限，按所属丸剂类型判定；滴丸应在 30min 内溶散，包衣滴丸应在 1 小时内溶散。

（5）装量差异　按一次（或一日）服用剂量分装的丸剂应作装量差异检查，其装量差异限度不得超出规定。

除以上丸剂剂型通则必须检查的项目外，根据各丸剂的具体处方应作定性鉴别、主药含量测定、特殊杂质检查及卫生学检查等。

【课堂讨论】

1. 如何判断丸块的优劣？
2. 影响丸块质量的因素有哪些？
3. 丸剂的防菌灭菌措施有哪些？
4. 丸剂溶散超时限的原因与措施有哪些？

 词汇积累

1. 蜜丸　2. 水丸　3. 浓缩丸　4. 水蜜丸

 今日思考

会管理时间和自我激励是现代人必备的素质。

第五章

糖 浆 剂

第一节 中药材的前处理

主题 保儿宁糖浆原药材如何净选与炮制？

【所需设施】

①洗药机；②往复式切药机；③台秤；④烘房；⑤盛器；⑥炒药机。

【步骤】

1. 人员按 GMP 一更净化程序进入前处理岗。

2. 生产前的准备工作。

3. 原辅料的验收配料。

4. 原药材水制

（1）将按生产处方要求定额领取的黄芪、芦根、山药、茯苓、白术、防风、鸡内金原药材，筛拣，除去灰渣、泥沙、杂质等非药用部分。

（2）用洗药机洗涤（具体操作见第一章）。

（3）用往复式切药机切药、烘房干燥（具体操作见片剂第一章）。

其中，白术按大小分档润透，切厚片、干燥。山药润至八九成透，切厚片、干燥。黄芪按大小分档稍润，切厚片、干燥。

5. 炒药

用电热炒药机（图5-1）麸炒白术、山药、黄芪。

（1）开机前检查抽斗，螺丝是否松动，两电热管间是否相碰，如有则给予拧紧和分开，否则会造成断路和电热管烧坏，然后把抽斗推上，机体外壳应设有牢固的接地装置。

（2）打开控制箱门，把空气开关拨向通的位置，控制箱两红灯和温控仪红灯亮。

（3）加热升温时的步骤按自动加热Ⅱ和手动加热Ⅰ按钮开关，此时，10支二组加热管全部工作，即红灯灭，Ⅱ、Ⅰ绿灯亮，同时温控仪绿灯亮，红灯灭说明温度上升，同时按"筒正转"按钮，即红灯灭，绿灯亮。

（4）把温控仪调至所需要的温度，应分3~4次逐步调上为好。

（5）当温度升至150℃左右，即可打开炒药机上部门，加热进行炒药。

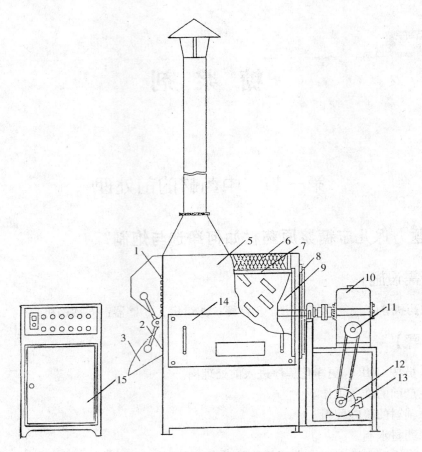

图 5 - 1　电热炒药锅结构示意图

1. 进料口盖　2. 出料口盖　3. 出料口　4. 烟筒　5. 机体　6. 保温层 7. 筒体　8. 后盖　9. 离心器
10. 涡轮箱　11. 被动轮　12. 主动轮　13. 电机　14. 电加热总成　15. 电器箱

①炒山药，取麸皮置于药筒内，中火加热至冒烟，倒入山药片，炒至表面淡黄色，取出放凉，筛去麸皮。

②同法炒制白术，炒至表面深黄色，有香气逸出放凉，筛去麸皮备用。

③炒黄芪，取炼蜜加适量的水稀释后加入黄芪中拌匀，闷透，置药筒中用文火炒至黄色，不粘手，放凉。如温度达到所需温度时，加热Ⅱ和加热Ⅰ会自动停止加热，即两绿灯灭，红灯亮，同时温控仪红灯亮，绿灯灭，如低于时，温控仪绿灯亮，红灯灭。

④出料反转，按"筒停"按钮，即红灯亮，绿灯灭，再按"筒反转"按钮，即红灯灭，绿灯亮，以此往返运行。

⑤停机时，先停加热Ⅱ和加热Ⅰ按钮及开关，筒体内物料全部出完后，让筒体空转半小时左右即可关闭电机，否则筒体会变形。

⑥工作完毕应关闭空气开关，切断电源。

【结果】

1. 处方中的原药材被加工为能满足工艺需要的炮制品。

2. 写前处理工序原始生产记录。

3. 本批原料处理完毕，按 SOP 清场，质检人员作清场检查，发清场合格证。待后续不同规格或不同产品的生产。

【相关知识和补充资料】

1. 整理炮制依据　《中国药典》现行版一部，《江苏省中药炮制规范》。

2. 麸炒　一般每 100kg 药物，用麦麸 10～15kg。麸炒后可增强山药、白术补脾的作用。操作时，注意火力大小适当，防止药物炒焦粘麸。

3. 蜜炙　每 100kg 黄芪，用炼蜜 25～30kg。蜜炙是炮制学的重要方法之一，对蜜炙类药物起着减毒、增效的作用，如炙黄芪、炙甘草等，蜜炙能起到协同作用，增强药物补中益气的功效。

4. 原药材干燥温度　应视药材的性质而灵活掌握。一般性药材以不超过 80℃ 为宜，含芳香挥发性成分的药材不超过 60℃ 为宜。

5. 其他中药材干燥设备　除常见的烘房、烘箱静态干燥外，还有红外、远红外及微波隧道式动态干燥设备。

6. 电热炒药机维修及保养

（1）定期向转动部位，注润滑油及高温黄油，蜗轮箱内机油一般一季度更换一次。

（2）定期对远红外加热管和加热装置的绝缘程度，进行检查和检测。

（3）定期检查接地装置是否牢固。

（4）清理及维修时，务必切断电源。

7. 保儿宁糖浆前处理的工艺流程

备料→筛拣→洗涤→切制→干燥→麸炒或蜜炙

【课堂讨论】

1. 麸炒的作用有哪些？

2. 蜜炙的作用有哪些？

3. 中药炮制的目的有哪些？

4. 中药炮制大体上可分为哪几类？

1. 麸炒　2. 蜜炙　3. 糖浆剂　4. 电热炒药机

没有主见比心狠更糟糕。

第二节 提 取

主题 如何提取保儿宁糖浆原药材的有效成分？

【所需设施】

①多功能中药提取罐；②减压浓缩罐。

【步骤】

1. 人员按 GMP 一更净化程序进入提取岗。

2. 生产前的准备工作。

3. 原辅料的验收配料。

4. 提取

（1）白术、防风的浸提。

将白术同防风粉碎成粗粉，置多功能中药提取罐中，用 75% 乙醇在 30～40℃ 下温浸 12 小时，滤过，药渣重复温浸一次。合并两次滤液，置减压浓缩罐中回收乙醇，减压浓缩至相对密度为 1.10～1.15（70～80℃ 热测）收膏，化验合格后待用。

（2）黄芪、芦根、山药及茯苓同白术和防风的药渣水煎煮提取。

将黄芪、芦根、山药及茯苓同白术和防风的药渣置多功能中药提取罐中，加水煎煮两次（2h，1h），合并滤液，浓缩至（2:1），冷后，加等量的 95% 乙醇静置，沉淀 12～24h，过滤，滤液减压回收乙醇，浓缩至相对密度为 1.15～1.25（70～80℃ 热测），化验合格后备用。

（3）鸡内金的水煎煮提取。

将鸡内金粉碎成粗粉，置夹层锅中煎煮提取两次，每次 1h。合并滤液，减压浓缩至相对密度为 1.05～1.15（70～80℃ 热测），化验合格后待用。

5. 化糖、配液

将少许水放入夹层锅煮沸后加入处方量蔗糖，继续加热溶解，加入上述三种清膏，过滤，置于配制罐中，加苯甲酸钠，尼泊金乙酯搅拌溶解，加开水调制相对密度为 1.23～1.24，冷却，加橘子香精，搅匀，待检验合格后灌装。

【结果】

1. 根据处方中各药材化学成分的性能和疗效，依次采取乙醇温浸、水煎煮等方法提取出三种浸膏；经化糖、配液得保儿宁糖浆。

2. 本品定性检查项目为热敏性成分，应严格控制各工段温度。

3. 写前处理工序原始生产记录。

4. 本批原料处理完毕，按 SOP 清场，质检人员作清场检查，发清场合格证。

待后续不同规格或不同产品的生产。

【相关知识和补充资料】

1. 糖浆剂常用防腐剂及加入方法

苯甲酸钠、尼泊金乙酯为中药常用防腐剂，两者合用可增强防腐效果防止糖浆剂的长霉和发酵。苯甲酸及钠盐不适于碱性药液，较适用于酸性或中性药液，常用剂量为0.1%～0.25%；尼泊金乙酯（对羟基苯甲酸酯类）共有甲、乙、丙、丁四种酯，一般用量为0.01%～0.25%，无毒、无味、无臭，不挥发，化学性质稳定，在酸性、中性、碱性中均有效，在酸性溶液中作用最好，在碱性中作用减弱。尼泊金类在水中较难溶解，配制时可用下列两种方法：①先将水加热至80℃左右，加入尼泊金类使溶。②先将尼泊金类溶解在少量乙醇中，然后在搅拌下慢慢加入药液中使溶。

2. 浸提技术

是应用溶剂提取固体原料中某一或某类成分的提取分离操作，又称固液萃取。目前，在中药生产过程中常用的中药浸提方法有煎煮法、浸渍法、渗漉法、回流法、水蒸气蒸馏法等。随着科学技术的进步，近年来浸提的新方法、新技术也不断涌现并得到日益广泛的应用。如半仿生提取法、旋流提取法、加压逆流提取法、酶提取法及超临界流体萃取技术、超声提取技术、微波萃取技术及高速逆流色谱提取技术等。

中药浸提，应根据欲提取中药成分和所用溶剂的性质，制剂的剂型要求及工业化生产规模来选择适宜的浸提方法与技术。根据不同浸提方法的特点及适用性，确定某一组方的浸提工艺时，必须进行工艺条件的优选设计，将有效成分及辅助成分最大限度地浸提出来，无效成分及药材组织物尽可能地少提取出来。这对于提高中药成分的提取转移率和制剂稳定性，确保中成药临床疗效是极为重要的。一般常用的工艺设计方法有正交设计法和均匀设计法。

浸提设备按其操作方式可分为间歇式、半连续式和连续式。常用设备有：多功能中药提取罐、球形煎煮罐、连续提取器、渗漉柱、微波萃取罐和超临界流体萃取器等。

浸提操作过程中，常会出现转移率低，分离困难，难以滤过等问题，除选用合适的浸提工艺外，尚应针对存在问题，联用其他分离纯化技术，寻找较为合理的解决方法。

3. 浸出药剂的分类

（1）水浸出剂型　系指在一定的加热条件下，用水为溶剂浸出药材成分，制得含水制剂。如汤剂、中药合剂。

（2）含醇浸出剂型　在一定的条件下，用适宜的乙醇或酒为溶剂浸出药材成分，制得含醇制剂。如药酒、酊剂、流浸膏等。

（3）含糖浸出剂型　系指在水浸出剂型的基础上，将水提液进一步浓缩处理，加入适量的蔗糖（或蜂蜜）或其他辅料制成。如煎膏剂、糖浆剂等。

（4）无菌浸出剂型　系指采用适宜的浸出溶剂浸出药材成分，然后，将浸提液用适当的方法精制处理，最后制成无菌制剂。如中药注射剂。

（5）其他浸出剂型　除上诉各种剂型外，还有用提取物为原料制备的颗粒剂、片剂、浓缩丸剂等。

4. 常用的浸提方法

有煎煮法、浸渍法、渗漉法、回流法、水蒸气蒸馏法及超临界流体萃取法，不同方法适用于不同类型或含不同性质的化学成分的中药材的浸提。因此，要根据中药材的具体情况和不同浸提方法的适应性，选择合适的方法。

（1）煎煮法　是用水作溶剂，将药材加热煮沸一定的时间以提取其所含成分的一种方法。适用于有效成分能溶于水，且对湿热较稳定的药材，同时也是制备一部分中药散剂、丸剂、冲剂、片剂、注射剂或提取某些有效成分的基本方法之一。

（2）浸渍法　是用定量的溶剂，在一定温度下，将药材浸泡一定的时间，以提取药材成分的一种方法。适用于黏性药物、无组织结构的药材、新鲜及易膨胀的药材、价格低廉的芳香性药材。不适于贵重药材、毒性药材及高浓度的制剂。

（3）渗漉法　是将药材粗粉置于渗漉器内，溶剂连续地从渗漉器的上部加入，渗漉液不断地从下部流出，从而浸出药材中有效成分的一种方法。该法适用于贵重药材、毒性药材及高浓度的制剂；也可用于有效成分含量较低的药材的提取。

（4）回流法　是以乙醇等易挥发的有机溶剂提取药材成分，其中挥发性馏分被冷凝，重复流回到浸出器中浸提药材，这样周而复始，直至有效成分回流提取完全时为止，该法适用于热稳定药材的提取。

（5）水蒸气蒸馏法　是应用相互不溶也不起化学反应的液体，遵循混合物的蒸气总压等于该温度下各组分饱和蒸气压（即分压）之和的道尔顿定律，以蒸馏的方法提取有效成分，该法适用于具有挥发性，能随水蒸气蒸馏而不被破坏，与水不发生反应，又难溶或不溶于水的化学成分的提取、分离，如挥发油的提取，还可用于某些小分子生物碱和某些小分子的酚性物质，如麻黄碱、牡丹酚等成分的提取。

（6）超临界流体提取法　该法是将临界状态下的气体或液体（称为流体）如 CO_2，以一定的温度通入提取器中，可溶组分溶解在超临界流体中，并且随同该流体一起经过减压阀降压后进入分离器，溶质从气体中分离出来。超临界流体与提取物分离后，经压缩后可循环再使用。该法主要适用于挥发性成分、脂溶性成分及"热敏性"成分的提取。

5. 中药单煎和混煎的选取原则

在中药浸提时，根据中药材的质地及所含有效成分性质不同，常采用单煎或混煎的方法。中药复方一般采用混煎的方法，可能会产生复杂的新成分，或在煎煮的过程中产生较简单的化学变化甚至产生配伍禁忌。中药复方混煎产生沉淀反应可能有下列情况。

（1）含鞣质药材与含生物碱药材混煎时产生沉淀反应。除少数特殊生物碱外，大多数生物碱皆能与鞣酸反应生成难溶的盐类。如大黄、麦冬、麻黄等均含鞣质，会与含生物碱的附子、延胡索、黄连等产生沉淀。

（2）糖基含有羧基的苷和其他酸性较强的苷，能与生物碱结合而沉淀。苷类的糖基有羧基者（如甘草皂苷）与小檗碱等碱性较强的生物碱会结合生成难溶性的大分子结合物；甘草酸与碱性较弱的紫堇碱、奎宁和利血平等发生沉淀，而与碱性较强的防己碱、麻黄碱、东莨菪碱、吗啡和乌头碱等则不发生沉淀；大黄中含有的大黄酸、大黄素等5种羧基蒽醌衍生物及其苷显酸性，能沉淀黄连中的季铵型生物碱；大黄中的番泻苷亦能沉淀小檗碱等季铵型碱。

（3）有机酸与生物碱的沉淀作用。金银花中的绿原酸与异绿原酸可使小檗碱及延胡索的生物碱生成沉淀。

（4）鞣质与蛋白质生成沉淀。

（5）鞣质与皂苷结合生成沉淀。柴胡等含皂苷的中药可与拳参等多种含鞣质的中药生成沉淀。

（6）无机离子钙与有机酸产生沉淀。石膏中钙离子可与甘草酸（甘草皂苷）、绿原酸（金银花、茵陈中含之）、黄芩苷（分子中有羧基）生成难溶于水的钙盐。

因此对含有上述成分的中药材，煎煮时需要采用单煎的方法。针对中药材所含成分的不同，为了提高浸提液的质量，有时可采用下列方法。

（1）先煎药：凡矿物药，贝壳、甲、骨类动物药，质地坚硬，不易煎出有效成分的，须先煎40～60分钟，再加入其他药物共煎至需要时间。先煎的药材如自然铜、石膏、珍珠母、蛤壳、鹿角、草乌、生附子、三七等。

（2）后下药：药材有效成分易挥发逸攻，或受热时间稍长容易分解破坏者，应在煎煮好前10分钟加入共煎。如苏合香、乳香、薄荷、豆蔻、砂仁、细辛等。

6. 浸渍法优缺点及改进措施

浸渍法系指用一定量的溶剂，在一定温度下，将药材浸泡一定的时间，以浸提药材成分的一种方法。按提取的温度和浸渍次数，可分为冷浸渍法、热浸渍法和重浸渍法。其适用特点主要表现在：①简单易行，制得的制剂澄明度好。②适用于黏性药物、无组织结构的药材、新鲜或易膨胀的药材及价格低廉的芳香性药材。③溶剂用量大且呈静性状态，利用率较低，有效成分浸出不完全，浸提效率差，不适宜贵重药材、毒性及高浓度的制剂；④浸渍时间较长，一般不宜用水作溶剂的，常用不同浓度的乙醇或白酒。

浸渍法浸提中药成分主要表现为，溶剂呈静止状态，溶剂的利用率较低，有效成分浸出不完全，同时由于溶剂不循环利用，因此浸渍时间长，在实际生产中这些问题一般采用下列方法解决：

（1）重浸渍法：即多次浸渍法。促进溶剂循环和搅拌，以提高药材组织内的浓溶液与外围的溶媒或稀释液的浓度差。浓度差越大，扩散速度越快，有助于加速和提高浸出效率。

（2）热浸渍法：温度升高，扩散系数加大，扩散速度增加，对加速浸出过程有利；水浴或蒸汽加热，使其在40～60℃进行浸渍，以缩短浸提时间。

（3）将药材粉碎至适宜的粒度：药材需要粉碎至适当的程度应用，这样既可使药材具有较大的扩散面积，有利于成分溶解、浸出，又不致由于过度粉碎使大量不溶性高分子物质进入浸出液中，影响浸出液的沉降分离和制品的稳定性。

7. 煎煮法及影响中药材有效成分浸出物得率的因素

煎煮法属于间歇式操作，即将药材饮片或粗粉置煎煮器中，加水使浸没药材，浸泡适宜时间，加热至沸，煎煮一定时间，滤取煎煮液，滤液保存，药渣再依上法重复操作1～2次，至煎出液味淡为止，在煎煮法中，主要有以下几个因素影响中药材有效成分浸出物的得率。

（1）浸泡时间：浸泡时间的长短直接影响浸提成分，多数药材在煎煮前应加水浸泡适当时间，使药材组织润湿浸透，有利于有效成分的溶解和浸出。浸泡时一般宜用冷水，如果开始就用沸水浸泡或煎煮，则药材表面组织所含蛋白质受热凝固，淀粉糊化，妨碍水分渗入药材细胞内部，影响有效成分的煎出。为了有利于溶剂进入药材，溶解成分易扩散到药材外，应考虑浸泡时间。浸泡时间必须经过预试，了解浸泡时间长短对成分得率多少的影响，从而确定合适的浸泡时间。绝大多数中药材浸提前，需浸泡 30~60 分钟。

（2）煎煮用水：煎煮用水最好采用经过净化或软化的饮用水，以减少杂质混入，防止水中钙、镁等离子与药材成分发生沉淀反应。水的用量是影响成分得率的又一重要因素。一般通过预试，加不同量的水，以确定加水量为药材量的几倍比较合适，正常水量为药材量的 6~8 倍。

（3）煎煮次数：实验证明，单用一次煎煮，有效成分丢失很多，一般煎煮 2~3 次，基本上达到浸提要求。煎煮次数太多，不仅耗费工时和燃料，而且使煎出液中杂质增多。据报道，茵陈蒿汤以栀子苷为指标，第一煎为 88.43%，第二煎为 10.68%，两煎的总浸出率为 99.11%。当然对组织致密或有效成分难于浸出的药材，也可酌情增加煎煮次数或延长煎煮时间。

（4）煎煮时间：煎煮时间应根据药材成分的性质、药材质地、投料量的多少以及煎煮工艺与设备等适当增减，一般以 30~60 分钟为宜。

（5）药材粒径：从理论上讲，药材粒径越小，成分浸出率越高。但是，粉粒过细，会给滤过带来困难。实际制备时，对全草、花、叶及质地疏松的根及根茎类药材，可直接入煎或切段、厚片入煎；对质地坚硬、致密的根及根茎类药材，应切薄片或粉碎成粗颗粒入煎；对含黏液质、淀粉较多的药材，不宜粉碎，而宜切片入煎，以防煎液黏度增大，妨碍成分扩散，甚至焦化糊底。

在确定以上五个主要影响煎煮工艺的因素后，需要采用优选的方法，通常用正交试验确定 3~4 个因素，如加水倍数、浸泡时间、煎煮时间、煎煮次数，同时对各因素选择 3 个水平，进行正交试验，结合煎出液中的能够进行含量测定的成分，以确定最佳的工艺。

7. 快速除去煎煮悬浮物的方法

煎煮中药材时，一般都会产生悬浮物，而这些悬浮物主要是胶体物质，如蛋白质、树脂以及皂苷等产生的泡沫；煎煮液面浓缩产生的液膜；以及相对密度较小的植物绒毛、叶子等。根据这些物质所产生的悬浮物的性质不同，可以选用下述快速去除的方法除去混浮物。

（1）产生的泡沫：降低温度，使煎煮时保持微沸状态，另外减少搅拌次数或不搅拌。

（2）液面产生的液膜：煎煮时不断搅拌以破坏液膜的形成。

（3）植物绒毛、叶子：煎煮前，把含有大量绒毛、叶子的中药材装在布袋中，再放入提取罐，不使其悬浮。

（五）课堂讨论

1. 煎煮法和温浸法有哪些不同点？
2. 药典规定防腐剂的使用限度是多少？
3. 中药浸提新技术有哪些？
4. 中药常规浸提方法有哪些？

词汇积累

1. 苯甲酸钠　2. 尼泊金乙酯　3. 温浸法　4. 煎煮法

今日思考

天才是百分之一的灵感加百分之九十九的勤奋。

第三节　灌　装

主题　保儿宁糖浆如何灌装?

【所需设施、器材】

①YG 液体灌装机；②100ml 棕塑瓶。

【步骤】

1. 人员按 GMP 一更、二更净化程序进入灌封岗。

2. 生产前的准备工作。

3. 原辅料验收。

4. YG 液体灌装机灌装（图 5－2）

（1）准备工作

①检查各分机是否连接到位，各部位螺栓是否拧紧。

②理瓶机放好瓶子，根据瓶子大小调好拦瓶杆。

③把吸液管放入要灌装的保儿宁筒内。

（2）开机

①接通各个电源，打开理瓶机开关，把瓶子送到输送带至拨瓶机构，调节速度开关可控制送瓶速度。

②打开理盖机开关，调节振荡开关，使瓶盖满足生产需要。

③打开主机总控开关，电源指示灯亮，打开主机开关、输送带开关、旋盖开关。

④根据瓶子所需的装量，调节计量泵达到生产要求 100ml/瓶。

⑤根据瓶盖的松紧程度，调节旋盖的力度。

⑥拨瓶盘可控制走瓶与灌装是否同步。

⑦待以上都正常后，即可投入生产。

⑧机器在运转中如发生故障，按停止按钮及时排除。

⑨生产完毕，关闭电源，清理现场。

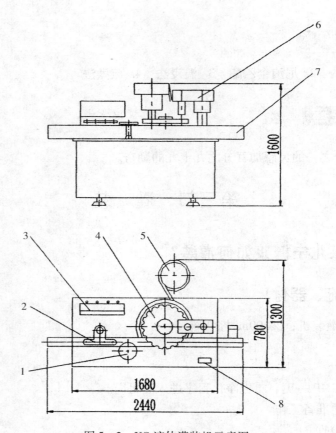

图 5 - 2　YG 液体灌装机示意图

1. 拨瓶机构　2. 灌装瓶机构　3. 计量泵机构　4. 转盘机构　5. 送盖机构
6. 旋盖（扎盖）机构　7. 输送带机构　8. 电器操作板

【结果】

1. 通过 YG 液体灌装机灌装、拧盖，得到 100ml/瓶的保儿宁糖浆。

2. 写分装工序原始生产记录。

3. 本批产品灌装完毕，按 SOP 清场，质检人员作清场检查，发清场合格证。待后续不同规格或不同产品的生产。

【相关知识和补充资料】

1. YG 液体灌装机维护保养

（1）减速箱每 3 个月换油一次。

（2）该机运转 1000 小时后，槽轮箱进行第一次换油，3000 小时后换第二次油。

（3）各传动链轮、齿轮、凸轮定期加黄油。

（4）设备各部件清洗为擦洗，杜绝用水喷洗。

2. 中药液体制剂的色、香、味及矫味、矫臭剂

药品是特殊商品，作为商品，尽可能地掩盖液体药剂的不良臭味，改善外观性状，使病人、尤其是老人和儿童乐于接受，对有效治疗具有精神和心理上的积极作用，绝不可用"良药苦口"来抹杀矫味、矫臭与着色的积极作用。因此，必须对半成品及其成品的颜色、臭味、状态等外观性状予以考察，尽可能改变或减轻中药液体制剂存在的色深、味苦等不良性状。改善或解决这些问题的方法之一是使用矫味剂与矫臭剂。

一般矫味剂是改变味觉的物质，以甜剂为主；矫臭剂是改变嗅觉的物质，多以芳香剂为主。但多数矫味剂兼具矫臭作用。从辨味的生理学着眼，矫味、矫臭应同时进行才能达到预期效果，而众多的矫味、矫臭剂的选用原则是在试验与经验总结中提出的。如药物的苦味，大凡含生物碱、苷类的中药均有明显苦味，可用巧克力型香味、复方薄荷制剂、大茴香等加甜剂来掩盖与矫正；若苦味有明显残留，则加适量谷氨酸钠，可缩短苦味残留时间。必须指出，苦味健胃药不得加矫味剂。又如，对具涩味、酸味或刺激性的药物，宜选择增加黏度的胶浆剂和甜剂加以矫正，等等。总之，在设计矫味、矫臭剂时，应针对具体品种的不愉快臭味，通过试验，筛选相应的矫味、矫臭剂予以矫正。

可供选用的矫味、矫臭剂如下：

（1）甜剂：分天然与人工合成两类。天然甜剂如蔗糖、甜菊素、甘草酸二钠等。甜菊素已为《中国药典》2000 年版二部收载，甜度约为蔗糖的 300 倍。合成甜剂如糖精钠、环拉酸钠（商品名甜蜜素）、蛋白糖等。其中环拉酸钠（Sodium cyclamate）也为《中国药典》2000 年版二部收载。但需注意，该甜味剂自从 1969 年后，已从美国出售的所有食物与药物中除去，原因是动物大剂量服用后，发现有致肿瘤及胚胎反常的不良现象。蛋白糖化学名是天门冬酰氨苯丙氨酸甲酯，商品名阿斯帕坦（Aspartame），又称天冬甜精，其甜度比蔗糖高 150～200 倍，为二肽类甜味剂，无后苦味，不致龋齿，可用于糖尿病、肥胖症患者。USP 23 版已收载，国内有食品规格产品生产。

（2）芳香剂：也分二大类。天然芳香油及其制剂，属天然芳香剂，如薄荷油、桂皮油、橘子油等；而由醇、醛、酮、酸、胺、酯、萜、醚、缩醛等香料组成的各种香型的香精，如香蕉香精、柠檬香精等，属人工合成香精，有水溶性与油溶性二大类。

（3）胶浆剂：胶浆剂之所以能矫味，是因其增加了制剂的黏度，从而既可阻止药物向味蕾扩散，又可干扰味蕾的味觉。常用胶浆剂系天然与半合成高分子聚合物，如淀粉、阿拉伯胶、果胶、琼脂、海藻酸钠、明胶、纤维素衍生物（如 CMC — Na、MC）等，若佐以甜剂，效果更佳。

（4）泡腾剂：均由碳酸盐或碳酸氢盐与有机酸组成，其之所以能起矫味作用，是由于二者遇水后会产生 CO_2 气体，溶解于水呈酸性，可麻痹味蕾而达矫味作用，常与甜剂、芳香剂合用，得到清凉饮料型佳味。常用酸有：枸橼酸、酒石酸、磷酸二氢钠（水溶液 pH 约 4.5）、焦磷酸二氢钠、亚硫酸氢钠等；常用碱有：碳酸钠、碳酸氢钠、碳酸氢钾、甘氨酸碳酸钠、倍半碳酸钠等。多数泡腾混合物酸的用量超过所需化学计算量，以增加酸味和稳定性。

3. 中药溶液剂配制方法

中药溶液剂配制方法有三种：一是溶解法，如将浸膏加适宜溶剂溶解制成流浸膏；

二是稀释法，如将流浸膏加适宜溶剂稀释成酊剂；三是蒸馏法，如含挥发性成分的药材用蒸馏法提取制成的露剂（芳香水剂）。常用的方法是溶解法与稀释法，其配制成型过程包括配液、滤过、分装与灭菌。

配液是指半成品加溶剂、各类附加剂混合、溶解成溶液的过程。在处方设计时，以筛选增加药物溶解度的附加剂为主；在成型工艺中，配液应解决的主要工艺技术问题，则是考虑如何增加药物溶解速度。影响药物溶解速度的因素有：温度、溶解物的粒度、晶型、同离子效应、药液的 pH 值和溶解时扩散层的厚度。

在溶解过程中，针对影响因素，可采取以下措施增加药物的溶解速度：①对吸热溶解过程，加热、升温可增加药物溶解速度，但要避免超过溶解度的加热溶解；②增加溶解药物与溶剂的接触面，如粉碎、加分散剂（挥发油制成饱和溶液时，可加滑石粉作分散剂，以提高挥发油的溶解速度）、制成固体分散体等；③不断搅拌，可降低扩散层厚度，加速溶解过程的扩散与置换作用。

配液操作要点如下：①正确选用称量器具。根据称量值和误差要求，选用相应精确度的衡器与量具，以保证称量的准确性，特别是量微的附加剂，如防腐剂等。通常液体药物量容积，固体药物称重；②称量方法。严格三查、三对：查处方、查药名、查称量；使记录与处方相对，处方与药名（包括规格）相对，预定称量数与实际称量数相对，避免出现称量差错。特别是毒剧药物的称量尤应注意；③配制顺序。一般潜溶剂、助溶剂、增溶剂等先与被"增溶"物混合；难溶物与稳定剂先加入溶剂中；易溶者、液态药物后加入；酊剂等加入宜缓慢，并不断搅拌，防止溶剂转换析出沉淀，如以尼泊金乙酯作防腐剂时，常配成醇溶液以便应用，在加入以水为溶剂的液体制剂中应防止溶剂转换析出沉淀；④应采取加速溶解的措施以提高配制速度，减少污染。

4. 提高中药溶液剂滤过速度与效果的方法

滤过是保证中药溶液剂澄清的重要工艺步骤，通过滤材、滤器或各种滤过装置达到目的。欲提高滤过速度与效果，宜先了解滤过机制及影响滤过的因素，以便采取相应的措施。

就目前所用滤材、滤器的结构与性质看，滤过机制有两种：一是过筛作用，滤布、筛网、微孔膜滤器属此种，只能截留比膜孔径大的微粒；二是深层滤过作用，用滤纸板、石棉板、垂熔玻璃、砂陶瓷等作滤材的板框滤器、垂熔滤器、砂滤器等均属此种，由于滤材表面存在范德华力、静电吸引或吸附作用，及孔隙中滤过颗粒的"架桥现象"，使小于滤材平均孔隙的微粒能截留在滤器的深层。

影响滤过的因素有：①滤材的面积。滤过初期，滤速与滤材有效滤过面积成正比；②压力。压力越大，滤速越快；③滤液黏度。黏度增加，滤速减慢；④滤渣形成毛细管孔径。孔径越大，滤速越快，但受滤渣压缩性能影响；⑤滤渣的厚度。滤渣越厚，滤速越慢。

根据上述滤过机制与影响因素，可采用以下措施提高滤过速度与效果：①使用深层滤器时，应采用回滤法提高滤过效果；②加压或减压滤过；③趁热滤过，以降低药液黏度，中药溶液剂多需如此操作；④实行预滤过；⑤采用助滤剂，常用的有滤纸浆、滑石粉、硅藻土、活性炭等。

5. 中药口服液体制剂防止微生物限度超标的措施

《中国药典》规定中药口服液体制剂微生物限度为：每1ml含细菌数不得超过100个，霉菌和酵母菌数不得超过100个。如果超标，大多与中药液体制剂的配液、分装、灭菌与贮藏有关，应仔细考察与分析这些过程中可能污染微生物的途径与原因，从而寻求解决的办法。

中药液体制剂的制备，通常情况下药材都经提取、分离，然后配液、分装、灭菌，极少有药材粉末直接加入。若这些工艺过程均在规定级别的洁净区内进行，则要达到微生物限度标准是有把握的。若出现超标现象则应具体问题具体分析，以下办法可供参考：①了解超标情况，核查微生物限度检查试验过程及记录，分析认定是样品微生物限度超标，还是试验不慎引起，尤其是超标不明显时，最好进行重复试验以获得准确结论。②对供检样品及该批产品做实地考察，样品贮藏的环境与条件是否符合该品种项下的规定，药液外观是否正常、包装是否密封，有无不同于正常生产批量时的异常现象。若是因包装与贮藏不当引起，除改进包装和加强管理，使以后产品不再出现此种现象外，若批量很大，可采用辐射灭菌等方法予以补救，但需考察灭菌对成品质量有无显著影响，只有无显著影响才能采用。③核查生产过程及原始记录，尤其是配液、分装、灭菌工序是否按操作规程进行，要求的洁净条件是否达到，特别应注意分装的容器是否洁净并经灭菌（玻璃瓶），若是在这些工序中因上述操作不当引起污染，则应停产整顿，清除隐患后再生产。

6. 解决中药合剂（口服液）出现沉淀的措施和方法

要解决中药合剂（口服液）出现沉淀的问题，必须先分析产生沉淀的可能原因。中药合剂多为复方，成分复杂，出现沉淀大略有三种可能：一是将不同溶剂与方法提取的半成品配液混合时，因溶解行为的改变，可能出现沉淀；二是所含成分自身理化性质受外界因素影响而发生变化，或成分间相互作用而形成沉淀；三是滤过操作不慎，引入了不可见微粒，久置后聚集而出现沉淀。

第一、二种情况的解决宜从半成品的溶解性能考察入手。对含复杂成分的中药提取物其溶解度受溶剂种类、用量、温度、搅拌程度、药物的粒径、晶型、溶液的pH等多种因素影响，要考察这些因素的影响程度和规律，虽然有一定的难度，但是，当用不同溶剂与提取方法所得半成品需要通过"配液"成型时，由于溶剂的改变，外界因素及各成分间相互影响，是否能分散形成稳定的溶液型液态制剂，是可以采用相应方法考察的。考察方法的设计要注意指标的代表性和方法的可靠性。简便而直观的方法是，将半成品加溶剂到规定体积（成品的有效浓度），经搅拌、溶解、滤过，若滤渣极少，滤液澄清，经低温与高温加速试验观察一定时间，若仍澄清，表明该提取物制成溶液型液态制剂，不会产生沉淀。若溶解后明显浑浊或加速试验后出现浑浊，应分析原因，出现浑浊若是杂质引起，可采取滤过的方法除去；若是超过有效成分的溶解度，则可采用适宜的增加药物溶解度的方法；若是外界因素致成分物理化学性质发生变化引起的沉淀，则应采取相应措施避免外界因素影响，或添加稳定剂；若是各半成品混合发生相互作用引起，则需有针对性的作进一步试验，可采用药剂学方法予以掩蔽；若确属配伍禁忌，则应调整处方或改做固体剂型。进行这些研究时，可用前述表观溶解度的测定作为指标，当然还应配合有效部位或成分的定量指标，才能得到较客观的结论。

第三种情况其实较常见，由于《中国药典》允许合剂可有少量沉淀，一般不太重视滤过操作，而小于光波长 1/4 的微粒（小于 120nm）一般不会被肉眼看见，常被忽略；然而，正是这些胶体分散的、通常条件下又不会被肉眼看见的微粒，在外界因素影响下，最容易因"陈化"而聚集，出现可见的沉淀。若采用切实可行的分离方法，如粗滤后的高速离心分离，达到有效除去不可见微粒的目的，便可防止当时澄清的药液久置后出现沉淀。

7. 解决混合法制备的糖浆剂出现浑浊或沉淀的方法

糖浆剂制备方法有三种：一是热溶法，即将蔗糖加入中药浓缩液中，加热溶解而成；二是冷溶法，即在室温下将蔗糖与中药浓缩液混合，搅拌至完全溶解而成；三是混合法，即中药提取物与糖浆直接混合，溶解而成。混合法虽然较之热溶法、冷溶法有其优点，但可因中药提取物直接加入糖浆中的方法不同，或提取物的组成、性质差异，或蔗糖本身的质量问题而出现浑浊或沉淀。具体的解决办法是首先分析产生浑浊或沉淀的确切原因，然后有针对性的采取解决的办法。

蔗糖质量的优劣是糖浆剂是否产生沉淀的原因之一。制备糖浆剂用蔗糖应符合《中国药典》规定。一般食用糖含有蛋白质、黏液质等高分子杂质，有的食用粗糖还明显有色，若使用这种糖，制备糖浆时又未用有效方法除去杂质，就很有可能产生沉淀。解决的办法是用热溶法制备糖浆，并在加热前加入适量鸡蛋清或其他澄清剂，搅匀，加热至 100℃，蛋清在变性凝聚过程中吸附糖浆中杂质沉淀，趁热滤过，大量生产时常用板框式压滤机及适当的滤材（如帆布、绸布、滤纸板等）滤过。加热的时间亦应注意，蔗糖是双糖，无还原性，但若长时间加热或糖浆剂 pH 较低，会水解形成转化糖（葡萄糖和果糖），转化糖虽能防止糖浆中易氧化组分的氧化变质，但也会加速糖浆剂本身的酵解与酸败，故糖浆剂加热时间不能太长。

中药提取物的组成、性质的差异及加入糖浆中方式不当也是产生沉淀的因素之一。如以乙醇为溶剂的提取物，或含乙醇的提取物，若直接加到糖浆中混合制备糖浆剂，常会因溶剂的改变，糖浆剂变浑浊，甚至产生沉淀。这种情况有两种办法解决：第一，若沉淀有黏壁现象，可能是溶于醇的树胶、树脂类成分在转溶于水性糖浆时，因溶剂改变，冷却后析出，可用硅藻土、滑石粉等助滤剂滤除；第二，若出现明显沉淀，则应对沉淀加以分析，判断是否为有效组分因溶剂的改变而析出，若是如此，则应采取增加药物溶解度的方法来克服。又如，提取物为挥发油，若直接与糖浆混合一定会产生混浊，可先用少量乙醇等潜溶剂溶解后，再与糖浆混合，也可加增溶剂，增溶后与糖浆混合。总之，对于组分复杂的中药糖浆剂出现沉淀应进行客观分析，有针对性地解决。同时，需注意糖浆剂因含糖量高、稠度大，其间可能存在的胶体微粒不如溶液剂易于聚集与沉淀，在除去这些可能形成沉淀的微粒杂质时，一定不能以损失有效成分为代价。

8. 解决其他常见液体制剂贮存过程中出现沉淀的方法

酒剂、酊剂、流浸膏是浸出药剂的传统剂型，组成复杂，尤其酒剂，药味繁多，大多含一定浓度的乙醇。这些制剂在贮藏过程中，受外界因素影响，如温度、光线、容器等，可引起制剂含醇量、主药含量或效价、颜色、臭味等发生变化，通常会产生沉淀，一般可采取如下方法预防与解决：

首先应保证原料质量。药材应符合各级标准规定，品质鉴定合格；按药材炮制通则规定，根据需要进行净制、切制、或炮炙；不得使用夹带泥沙或发霉变质的药材，否则容易产生沉淀。若溶剂选择不当，无效成分浸出可能增多，亦是产生沉淀的重要原因，如姜酊用低浓度的乙醇作溶剂浸出，成品易发生浑浊或沉淀，而用高浓度乙醇，成品质量符合要求；若蒸馏酒或乙醇中含杂醇超标时，其成品久贮亦会产生沉淀，故应选符合蒸馏酒质量要求的谷类酒为酒剂的原料。

然后是优选制备方法。虽然酒剂多用浸渍法，流浸膏剂多用渗漉法制备，但实际生产中各种浸出方法均采用，对于一个具体品种用何法为好，应通过比较后选择。一般而论，应用不同的方法其无效成分浸出的量则有所不同，大致为：热回流法 > 浸渍法 > 渗漉法 > 稀释法。当然，无效成分浸出的量越多，成品出现沉淀的可能性就越大。因此，应优选有效成分浸出多，无效成分浸出少的浸出方法，以渗漉法为基础的浸出工艺可为首选。但是，这些常规的浸出方法都不可能有如此理想的浸出选择性，相反，常常是浸出有效成分的同时也浸出无效成分，这就需要采取相应的以除去杂质为目的的纯化方法，以达到"去粗取精"的目的。对于这三种剂型，冷藏（5℃，1~2 天以上），再经高效滤过器滤过可获得良好的澄清度。

【课堂讨论】

1. 液体制剂出现沉淀的原因有哪些？
2. 液体制剂菌检不合格的原因有哪些？
3. 中药液体制剂易发生哪些质量问题？如何解决？
4. 中药溶液剂配制方法有哪些？

1. 液体制剂　2. 中药合剂　3. 流浸膏、浸膏　4. 糖浆剂

我们都应该关心未来，因为我们的余生要在那里度过。

第四节　外　包

主题　保儿宁糖浆如何外包？

【所需设施】

①瓶签；②热封膜；③BS－450 型远红外收缩包装机。

【步骤】

1. 人员按 GMP 一更净化程序进入外包岗。

2. 生产前的准备工作。

3. 按量领取瓶签，打印批号，贴签，装收缩膜附使用说明书。

4. 用 BS – 450 型远红外收缩包装机热封。

（1）接通总电源，合上侧热开关。

（2）合上上热开关，调节上热旋钮至 4 档左右。

（3）合上下热开关，调节下热旋钮至 4 档左右。

（4）合上输送开关，调节输送旋钮至 4～5 档左右。

（5）以上操作完成后，让机器运转 3 分钟左右，再合上热风开关，实际操作中可不开热风开关。

（6）放上已经装好收缩膜的保儿宁糖浆，即可进行收缩包装。

（7）在实际操作中，如果收缩后皱纹过多，可减低输送速度或提高加热温度，反之，如果出现过缩现象，则可减低温度。

（8）包装结束后，先关闭三组加热开关，让输送电机和热风电机继续运行 10 分钟左右，再切断整个电源。

5. 装箱。放入合格证、封箱，填印箱外品名、批号、生产日期、放入车间成品室。待公司质保部门抽检。

6. 入库。检验合格后入成品库。

【结果】

1. 通过外包得到经过热封、装箱的保儿宁糖浆。

2. 写外包工序原始生产记录。

3. 本批产品包装完毕，按 SOP 清场，质检人员作清场检查，发清场合格证。待后续不同规格或不同产品的生产。

【相关知识和补充资料】

1. 保儿宁糖浆处方和制法

黄芪（炙）1960g　白术（炒）980g　防风 590g　芦根 1960g　山药（炒）1960
鸡内金 1180g　茯苓 1370g　蔗糖 6500g　苯甲酸钠（药用）30g　尼泊金乙酯 500g

（1）配料：按生产处方要求领取原药材，进行前处理。

（2）将白术同防风打成粗粉，置渗滤罐中，用 75% 乙醇在 30～40℃ 下温浸 2h，滤过；药渣重新温浸一次，合并两次滤液，回收乙醇，减压浓缩至相对密度为 1.10～1.15（70～80℃ 热测）；收膏待用。

（3）将黄芪、芦根、山药及茯苓同白术和防风的药渣置多功能中药提取罐中，加水煎煮，沸后 2 小时，滤过，药渣重复煎煮一次，合并两次滤液，适当浓缩，加等量的 95% 乙醇静置，沉淀，滤过，滤液回收乙醇，浓缩至比重为 1.15～1.25（70～80℃

热测）；收膏待用。

（4）将鸡内金研成粗粉，置煎提锅中，加水煎煮，微沸 1 小时，滤过，滤渣重复一次，合并两次滤液，减压浓缩至相对密度为 1.05 ~ 1.15（70 ~ 80℃热测）；收膏待用。

（5）将蔗糖热溶解，加入上述三种清膏，加热至沸，加苯甲酸钠，尼泊金乙酯搅匀，加水调制相对密度为 1.23 ~ 1.34（70 ~ 80℃热测）；冷却，加橘子香精，搅匀，分装。

2. 保儿宁糖浆工艺流程图（图 5 – 3）

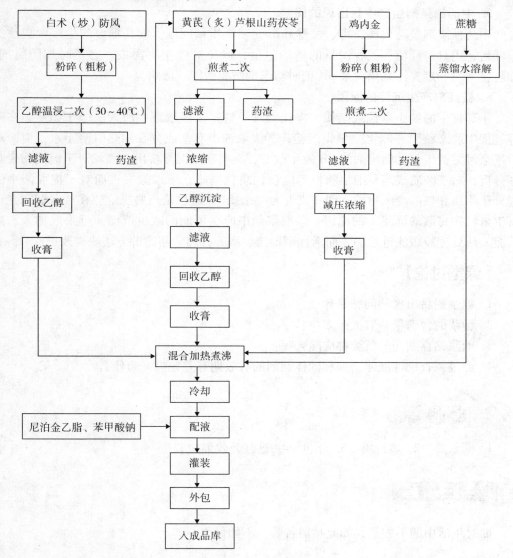

图 5 – 3　保儿宁糖浆工艺流程图

3. 糖浆剂定义

系指含有药物、药材提取物、或芳香物质的浓蔗糖水溶液。中药糖浆剂含蔗糖一般不低于 60%（g/g）。

4. 糖浆剂的常规质量要求

糖浆剂的质量要求，除另有规定外，制剂应澄清；含有药材提取物的糖浆，允许有少量轻摇易散的沉淀；不得有酸败、异臭、产气或其他变质现象。所加附加剂应符合国家或药监局的规定，应不影响制品的稳定性，不干扰检验。单剂量包装的糖浆剂，装量差异应符合《中国药典》2010 年版一部附录有关糖浆剂装量差异检查的有关规定。

5. 中药糖浆剂生产中易出现的问题

中药糖浆剂最易出现长霉、发酵和沉淀三个质量问题。故在糖浆的生产中应注意原辅料、用具、环境、及容器具的清洁卫生，以免被微生物污染。必要时加防腐剂，加防腐剂时一定要注意到糖浆 pH 值对防腐剂防腐效能的影响。

6. 糖浆剂产生沉淀的原因

①药材中的细小颗粒或杂质，净化处理不够；②提取液中所含高分子物质，在贮存过程中胶态粒子"陈化"聚集沉淀；③提取液中有些成分在加热时溶于水，但冷却后逐渐沉淀析出；④糖浆剂的 pH 发生改变，某些物质沉淀析出。因此对于沉淀物要具体分析，对于杂质或药材细小颗粒，应强化净化措施，予以除去；而对于提取液中的高分子物质和热溶冷沉物质不能一概视为"杂质"。这也是药典规定"在贮藏期间允许有少量轻摇易散的沉淀"的原因。单糖浆剂中应尽可能的减少沉淀。可采取加入乙醇沉淀、热处理冷藏滤过、加表面活性剂增溶、离心分离、超滤等方法研究改进。

【课堂讨论】

1. 糖浆剂易出现的问题是什么？
2. 糖浆的含糖量一般大于多少？
3. 糖浆储存期间的沉淀都应除去吗？
4. 经过调查统计液体制剂和固体制剂的有效期有差异吗？为什么？

 词汇积累

1. 糖浆剂　2. 热封膜　3. 外包　4. 远红外收缩包装机

 今日思考

面对生活中的不如意，如此愁眉苦脸，不如付之一笑。

第六章

注 射 剂

第一节　注射用水的制备

主题　如何制备纯化水、注射用水？

【设施与器材】

①二级反渗透装置；②多效蒸馏水机。

【步骤】

1. 人员按一更净化程序进入制水岗。
2. 生产前的准备工作。
3. 物料的验收。
4. 二级反渗透法制备纯化水（图6-1）。

（1）系统启动条件

①电源稳定，原水箱内补水稳定或有足够的水。

②纯水罐内至少有50%的容量，所有阀门处于正常状态。

③管道及容器无泄漏，所有加药箱内至少存有20%容量的药液。

④确定预处理设备的砂滤器和炭滤器还没有达到冲洗时间，各水泵此前运行无故障。

（2）启动操作

①旋转控制柜上的电源开关，再按顺序旋转原水泵、一级RO、二级RO启动开关，按下一级和二级高压泵启动按钮，观察启动过程。

②调整一级流量，旋转一级浓水控制阀，使其流量达到30%；同时注意观察一级反渗透各段压力，其参数应符合规定范围（运行参数尽可能参照设备说明书中的要求，以利于提高设备使用寿命和降低能耗）。

③调节方法：顺时针旋转浓水控制阀，则浓水流量增加，纯水流量会相应减少，同时，各段压力下降；如果逆时针旋转浓水控制阀，则浓水流量减少，纯水流量增加，同时，各段压力升高（注：浓水控制阀不允许完全关闭或打开）。

④经过以上方法调节后，如果纯水流量仍然不足，请顺时针旋转高压泵后调节阀，同时要注意观察压力和流量，以免造成危险。如果纯水流量过大，请逆时针旋转该阀

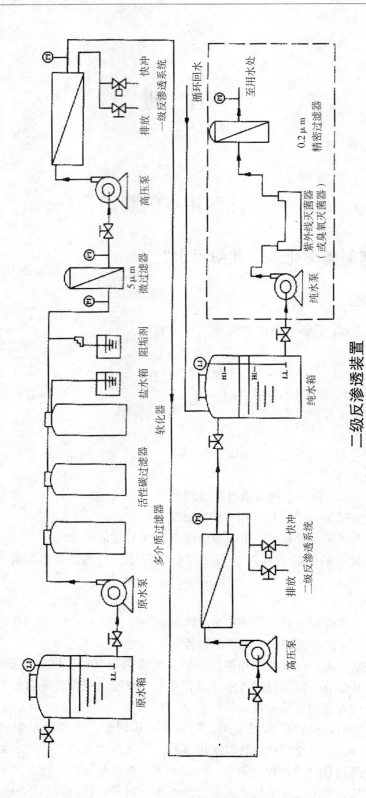

图6-1 二级反渗透制备纯化水工艺流程图

即可。

⑤二级的调节方法类似一级。运行参数应符合规定范围。

⑥整个系统启动过程中，要注意观察各段压力及流量，如果发生异常情况，请立即停止。

（3）运行监控

①请在系统平稳运行10分钟后填写"纯化水装置运行记录表"，并且至少每4个小时记录一次。

②系统运行过程为自动控制，储水罐水满时，系统暂停，储水罐内水位降低到一定值时，系统将启动。但纯水的供应是手动控制的，如果纯水储罐内纯水液位下降到警戒水位，纯水泵将自动停止。

③运行过程中请注意压力、温度与纯水产量、电导率的变化关系。当压力升高，纯水产量也会升高，电导率会变好。但这样会增加反渗透膜的负担，对膜有一定的不良作用。当温度升高，纯水产量也会升高，而电导率则变坏。压力和温度升高都会导致纯水产量的提高。

④经常打开炭滤器、砂滤器、精密过滤器的空气排放阀，排除空气。

（4）停机

①如果停机时间少于24小时，请停止主机、原水泵和纯水泵，并关闭电源；

②如果停机时间在1～15天内，请关闭系统，并且每3天启动系统30分钟，制备出的多余纯水可以排放掉。

③如果计划长期停机，请冲洗石英砂过滤器和活性炭过滤器，配置1%的甲醛溶液（杀菌药物）输入到反渗透膜内，关闭所有阀门和电源（注意：当需要启动系统时，应该先对石英砂和活性炭过滤器进行冲洗，然后冲洗反渗透膜20分钟。再仔细检查系统各部分，确认无异常情况后即可准备启动）。

④及时填写岗位操作记录。

注意：浓水调节阀除清洗外，在其他一切时候都不要完全关闭，以免发生危险；系统内所有阀门禁止随意操作，进行重要或复杂的操作，以及检修时应该由经验丰富的技术人员完成或现场协助，并作记录。

（5）车间的卫生清洁

①每日清除并清洗废物贮器。

②擦拭地面、室内操作台、器具及设备外壁。

③擦拭门窗及其他设施上的污迹。

④每周全面擦洗门窗、地面、排水道、墙壁、设备、管道、顶棚、照明及其他设施上的污迹。

⑤注意事项：a. 设备、照明、擦拭前应先切断电源。b. 玻璃器具应小心擦洗，以免破损。c. 所用拖把、抹布、扫帚使用后用饮用水冲洗干净后存放在洁具间。

（6）纯化水制备系统的清洁、维护、保养

①石英砂过滤器的冲洗

a. 设备每天运行约24小时，中间需要对石英砂过滤器进行冲洗，以便排除其表面的污染物质，冲洗过程需要20分钟，冲洗时间应该选择在生产相对不紧，用水量较少的时间，如：夜间或停工休息时。

b. 停止系统，调节砂滤器阀门，开通反洗水进出阀门，关闭其他阀门，启动原水泵，观察反洗出水表观特征（注意：反洗水的流量是运行流量的 1.5～2.0 倍，如果发现有细沙子被冲洗出来，应该立即停止原水泵，并调节泵后阀门，减少流量，然后再次启动原水泵。当冲洗结束后，应将泵后阀门调节回原来状态）。

c. 当反洗出水外观清澈，即可停止反洗，然后调节阀门，进行正洗，时间为 5 分钟。

d. 清洗结束后，关闭原水泵，将阀门调节至运行状态。

②活性炭过滤器（简称炭滤器）的冲洗

a. 设备每天运行约 24 小时，每三天应该对炭滤器进行冲洗一次。

b. 停止系统，调节炭滤器阀门，开通反洗水进出阀门，关闭其他阀门，启动原水泵，观察反洗出水表观特征（注意：反洗水的流量是运行流量的 1.5～2.0 倍。当冲洗结束后，应该将泵后阀门调节回原来状态）。

c. 当反洗出水外观清澈，即可停止反洗，然后调节阀门，进行正洗，时间为 5 分钟。

d. 清洗结束后，关闭原水泵，将阀门调节至运行状态。

③活性炭过滤器的消毒灭菌

a. 活性炭容易滋生细菌和微生物，所以必须对其进行定期的灭菌。每两个月进行灭菌处理一次。

b. 停止系统，开通砂滤器反洗入水阀和运行出水阀，让水流直接进入炭滤器；

c. 启动原水泵，调节原水流量（逆时针旋转原水泵后调节阀），使其减少流量约 50%，注意观察水温变化，利用换热器将原水加热到 80～90℃，让热水缓慢进入炭滤器内，并开通正洗排水阀。约 20 分钟后，炭滤器开始排出热水，持续 10 分钟后即可结束灭菌过程。

d. 另外，可以采用臭氧消毒灭菌，方法是：减少原水流量约 50%，往炭滤器入水中添加臭氧约 3～5 克/小时，开通正洗排放阀，持续排水 1 小时即可。第三种方法是高温蒸汽消毒灭菌，方法是：关闭炭滤器进出口阀门，开通正洗排放阀，缓慢开通蒸汽入口阀门，让蒸汽缓慢通入罐内。经过约 30 分钟后，排放口会出现蒸汽，这时，减少蒸汽流量，保持罐内高温（约 95～110℃）1 小时即可。

④精密过滤器的维护

a. 正确安装过滤芯，认真记录投入使用初期的过滤压差，并且每两个月打开过滤器顶盖，查看滤芯是否出现错位或破损。

b. 当过滤压差明显变化（累计变化幅度超过 0.5MPa），或者过滤压差达到 0.7MPa 时，应该尽快更换过滤芯。通常，每半年就会出现这种情况。由于砂滤器和炭滤器不可能完全截留住颗粒状污染物（非溶解性污染物），所以精密过滤芯的使用寿命是有限的。如果砂滤器和炭滤器运行正常，原水的质量良好，水质稳定，那么，精密过滤芯的使用寿命将得到延长，最多可以使用一年的。

c. 精密过滤芯属于消耗性材料，建议储备两年备用品。

⑤反渗透主机的检查和维护

a. 检查高压泵运转是否正常，出水压力和扬程是否能够达到标值，运转时应无明显震动和非正常噪音，运转时禁止关闭泵出口阀门，也不能在无水状态下启动。

b. 反渗透膜的性能决定着系统产水量和水质，为了保证系统长期稳定运行，应该重点关注膜的性能的变化。如果与最后一次维护后投入使用时的压力相比，运行压力变化幅度达到15%，应对膜进行维护。通常，膜的维护周期为6个月。如果水质较差，砂滤器、炭滤器和精密过滤器运行状态欠佳，絮凝剂、阻垢剂和氢氧化钠添加量不合适，应对膜随时维护。

如果系统的其他部分运行正常，而主机出水却无法达到标准值（水温25℃），应对一级反渗透膜进行化学清洗。清洗配方和方式见设备说明书。

⑥反渗透膜的化学清洗与水冲洗

清洗时将清洗溶液以低压大流量在膜的高压侧循环，此时膜元件仍装在压力容器内而且需要用专门的清洗装置来完成该工作，一般步骤为：

a. 用泵将干净、无游离氯的反渗透产品水从清洗箱（或相应水源）打入压力容器中并排放几分钟。

b. 用干净的产品水在清洗箱中配制清洗液。

c. 将清洗液在压力容器中循环1小时或预先设定的时间，对于8英寸压力容器，流速为150升/分钟，对于4英寸压力容器，流速为40升/分钟。

d. 清洗完成后，排尽清洗箱并进行冲洗，然后向清洗箱中充满干净的产品水以备下一步冲洗。

e. 用泵将干净、无游离氯的产品水从清洗箱（或相应水源）打入压力容器中并排放几分钟。

f. 在冲洗反渗透系统后，在产品水排放阀打开状态下运行反渗透，直到产品水清洁、无泡沫或无清洗剂（通常需15~30分钟）。

⑦检修及维护

水处理设备必须定期进行检查，及时排除故障隐患，确保设备能够长期稳定地运行。应6个月进行检查一次，检查线路、运行记录等。检查之前应该制定计划，对检查的过程和结果（包括容器、管道、电气等）应该做详细的内容记录，并妥善保存。

（7）纯化水贮罐、管道的清洗消毒

①清洗、消毒频次

a. 正常生产情况下，贮罐及输送管道应按规程每周消毒一次。

b. 停产时间超过24小时后，再生产时需纯蒸汽消毒，停产时间3天以上（含3天）应清洗后消毒处理。

c. 如输送管道、贮罐被污染，清洗处理后，消毒。

②准备工作

a. 提前将欲清洗的纯化水贮罐中的水放空，打开罐盖。

b. 准备好干净的绸布手绢、桶、照明灯及刷干净的雨鞋，梯子要冲洗干净，并且不能损坏罐的内壁。

c. 进入罐内要戴好白工作帽，用纯化水冲洗雨鞋底至干净。

③清洗步骤

a. 用干净绸布手绢将罐壁逐处擦洗，并不断用干净的纯化水清洗绸布手绢。

b. 擦完罐壁后将罐内残存的水从出口排净，并用绸布手绢沾干。

c. 用纯化水冲洗罐壁，操作重复前面两步三次。

d. 人员准备出罐时，要将自己脚踩的地方用绸布手绢擦净，尽量减少脚踩的面积。

e. 认真检查罐内，不得遗留下任何东西，操作人员从梯子上来，将梯子撤出。

f. 在贮罐内加纯化水配制适量的2%氢氧化钠溶液，将罐盖盖好后上好螺丝，浸泡20分钟，罐及管道循环40分钟后，放掉管道及贮罐内的氢氧化钠溶液，先用饮用水循环冲洗，在回水口和各使用口检测接近中性为止，再用纯化水循环冲洗至进出水口电导率一致为止。

④消毒步骤

a. 纯化水管道消毒与纯化水贮水罐同步进行。

b. 纯化水管道消毒前各纯化水使用口打开，放掉管道内残存的纯化水。

c. 用纯蒸汽进行贮罐及管道消毒，至各使用口蒸汽排除，关闭阀门（时间1小时，纯蒸汽温度≥121℃，压力≥0.2Mpa）。

⑤结束

a. 消毒结束后，用纯化水冲洗贮罐及管道检查水质合格后开始供应。

b. 洁具使用完用纯化水冲洗干净后存放在洁具间。

注意事项：出罐前要严格检查，罐内不得存有任何异物；进罐人员不得超过二人；贮罐及管道清洗后必须消毒。

5. 注射用水的制备

（1）开机

①检查纯化水水质、冷却水、生蒸汽等，保证质量要求并有足够的供应量，认清各阀门位置及电气控制按钮位置。

②开启电源开关，按下消音按钮。按下强制排水按钮（二位三通阀的不合格开启）。

③适量开启生蒸汽凝水排放阀 V4，有效浓缩水排气阀 V7。

④开启蒸汽管路阀，再打开排污阀。当污水排净后，关闭排污阀，开启 V2 蒸汽阀，调节蒸汽压力逐渐升至0.3MPa，启动原料水泵，开启阀 V3-1 进水量1/3（定量数），当蒸汽水出水温度达到96℃时开启 V3，缓缓调节加大阀门正常量供原料水。蒸汽水出水温度又升至96℃时，开启冷却水阀 V8 正常供冷却水，根据出水温度，适当调节冷却水量。

⑤检查水质，要符合《中国药典》现行版"注射用水"规定（从蒸馏水机出水口取样检查或观察仪表、水质电导率合格，所有参数均要在规定范围内），按出强制排水按钮，将蒸馏水送至注射用水贮罐。

⑥当机器所有参数均在设定范围内，按出消音按钮，机器进入正常运行中。若蒸馏水电导率、温度不合格，则声光报警，二位三通阀立刻换位至不合格水排放口，并声光报警，使不合格蒸馏水不能进入注射用水贮罐，以确保进入贮罐的为100%合格的

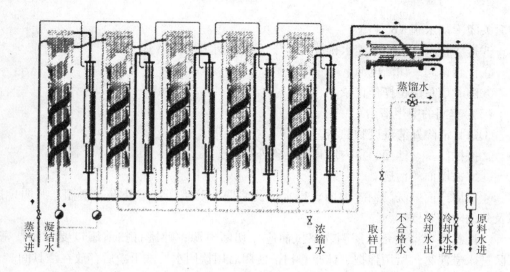

蒸汽进　凝结水出　　　　　　　　　　　　浓缩水　取样口　不合格水　冷却水出　冷却水进　原料水进

蒸馏水

图 6 – 2　多效蒸馏水机示意图

注射用水。

（2）关机

①按下消音及强制排水按钮。

②关小进水阀 V3 使原料水降至原设定值的 1/2，2 分钟后停止水泵运转，自动关闭阀 V3 – 1，关闭冷却水阀 V8，1 分钟后关闭蒸汽阀 V2 及管路总阀门。

说明：若停机 12 小时以上，则按以下操作：关小进水阀 V3 使原料水降至原设定值的 1/2，2 分钟后停止水泵运转，关闭阀 V3 – 1，关闭蒸汽阀 V2 及管路总阀门，3 分钟后关闭冷却水阀 V8。

③排净积水，关闭浓缩水排放阀 V7，蒸汽凝水排放阀 V4。

④拧转钥匙，切断电源。

⑤随时填写岗位操作记录。

（3）车间的卫生清洁

①每日清除并清洗废物贮器。

②擦拭门窗、地面、室内用具及设备外壁。

③擦去墙面的污迹。

④每周全面擦洗门窗、地面、排水道、墙壁、贮罐、管道外壁、顶棚、照明、排风及其他附属装置。

⑤注意事项：设备、照明、擦拭前应先切断电源；贮罐打扫前罐口要封闭严密，以防进入悬浮物；所用拖把、抹布、扫帚使用后用饮用水冲洗干净后存放在洁具间。

（4）多效蒸馏水机的清洁、维护、保养

①清洗

a. 关掉主开关电锁，切断蒸馏水机电源，关上蒸汽阀，打开清洗阀。

b. 准备流量 6T/h 的不锈钢泵一台以及容积 ≥400 升的循环清洗液箱一只，按设备说明书中"清洗接管及辅助设备示意图"用密封圈及芯片将不合格出水口塞住，清洗管路接好。

c. 用配好安全酸洗剂溶液，温度始终控制在 60℃ 左右，清洗时间以清洗表面每 1 毫米厚度约需 18 小时为准。

d. 启动不锈钢循环泵，液体将按顺序注入一塔、二塔、三塔、四塔，最后注入冷凝器，并开始从不凝性气体出口流出返回清洗液贮桶，需要调节泵的回流阀。

e. 参照"清洗接管使用示意图"以第一塔到最后一个塔依次释放空气，方法是打开各堵头。

②维护保养

a. 开机后检查各法兰和各管道接口是否有泄漏现象，若有泄漏，请按对角线位置适当紧固连接螺母或螺栓。

b. 经常检查电线、仪表联接点，保证接头接触良好。

c. 蒸馏器使用多年后，蒸发器、预热器及冷凝器的传热面有可能形成薄的垢层，使传热系数降低，可用药液进行清洗。

d. 水垢主要成分为硫酸盐时，用 1 号溶液清洗；水垢主要成分为硫酸盐，并含有硅酸盐时，则先用 1 号溶液清洗，后用 2 号溶液清洗，经过上述清洗后，用 3 号溶液中和，最后用纯化水冲洗 1 小时。

e. 溶液的配制：1 号溶液：在纯化水中加入 4%~5% 的盐酸，使用温度为 20℃，清洗 1 小时；2 号溶液：在纯化水中加入 4%~5% 的氢氟酸，使用温度为 20℃，清洗 1 小时；3 号中和溶液：在纯化水中加入 2% 的氨，在室温下使用，清洗 1 小时。

f. 如遇冷却管结垢，可用药剂清洗，经多次清洗后，水垢还难以清除时，可更换新冷却水管。

（5）注射用水贮罐、管道的清洗消毒

①清洗、消毒频次

a. 正常生产情况下，贮罐及输送管道应按规程每周消毒一次。

b. 停产时间超过 24 小时后，再生产时需纯蒸汽消毒，停产时间 3 天以上（含 3 天）应清洗后消毒处理。

c. 如输送管道、贮罐被污染，清洗处理后，消毒。

②准备工作

a. 提前将欲清洗的注射用水贮罐中的水放空，打开罐盖，散发热气。

b. 准备好干净的绸布手绢、桶、照明灯及刷干净的雨鞋，梯子要冲洗干净，并且不能损坏罐的内壁。

c. 进入罐内要戴好白工作帽，用纯化水冲洗雨鞋底至干净。

③清洗步骤

a. 用干净绸布手绢将罐壁逐处擦洗，并不断用干净的纯化水清洗绸布手绢。

b. 擦完罐壁后将罐内残存的水从出口排净，并用绸布手绢沾干。

c. 用纯化水冲洗罐壁，操作重复前面两步三次。

d. 人员准备出罐时，要将自己脚踩的地方用绸布手绢擦净，尽量减少脚踩的面积。

e. 认真检查罐内，不得遗留下任何东西，操作人员从梯子上来，将梯子撤出。

f. 在贮罐内加纯化水配至适量的 2% 氢氧化钠溶液，将罐盖盖好后上好螺丝，浸泡 20 分钟，罐及管道循环 40 分钟后，放掉管道及贮罐内的氢氧化钠溶液，先用饮用水循环冲洗，在回水口和各使用口检测接近中性为止，再用纯化水循环冲洗至进出水口电导率一致为止。

④消毒步骤

a. 注射用水管道消毒与注射用水贮水罐同步进行。

b. 注射用水管道消毒前各纯化水使用口打开，放掉管道内残存的注射用水。

c. 用纯蒸汽进行贮罐及管道消毒，至各使用口蒸汽排除，关闭阀门（时间 1 小时，纯蒸汽温度≥121℃，压力≥0.2MPa）。

⑤结束

a. 消毒结束后，至水蒸气排放干净，冲洗贮罐及管道检查水质合格后开始供应。

b. 洁具使用完用纯化水冲洗干净后存放在洁具间。

注意事项：贮罐要提前开盖散热；出罐前要严格检查，罐内不得存有任何异物；进罐人员不得超过二人；贮罐及管道清洗后必须消毒。

【结果】

1. 用离子交换法、电渗析法、蒸馏法及反渗透法通过有机组合使用可制得纯化水，纯化水经蒸馏可制得注射用水。

2. 填写生产原始记录。

3. 本批产品生产完毕，按 SOP 清场，质检人员作清场检查，发清场合格证。待后续不同规格或不同产品的生产。

【相关知识和补充资料】

1. 纯化水的质量标准

纯化水是原水经适宜的方法（电渗析法、反渗透法、离子交换法、蒸馏法等）制得的供药用的去离子水，作为普通制剂的溶剂或实验用水。其检查项目如下：

（1）比电阻的测定初纯水（电渗析法制得）的比电阻在 10 万 Ω 以上，高纯水（离子交换、反渗透法制得）的比电阻在 40 万 Ω 以上，注射用水的比电阻在 100 万 Ω 以上。

（2）Ca^{2+}、Mg^{2+}、Cl^- 的检查，水中不得出现上述离子。否则，说明树脂未能将全部的离子吸附到树脂上，可能是树脂老化或树脂用量不足，或操作不当引起。

（3）pH 值的检查，出水 pH 值应接近于 7。如原水中阳离子未完全除去而阴离子完全除去，出水的 pH 值将偏碱。反之，偏酸。

（4）易氧化物的检查，当原水中含有大量的有机物时，预处理未除尽可能带入纯水中。在交换时部分老化的树脂裂解产生的低分子有机物，在交换时也会带入纯水中。如检查不合格，说明交换水中有机杂质过多，应及时处理。

2.《中国药典》（2010 年版）对蒸馏法制得纯化水的检查方法和质量要求

蒸馏水为无色的澄清液体，无臭、无味。蒸馏水的检查项目如下：

（1）酸碱度　取本品 10ml 加甲基红指示液 2 滴，不得显红色（变色范围 4.2～6.3 红→黄）。另取 10ml，加麝香草蓝指示剂 5 滴，不得显蓝色（变色范围 6.0～7.0 黄→蓝）。

（2）氯化物、硫酸盐与钙盐　取本品分置 3 支试管中，每管各 50ml。第一管中加硝酸 5 滴与硝酸银试液 1ml，第二管中加草酸铵试液 2ml，3 支试管均不得发生浑浊。

（3）硝酸盐与亚硝酸盐　取本品 15ml，加 6mol/L HAc18ml，对氨基苯磺酸 α-萘胺试液 2ml，锌粉 0.01g，摇匀，放置 15 分钟，不得显粉红色。

（4）氨（NH_3）　取本品 50ml，加碱性碘化汞钾试液 2ml，放置 15min，如显色，与氯化铵溶液（NH_4Cl 1.5mg 加无氨蒸馏水稀释至 1000ml）2ml，加无氨蒸馏水 48ml，与碱性碘化汞钾试液 2ml 制成的试液对照液比较，不得更深（0.00004%）。

（5）二氧化碳（CO_2）　取本品 25ml，置 50ml 具塞量筒中，加氢氧化钙试液 25ml，密塞振摇，放置 1 小时之内不得发生浑浊。

（6）易氧化物　取本品 100ml，加稀硫酸 10 ml，煮沸后加 $KMnO_4$ 液（0.02mol/L）0.10ml，再煮沸 10 分钟粉红色不得完全消失。

（7）不挥发物　取本品 100ml，置 105℃恒重的蒸发皿中，水浴蒸干，并在 105℃干燥至恒重，遗留残渣不得过 1mg。

检查不挥发物主要是检查不挥发性盐含量，不挥发性盐类含量不得超过 10ppm。

（8）重金属　取本品 40ml，加醋酸盐缓冲液（pH 3.5）2ml，硫代乙酰胺试液 2ml，摇匀，放置 2min，与本品 42ml 加醋酸盐缓冲液（pH 3.5）2ml，硫代乙酰胺试液 2ml 的混合液比较，颜色不得更深。

3.《中国药典》（2010 年版）对注射用水的质量检查

纯化水是原水经适宜的方法制得的供药用的去离子水，作为普通制剂的溶剂或实验用水。注射用水系指蒸馏水或去离子水经蒸馏所得的水。一般应于制备后12小时内使用。灭菌注射用水，是指经过灭菌的注射用水。注射用水的检查项目如下：

（1）pH值 应为5.0~7.0，按《中国药典》规定，以玻璃电极为指示电极，用酸度计进行测定，应符合规定。

（2）氨 取本品50ml，照蒸馏水项下的方法检查，对照用氯化铵溶液改为1.0ml，应符合规定（0.00002%）。

（3）热原 取本品，加入250℃加热1h或其他方法除去热原的氯化钠使溶解成0.9%的溶液后依《中国药典》方法检查，按家兔每千克注射10ml，应符合规定。

（4）氯化物、硫酸盐与钙盐、硝酸盐与亚硝酸盐，二氧化碳、易氧化物、不挥发物与重金属照蒸馏水项下的方法检查，应符合规定。注意本品制备后，应在不超过12小时内使用。

4. 热原的基本性质和检查方法

热原是微生物产生的能引起恒温动物体温异常升高的致热物质，热原由磷脂、脂多糖（LPS）和蛋白质组成。一般存在于大容量的中药注射剂中，尤其是中药输液剂中。热原反应的症状一般表现为先发冷，过30分钟发热，严重者昏迷、休克。供静脉注射用的注射剂要求无热原。普通的中药注射剂对热原检查不作要求。热原有如下一些性质：

（1）耐热性：温度达150℃，经数小时不能杀灭热原，所以一般的注射剂灭菌条件无法破坏注射剂中已存在的热原。

（2）滤过性：热原体积小，一般在1~5nm之间，注射剂的滤过常用的滤器（0.22~0.45μm的微孔滤膜，G_4~G_6的垂熔滤器）不能将其除去。

（3）水溶性：其组成成分脂多糖（LPS）和蛋白质使之能溶于。

（4）不挥发性：虽然它有不挥发性，但能随水蒸气一起蒸出，在制备注射用水的蒸馏工序中应注意此点。

（5）其他：热原能被强酸、强碱所破坏，也能被强氧化剂如高锰酸钾或过氧化氢所钝化，超声波也能破坏热原，应用这些方法可以避免制备注射剂容器、用具将热原带入注射剂中。

目前常用的热原检查方法有：

（1）家兔法：为《中国药典》法定的方法。现行版《中国药典》附录中收载有该法，对供试用的家兔、试验前的准备、检查法、结果判断等均有具体的规定。中药注射剂热原检查时应当按照《中国药典》方法进行试验。但是，由于家兔发热试验法动物个体差异大，操作时间较长，不太方便。因此，非新药申报的中药注射剂研究的热原检查，可以采用鲎试验法进行。

（2）鲎试验法：其原理是利用鲎的变形细胞溶解物与内毒素之间的凝集反应。因为鲎细胞中含有一种凝固酶原和一种凝固蛋白原，前者经内毒素激活而转化成具有活性的凝固酶，使凝固蛋白原转变为凝固蛋白而形成凝胶物。这种凝固反应极为灵敏，可检出0.001μg/ml的内毒素（或热原），对革兰阴性菌内毒素的反应最为灵敏。胶凝的速度与内毒素浓度成正比，此外与溶液的温度和pH值有关。已知最适温度为36~38℃，最适pH值为6~8。本法具有操作简便、迅速、灵敏度高、重现性好等优点，特别适宜于注射剂生产过程中的质量（热原）监控。对于某些药剂，如同位素药剂、某些肿瘤化学治疗剂、影响（升高或降低）体温中枢的药剂等，不能采用家兔发热法检验热原时，可用此法。与家兔法相比，此法虽然灵敏度较高，但受多种因素影响，有时会出现假阳性或假阴性反应，故应针对具体试验样本，经过试验研究决定可否采用。

此外，热原的检查方法还有酶联免疫法（ELISA）、凝胶过滤滤过薄层法等。

5. 中药注射剂制备过程中避免热原污染和除去热原的办法

热原的存在对供静脉注射用的中药注射剂临床使用危险性很大，尤其对中药输液剂。因此，供静脉注射的中药注射剂，必须无热原。制备过程中，要设法除去热原，并避免污染热原。

注射剂热原污染途径和防止方法如下：

（1）从溶剂中带入：这是注射剂出现热原的主要原因。因为注射用水等溶剂制备不严格、或蒸馏水器结构不合理、或注射用水贮存时间过长等，均有可能引入热原。所以，配制中药注射剂时应该用新鲜蒸馏的注射用水，保存时间不得超过 12 小时，最好随蒸随用。

（2）从原料中带入：大多中药注射剂的原料为净药材，药材质量不佳常会带入热原。原料包装不好，贮藏时间太长，受污染也会产生热原。中药提取物本身很适宜微生物生长，存放过程中也容易被热原污染。防止从原料中带入热原，首先要严格把好原料的质量关，制备过程中严格按照操作规程进行，制备好的中间体注意防止微生物污染。为保证产品质量，必要时在投料前可做热原检查。

（3）从用具、容器中带入：注射剂中的热原，有时是由配制注射剂的装置、用具、管道及容器带入。所以，配制注射剂时，各种器具、管道应严格处理，并用无热原的注射用水反复冲洗，合格后才能使用。

（4）在制备过程中污染：制备中药注射剂各个环节均有可能被热原污染。因此，在制备过程中，必须严格按 GMP 要求操作，在洁净度符合要求的环境中进行。整个制备过程在保证质量的前提下，时间越短越好。

（5）因灭菌不彻底或包装不严而产生热原：注射剂灌封后，必须进行严格灭菌，灭菌操作中，若因灭菌器装量过多，或气压不足、时间不够，或操作不严格等原因，均可使注射剂的灭菌不完全，致使微生物在药液中生长繁殖产生热原。尤其对中药输液剂的灭菌因装量大更应注意。另外，注射剂还可因为包装不严在贮藏过程中被热原污染。因此，中药注射剂的检漏工序必须严格执行。

（6）在临床应用过程中带入：有时中药注射剂尤其是中药输液剂本身不含热原，但在临床使用时出现热原反应。这往往是由于临床使用的器具如注射器、胶皮管、针头等被污染所致。因此临床使用中药注射剂时，最好使用质量符合要求的一次性注射用具，确需重复使用的注射用具应严格进行消毒处理。

注射剂中及有关溶剂、器具除去热原的方法主要有：

（1）高温法：在温度 250℃，时间 30 分钟以上处理，可除去热原，此法仅适用于对热稳定的物品的处理。如对注射用针管等玻璃器皿，则先经洗涤洁净后，在 180℃，2 小时，250℃ 30 分钟以上处理破坏热原。

（2）酸碱法：因热原可被强酸或强碱所破坏，故可用强酸强碱浸泡玻璃、塑料等容器，以除去热原。

（3）吸附法：溶液中的热原可用石棉板滤器吸附除去，但由于石棉滤器尚存在一些缺点，故不常用。一般常用方法是在配制注射剂时加入 0.1%～0.5%（g/ml）的活性炭吸附，煮沸并搅拌 15 分钟，这样能除掉大部分热原。而且活性炭还有脱色、助滤作用。不过应注意活性炭也会吸附一部分药物，因此在配制时应考察活性炭吸附对有效成分的影响。

（4）凝胶滤过法：通过此法可制得供配制注射剂用的水，如把 800g 二乙胺基乙基葡聚糖凝胶 A－25 装入交换柱中，以 80L/h 的流速交换，可制得 5 吨无热原去离子水。

（5）离子交换法：溶液中的热原也可被离子交换树脂所吸附。国内外曾报道用离子交换树脂吸附可除去水中的热原，并用于大生产。实践证明强碱性阴离子交换树脂对热原交换吸附的效果很好，而强酸性阳离子交换树脂除去热原能力很弱。用离子交换树脂除去热原的原理，是因为热原物质大分子上有磷酸根与羧酸根，带有负电荷，故易被强碱性阴离子交换树脂所交换吸附。

（6）反渗透法：二级反渗透通过机械过筛作用，可将分子量大于 300 的有机物几乎全部除尽，故可除去热原。

（7）超滤法：有人采取了超滤的办法来去除松梅乐注射液药液中存在的热原，先用 0.22μm 的微孔滤膜粗滤，再用超滤器（截留分子量 >8000）精滤。与不用超滤的工艺比较，超滤法去除热原效果良好。

（8）化学法：包括氧化法，常用 0.05%～0.15% H_2O_2。还原法：如 200ml 羟基乙基淀粉注射剂与 50mg 氢化锂铝在 90℃～100℃，加热 20～30 分钟，加 1g 活性炭 110℃加热 20～30 分钟，滤清，即可除去热原。

【课堂讨论】

1. 制备纯化水的方法有哪几种？
2. 制备注射用水与纯化水的主要区别？
3. 蒸馏水器操作的注意事项有哪些？
4. 反渗透操作的注意事项有哪些？

1. 纯化水　2. 注射用水　3. 灭菌注射用水　4. 反渗透法

兴趣是最好的老师。

第二节 安瓿的处理

主题 如何处理安瓿？

【设施与器材】

①超声波安瓿洗瓶机；②红外线灭菌干燥机。

【步骤】

1. 人员按一更、二更（安瓿洗涤、灭菌干燥）、三更（安瓿冷却）净化程序进入各生产岗。

一更、二更净化程序同前，三更净化程序如下

（1）走出二更室。

（2）在三更更鞋区将鞋放入指定的鞋柜里，然后转身180℃穿上三更工作鞋。

（3）在三更更衣间脱去外衣、内衣，用流动的水、药皂洗手、脸、腕，用烘干机烘干。

（4）进入三更更衣间，穿无菌内衣、手消毒、穿无菌外衣、穿无菌鞋、手消毒；入气闸室，风淋后入无菌洁净区工作间。

2. 生产前的准备工作。

3. 物料的验收。

4. 安瓿处理：理瓶－洗涤－干燥灭菌。

（1）安瓿的理瓶

理瓶室属一般生产区，内包装材料安瓿按物料通道进入，在去包装间除去外包装（物料外部应保持清洁，若有灰尘用抹布擦抹）后，传入理瓶间。物料、包装材料、废弃物退出一般生产区时，均应按物料通道搬运。

说明：有些类型的安瓿洗瓶机不需要理瓶这道工序。

（1）准备工作

①检查上批清场情况，将《清场合格证》附入批生产记录。

②检查设备是否具有"完好"及"已清洁"标示。

③理瓶室按《一般生产区清洁规程》进行清洁，QA人员检查合格后，签发《生产许可证》。

④根据公司下达的《批生产指令》挂贴标有品名、规格、批号等内容的"正在生产"标示。

⑤根据公司下达的《批生产指令》填写领料单，领取所需数量的安瓿至安瓿存放间，并核对所领安瓿的规格、数量及检验报告单。

⑥在脱外包间拆除安瓿外包装箱后转入理瓶间，并及时将外包装箱清理出现场。

⑦不锈钢周转盘按《安瓿周转盘清洁消毒规程》清洁、烘干。

附：安瓿周转盘清洁消毒规程

（1）清洗频次：每次使用前。

（2）清洗工具：不脱落纤维抹布、毛刷、橡胶手套。

（3）清洁剂：普通洗涤剂。

（4）清洗烘干：将由灯检工序传至的不锈钢盘在清洗池中用饮用水刷洗干净，取出（沾有油污、药液的不锈钢盘先用清洗剂擦洗干净，再用饮用水冲洗至无泡沫），用不脱落纤维抹布擦去水分，倒扣在盘架上，推入热风循环烘箱中，设定温度为50℃，烘干时间为20分钟。烘干后转至理瓶室，摆放整齐，备用。

（5）清洗消毒：将安瓿清洗烘干工序用后的不锈钢盘在清洗池中用纯化水刷洗干净，取出后用不脱落纤维抹布擦去水分，倒扣在盘架上，推入热风循环烘箱中，设定温度为102℃，烘干灭菌时间为20分钟。烘干灭菌后转至灌封间备用。

（2）生产操作

①从热风循环烘箱中取出已清洁烘干的不锈钢周转盘。

②将安瓿理入不锈钢周转盘中，松紧适宜。

③剔除烂口安瓿，放入废弃物桶内。

④将盖板对齐安瓿颈后盖上。理好安瓿的盘内不得有玻璃屑，每盘中烂口安瓿≤3支。

⑤按照从上到下的顺序将装盘后的安瓶装在运装车上，及时由物料缓冲间（传递窗）送交安瓿洗烘工段，计数并填写理瓶—安瓿洗烘交接单。

⑥理瓶结束后，及时填写生产原始记录，班长核实后签字。

⑦如发现安瓿质量出现问题，应填写《异常情况处理报告》交车间主任处理，并通知QA人员。

（3）清场

①将剩余安瓿，清点计数，作好记录，并摆放整齐。

②将安瓿的包装箱、盒，及时退至回收库。

③碎玻璃、破安瓿，归入指定容器，按车间污物、废物管理规程处理。

④理瓶室及盘清洗室按《一般生产区清洁规程》进行清洁。

⑤盘干燥箱按《一般生产区设备清洁规程》清洁，工作台面用不脱落纤维抹布擦拭干净，QA人员检查合格后，放置"已清洁"标示。

⑥检查盘干燥箱正常后，挂贴"完好"标示。

⑦填写清场记录，QA人员检查合格后，签发《清场合格证》，将《清场合格证》挂贴于理瓶室门上。

⑧生产结束后，关闭水、电、门。

5. 安瓿的洗烘灭菌（洗烘室属十万级洁净区）

人员经"一更""二更"后进入洗烘室；安瓿由理瓶间经物料缓冲区（传递窗）传入。操作以ACQ－Ⅱ安瓿超声波洗瓶机、GMSU型4M链条隧道式灭菌烘箱为例，见图6－3、图6－4（可安装在灌封机上组成洗、灌、封联动线）。

图 6 – 3　ACQ – Ⅱ安瓿超声波洗瓶机

图 6 – 4　GMSU 型 4M 链条隧道式灭菌烘箱

（1）准备工作

①检查上批清场情况后，将《清场合格证》附入批生产记录。

②检查洗瓶、灭菌烘箱是否具有"完好"及"已清洁"标示。

③按《十万级洁净区清洁消毒规程》对本岗位清洁消毒。QA 人员检查合格后签发《生产许可证》。

④根据公司下达的《批生产指令》挂贴标有产品名称、规格、批号等内容的"正在生产"标示。

⑤根据公司下达的《批生产指令》接收由理瓶室传入的安瓿。

⑥洗瓶机操作前的检查与准备：

a. 检查洗瓶机的清洁情况，各润滑点的润滑情况。

b. 检查电源、水源、气源是否到位及达标，水槽各放水阀是否处于关闭状态，线路和元件有无异常，线端、管路连接是否牢固、密闭等。在电器操作面板上确认是否处在单机运行状态。

c. 开启总电源钥匙开关旋向送电位置，人机界面显示屏显示操作菜单画面。首先进行手动、自动操作程序的检查，如正常才能投入生产。

d. 开启新鲜水水源阀，向水箱放水至一定水位时，箱内浮球阀自动关闭进水（水位下降时则自动开启）。

e. 开启水箱出水阀。

f. 在操作菜单画面中按"手动操作"键，画面切换至手动操作画面（1），先按"手动进入"键，进入手动操作状态（即调试状态：可对推进、针板、翻盘、喷淋、水冲、气冲等进行调试。根据实际调试需要可按其中某一功能键，同时该键发亮以示进行某功能调试。在手动操作画面（1）中按"后屏"键，画面切换至手动操作画面（2），本画面与手动画面一共同组成全部调试内容，操作方法相同。全部调试结束后，必须先按"手动退出"键，再按"前屏"键，使画面回复至操作菜单画面。）。

g. 在进入手动状态后，按"清水泵"键，启动清水泵，旋开水箱出水口过滤器顶部排水阀排水，当出水后旋闭。

h. 在手动操作画面（1）中按"后屏"键，切换至手动操作画面（2），向水槽中加水，在画面（2）中按"水冲"键打开电磁阀。新鲜水则通过清洗喷针向各水槽加水，当水位到达超声波浴槽的溢流口时，再按"水冲"键停止加水操作。

i. 先按"前屏"键回到手动操作画面（1）后，按"手动退出"键，再按"前屏"键回复至操作菜单画面。

⑦灭菌烘箱操作前的检查与准备：

a. 检查灭菌烘箱的清洁情况，各润滑点的润滑情况。

b. 打开电柜查看线路和元件有无异常。线端连接是否牢固、接触继电器元件动作是否正确，电机旋转方向是否正确，操作时电流、电压是否稳定。

c. 检查主机电源是否正常。

d. 按总电源按钮，电源指示灯亮。

e. 数秒钟后触摸屏显示初始画面。

f. 触摸初始画面中"XF"，画面显示出"操作选择"画面。

g. 在"操作选择"画面中触摸"设置一"键，画面显示"设置一"画面。

h. 分别在该画面的"高温－预热"和"冷却－下层"区域触摸"控制开始"和"自整定一"、"自整定二"两次，即控制设定温度有效。

i. 触摸该画面右侧的"设置二"键，画面显示"设置二"画面。

j. 分别触摸画面中高温设定"###"，预热设定"###"，冷却设定"###"和下层设定"###"键，并设定温度：高温为350℃，预热温度为250℃，冷却温度为150℃，下层温度为350℃。设定完成后分别再触摸一次予以确认。

k. 触摸画面中安全温度"###"键，设定安全温度为100℃，设定完成后再触摸一次予以确认。

l. 在烘箱尾部手动调节链条变速把手，调节网带速度为 120～190mm/min。

（2）生产操作

①洗瓶机的生产操作

a. 在洗瓶机人机操作界面的操作菜单画面中按"自动操作"键，画面切换至自动操作画面，即可进行自动操作（即日常生产操作）。

b. 将欲清洗的瓶盘，从洗瓶机的瓶盘入口处推入升降架内准备接受清洗。

c. 在自动操作画面中按"自动进入"键，右旁的指示灯亮，显示已进入自动操作状态。

d. 进入自动操作状态后，按"程序启动"键。此后即由 PLC 程控器执行自动清洗程序。

e. 在当前盘自动完成若干清洗程序后，使人机界面触摸屏下方的进瓶信号灯亮，此时可推入下一个欲清洗的瓶盘，然后再按"程序启动"键。此后，在继续完成当前盘的清洗程序的同时又开始了下一个瓶盘的清洗。

f. 欲察看程序运行状态可按"程序监视"键，画面切换至监视画面。监视画面除能动态显示正常的程序外，还能以走马灯形式显示故障内容和检查点。若一旦发生停机故障，监视画面下方会显示故障指示，根据指示检查相应的传感器，排除故障后，即可恢复自动运行。

g. 在监视画面中按"返回"键，画面回复至自动操作状态，以进行瓶盘的连续清洗生产。

h. 当需要立即中断自动程序操作时，按自动操作画面中的"程序停止"键，以结束程序执行。再按"自动退出"键，撤消自动操作状态，指示灯灭。灭灯后按"前屏"键，画面切换至操作菜单画面。

说明：洗瓶机在出厂时参数如气冲次数、水冲次数、摇晃时间等已设定，且已符合清洗工艺要求，用户一般不必进行参数调整操作，若要进行可按以下操作：在自动操作画面中的按"参数设置"键，画面切换至参数调整画面，在该画面中按某一参数后，立即弹出数字输入窗口，在数字输入窗口中清洗工艺要求设置（或修改）参数值，当确认无误后按"ENT"键把数字打入数值框中。在输入中若数字有误，可用"CR"键全清或"ES"键前清一位给予清除，再重新输入即可。在完成各参数设置后，按"关闭"键，输入窗口消失。在调整参数画面中按"返回"键，画面回复至自动操作画面。

②灭菌烘箱的生产操作：（有两种操作方式：自动操作和手动操作）

自动操作（连续运行）：按工艺程序自行运行

a. 在准备工作结束后，触摸画面中"连续运行"键，画面显示连续运行画面。

b. 触摸连续运行画面中的"网带投入"键、"连续进入"键和"连续投入"或"单机运行"键（根据生产为联动线还是单机运行而定），再触摸"启动运行"键，烘箱即按以下程序：前层流→后层流→排风→网带→高温开→下热开→预热开→冷却开→（抽湿机开），自动启动操作运行。

c. 在开始运行时，打开配电柜。在里面接线板上手动控制前、后层流风机和排风风机（抽湿机设备）的变频调节频率，使烘箱→十万级洗瓶间风压为 10～30Pa，烘箱→灌封间的风压为 0～15Pa。

d. 运行时随时注意风压和各段温度的变化，及时调节控制以符合工艺要求。

手动操作（调整）：按工艺程序人工操作运行

a. 在准备工作结束后，在画面中触摸"调整一"键，画面切换至调整一画面。

b. 触摸画面中"调整进入"键。

c. 按照"前层流开→排风开→（抽湿开）→后层流开→网带开→下层开→冷却开→预热开→高温开"的程序，触摸相应的键，进行人工控制开车运行。

d. 在运行开始后即和自动操作相同，调控各风机变频器从而调节风压到合适的范围。随后观察风压和温度，确认正常。

（说明：自动操作和手动操作可以进行相互转换。在自动操作中要转换至手动操作时，在连续运行画面中，触摸"连续退出"键，再触摸"调整一"键，即可进入手动操作；在手动操作时要转向连续运行，触摸连续运行画面中"连续进入"、"网带投入"、"单机运行"或"连续投入"键，最后触摸"启动运行"键，即烘箱自动进行操作。）

③温度曲线、温度记录和打印

a. 在画面中触摸"温度曲线"键和"温度记录"键，画面切换至温度曲线和温度记录画面，并在画面上显示即时操作状态的温度曲线和温度记录。

b. 如需打印成文，触摸"打印"键，打印机即打印即时的温度记录和温度曲线。批生产结束后，触摸"打印"键，打印机可打印出全过程的温度记录和温度曲线。

c. 操作时间记录：安瓿瓶正式进入烘箱操作时，触摸清零键。开机时间在屏幕上显示即时的时间；当批生产的安瓿全部输出烘箱时，视为该批瓶子工作结束。网带停机，屏幕显示时间为停机时间，生产全过程的时间在累计时间键上显示。

④报警功能

a. 当发生预热、高温、冷却和下热超高温时，报警灯亮，鸣器响。随之超高温部分加热器停，这时触摸"报警解决"键，待温度降至允许温度，加热再自动进行。

b. 层流和排风发生故障时，报警灯亮，鸣器响，所有加热系统停止运行。触摸"报警记录"键，画面显示报警记录画面。

c. 触摸该画面中"报警解决"键，报警灯灭，鸣器停响。查找原因排除故障后，按自动或手动程序操作。

⑤发生紧急情况时，可按面板上"急停"开关，电源切断，烘箱进行全部停止。

⑥应急处理功能：如遇上 PLC 和触摸屏失灵，可将面板上的按钮拨至应急方位。用手动启动风机，以保护高效过滤器，不因高温而烧坏。

（3）结束

①洗瓶机的结束操作

a. 在自动操作画面中按"自动退出"键，指示灯灭。再按"前屏"键切换至操作菜单画面。

b. 关闭水箱出水阀，打开各水槽排水阀排水，设备经过清洗后关闭排水阀。

c. 把钥匙开关旋回断电位置，人机界面显示屏灭。

d. 停总电源，关闭水源阀、气源阀。

②灭菌烘箱的结束操作：

a. 当批生产的瓶子全部开出烘箱时，触摸"停止运行"键。自动功能进入停止功能，烘箱按（停抽湿）→停冷却→停下热→停高温→停网带运行。待烘箱高温探头温度降至100℃以下，烘箱自动停排风，停前后层流。

b. 关闭总电源。

c. 如为手动操作，则按启动运行的相反程序停止各功能，最后关闭电源。

③将使用后的不锈钢周转盘及时传至盘洗消岗位，按《安瓿周转盘清洁、消毒规程》进行清洁消毒。

④及时填写生产记录。

⑤发生异常情况影响正常工作，应填写《异常情况处理记录》交车间主任及时处理并通知 QA 人员。

（4）清场

①清洗烘干室及盘洗消室按《D级洁净区清洁消毒规程》清洁消毒。

②超声波洗瓶机、灭菌烘箱按相应设备的清洁规程进行清洁。由 QA 人员检查合格后，放置"已清洁"标示。

③检查、保养超声波洗瓶机、灭菌烘箱，由 QA 人员检查合格后，挂贴"完好"标示。

④及时填写清场记录，经 QA 人员检查合格后，签发《清场合格证》，将《清场合格证》挂贴于安瓿洗烘间门上。

（5）质量控制标准

①洗烘室内温度、湿度及压差应符合标准，温度 18～26℃、相对湿度 45～65％，压差≥10Pa。

②水箱内纯化水水温 50～60℃。纯化水、注射用水压力应符合标准。

③清洗后安瓿质量抽检：澄明度合格率≥98％　安瓿破损率≤1％。

④安瓿干燥后，质量符合要求，应无菌、无热原。

说明：安瓿的清洗、烘干灭菌的方法、设备较多，应按具体设备的要求进行操作。

（6）规格品种的更换

①若要更换安瓿的品种规格在超声波洗瓶机上可按以下步骤进行。

②更换与该品种规格相匹配的专用瓶盘。

③更换与该品种规格相匹配的针管、针板、压板、瞄准板及底板零件，并分别进行组装。

④调整外壁喷淋器、摆动喷淋器及对位装置（Ⅰ）、（Ⅱ）通道等的高度。

⑤按相应的工艺要求，调整 PLC 清洗周期等参数。

（7）超声波清洗机的维护与保养：

②每次启用时，首先进行手动、自动操作的程序检查，如正常才能投入生产。

③气动及电器元件应经常检查，对损坏元器件要及时更换或修复。仪表要按规定

时间送检、校正。

④当过滤器出口压力降至表压 0.1Mpa 时必须更换滤芯。水质检查可在过滤器出口弯头排放阀处取样。

（8）灭菌烘箱的维护与保养

①每次操作结束后，需对烘箱外表进行日常清洗工作

②连续运行一年后（每天 6 小时），需进行全面清洗：对前后层流罩风机及风道，排风机及其进口风道进行清洗；对烘箱内腔进行清洗；更换层流的中效过滤布；如高效过滤器堵塞（风压小于 200Pa（高效前后）；尘埃粒子数超标），要及时更换。

③连续运行 6 个月（每天 6 小时）要对减速箱更换润滑油，对网带主被动轮及压轮的两端轴承更换润滑油。当全面清洗时，要对层流风机和排风机轴承更换润滑油。

④维修：烘箱电器及仪表需经常检查，对损坏的元器件应及时更换或维修，仪表必须按规定校验；电加热管的更换：切断电源，卸去外罩和连接导线，拆卸电加热管固定螺栓，整体取出电加热管，更换后复位；前后层流高效过滤器的更换：卸去前后层流箱顶板螺栓，打开顶板，松开高效过滤器压板螺栓，取出高效过滤器。视密封垫完好情况，决定是否需要更换密封垫，更换后复原，并测试 100 级层流；电磁离合器释放失灵故障的排除：拆卸离合器，检查弹簧，经清洗后再组装；链条的拆除与拼装：需用尖头钳在链条接口把轴心抽出，即可分离链条。拼接的过程与拆卸相反。

【结果】

1. 经过理瓶、洗涤、干燥灭菌、冷却得到清洁可用于灌装的安瓿。

2. 填写生产原始记录。

3. 本批产品生产完毕，按 SOP 清场，质检人员作清场检查，发清场合格证。待后续不同规格或不同产品的生产。

【相关知识和补充资料】

1. 安瓿的质量要求

国家标准（GB 2637 – 1995）规定水针剂使用的安瓿一律为曲颈易折安瓿，规格有 1、2、5、10、20ml 五种。曲颈易折安瓿有两种，即色环易折安瓿和色点刻痕易折安瓿。通常使用无色安瓿。棕色安瓿可滤除紫外线，适用于对光敏感的药物，但因此玻璃中含氧化铁，若产品中含有能被铁离子催化氧化的成分，则不宜使用，所以这种颜色的容器现在应用不多。易折安瓿的使用，避免了临床注射时因折断安瓿瓶颈造成的玻璃屑、微粒对药液的污染。

安瓿玻璃一般分为硬质中性玻璃，含钡玻璃和含锆玻璃三种。硬质中性玻璃是低硼硅酸盐玻璃，化学稳定性高，耐热压灭菌性能好，玻璃浸提出来的成分少，适用于盛装弱酸性或中性的注射坡，如各种输液、注射用水、维生素 B_{12} 等。含钡玻璃的耐碱性能较好，适用于盛装碱性较强的注射液，如磺胺嘧啶钠注射液等，但其脆性较大、熔点较高，给熔封带来一定困难。含锆玻璃是含有一定数量氧化锆的硬质中性玻璃，具有较高的化学及热稳定性，耐酸、耐碱性强，不受药液的浸蚀，适用于盛装具腐蚀

性的药液。

安瓿是直接接触注射药液的容器，不仅在生产过程中需经高温灭菌，而且要在各种不同的环境下长期贮藏，因此安瓿的质量对注射液的稳定性影响很大。质量差的安瓿在灭菌时常发生脱片、混浊、爆裂、漏气等现象，药液与玻璃表面在长期接触过程中可能互相影响，使注射剂发生变质的现象，如 pH 值改变、沉淀、变色等。如当玻璃含有过多的游离碱时，将引起注射液 pH 值升高，可使酒石酸锑钾因 pH 值升高而分解产生三氧化二锑沉淀，使产品毒性增加。外形规格相差较大的安瓿，不利于机械自动化生产，如颈丝粗细相差过大，在灌封机上灌封时就会产生玻屑，或封口不严产生毛细孔，或出现爆头现象。故生产上一定要使用符合国家标准的安瓿。

安瓿的质量要求如下：①安瓿玻璃应无色透明，以便于检查澄明度、杂质以及变质情况；②膨胀系数小，耐热性好，以耐受在洗涤和灭菌过程中所产生的热冲击，在生产过程中不易冷爆破裂；③要有足够的物理强度以耐受在热压灭菌时所产生较高的压力差，并避免在生产、装运和保存过程中造成破损；④化学稳定性高，不改变溶液的 pH，不易被注射液所侵蚀；⑤熔点较低、易于熔封；⑥无气泡、麻点和砂粒。

安瓿的质量检查一般有　①物理性能检查：主要检查安瓿外观、洁净度、耐热性等。②化学性能检查：耐酸性能、耐碱性能、中性检查及装药试验。详见中华人民共和国国家标准（GB 2637 – 1995）。

2. 超声波洗涤原理

利用超声技术清洗安瓿是国外制药工业近二三十年来发展的一项新技术新工艺，它的作用机理如下：

浸没在清洗液中的安瓿在超声波发生器的作用下，使安瓿与液体接触的界面处于剧烈的超声振动状态时所产生的一种空化作用，将安瓿内外表面的污垢冲击剥落，从而达到清洗安瓿的目的。

这里的空化是指在超声波作用下，在液体内所产生的无数微气泡（空穴）。我们知道，液体的特性是耐压不耐拉，当超声波所产生的拉力足以破坏分子的内聚力时，液体内部就断裂为无数内部几近真空的微气泡（空穴）。在超声波的压缩阶段，刚形成的微气泡（空穴）受压缩崩裂而湮灭；在微气泡（空穴）湮灭的过程中，自微气泡（空穴）中心向外产生能量极大地微驻波，其局部压强可达几百 Mpa，温度可达摄氏几千度。与此同时，由于微气泡剧烈摩擦所产生的电离，因而引起放电、发光及发声现象。在超声波作用下，微气泡不断产生，不断湮灭，"空化"不息。"空化"作用所产生的搅动、冲击、扩散和渗透等一系列机械效应大部分有利于安瓿的清洗。

这里应当指出的是，在关于应用超声波清洗安瓿的大量文献中，虽然认可应用安瓿清洗的居多数，但也确有报道认为超声波在水浴槽中易造成对边缘安瓿的污染。如美国的一家公司经过测试证明，超声波会损坏玻璃安瓿的内表面而造成玻璃脱片，应值得引起注意。

【课堂讨论】

1. 安瓿材质有哪几种，每种耐酸、耐碱性如何？

2. 洗瓶机操作注意事项有哪些？

3. 超声波洗涤的原理是什么？

4. 灭菌干燥烘箱注意事项有哪些？

 词汇积累

1. 安瓿洗涤 2. 超声波洗涤 3. 灭菌干燥箱 4. 远红外干燥

 今日思考

问题是你施展才能的机会。

第三节 制备丹参注射液原液

主题 如何制备丹参注射液的原液？

【所需设施与器材】

①洗药机；②往复式切药机；③衡器；④烘房；⑤盛器；⑥多功能中药提取罐；⑦醇沉罐；⑧减压浓缩罐；⑨滤器。

【步骤】

1. 人员按 GMP 净化程序—更进入前处理、提取及纯化岗。

2. 生产前的准备工作。

3. 原辅料的验收配料。

4. 原药材的整理炮制

（1）将按生产处方要求定额领取的丹参筛拣，除去灰渣、泥沙、杂质等非药用部分。

（2）将上述净制后药材，水洗，切片；及时烘干（80℃±5℃）。

5. 用多功能中药提取罐煎煮提取、真空浓缩罐浓缩

取丹参饮片1500g加水浸泡30min，煎煮3次，第一次2小时，第二、三次各1.5小时，合并煎液，滤过，滤液减压浓缩至750ml（每毫升相当于原药材2克）。

6. 纯化

（1）醇处理 加乙醇沉淀二次，第一次使含醇量为75%，第二次使含醇量为85%，每次均冷藏放置后滤过，滤液回收乙醇，并浓缩至约250ml。

（2）水处理 加注射用水至400ml，混匀，冷藏放置，滤过，备用。用10%氢氧化钠溶液调节 pH 值至6.8，煮沸半小时，滤过，加注射用水至1000ml，灌封，灭菌，即得。

【结果】

1. 经过提取、除杂、纯化制得丹参注射液原液。

2. 填写生产原始记录。

3. 本批产品生产完毕，按 SOP 清场，质检人员作清场检查，发清场合格证。待后续不同规格或不同产品的生产。

【相关知识和补充资料】

1. 制备中药注射剂须具备的条件

中药注射剂的原料可以是单味中药及其复方，也可以是从中药材及其复方中提取的有效部位或有效成分，但不是所有的中药材及其复方都适宜制成注射剂。新发布的《药品注册管理办法》（试行）明确指出："中药、天然药物注射剂的主要成分应当基本清楚"。因此，选择以注射剂为给药形式的中药、天然药物及其复方，应当具备以下条件。

（1）临床急需，患者顺应性良好：鉴于注射给药途径的特殊性与目前中药注射剂的复杂性，欲将中药材及其复方制成中药注射剂，首要的条件应是临床急、重症等治疗需要，其疗效又明显优于其他给药途径。中药注射剂属于非肠道给药系统，有些中药选择注射剂作为剂型时，主要考虑这些中药不宜口服或者是用于不宜口服给药的患者。但是，还有一些其他的剂型也属于非肠道给药系统，如栓剂、粉雾剂、透皮吸收制剂等。以这些剂型给药较注射剂方便，且为固体剂型。如果使用其他剂型能达到较高的生物利用度和与注射剂相当的临床疗效，则可以选择其他剂型作为这些中药的给药形式。

同时，临床上还应考虑患者的顺应性问题，由于中药注射剂存在剂量与疗效的问题，若肌内、穴位注射，一次给药量超过 5ml，很难为病人接受，而中药材或天然药物及其复方的用药量都较大，虽然制备时经过提取、分离、纯化等多道工序后可以减少用量，但有效成分的转移率如何，能否在保证中药原方临床疗效的同时，又有良好的顺应性，同样是中药材或天然药物及其复方选择注射剂作为剂型时的必备条件。

（2）主要有效成分应基本清楚：有效物质的提取与分离是制备中药注射剂的关键。只有在主要有效成分基本清楚的前提下，才能明确提取、分离的目的和对象，以便使用科学合理的提取分离技术和方法制备符合注射剂成型工艺要求的半成品（中间体提取物）。而且，也只有主要有效成分清楚，才能建立切实可行的从原料到制剂的指纹图谱，并制定制剂的含量及其他检测标准，以有效地控制中药注射剂的质量，确保用药安全、有效。因此，主要有效成分明确也是中药注射剂质量标准建立的基本条件。

（3）处方合理：制备注射剂的处方，一方面要符合中医药理论，另一方面也要兼顾处方中的多个组分，避免发生配伍禁忌。例如，含有机酸和生物碱成分的中药配伍、含苷类与生物碱成分的中药配伍时，可能有沉淀生成，其沉淀有些即使是有效成分，但作为注射剂也是不允许沉淀存在的。所以在制备注射剂时决不能简单沿袭成方，需进行配伍研究和疗效再评价，只有既符合注射剂的现代制药工艺要求，又符合中医药理论的处方，才可以选择注射剂型。

2. 以净药材投料的中药注射剂对原料（中药材）及半成品的质量要求

以净药材为原料是中药注射剂常见的投料方式。由于药材的质量直接影响到中药注射剂成品的质量，因此，以药材为中药注射剂的原料时，药材必须符合一定的质量要求。

首先应明确药材来源，包括原植、动物的科名、中文名、拉丁学名、药用部位、产地、采收季节、产地加工、炮制方法等。药材由于产地、采收季节、加工方式的不同其成分会发生变化，为保证产品质量的一致性，对动、植物药材均应固定品种、药用部位、产地、采收季节、产品加工和炮制方法。矿物药包括矿物的类、族、矿石名或岩石名、主要成分、产地、产品加工、炮制方法等。以人参为例，实验证实，对不同加工方法人参贮存 1 年而言，红参、生晒参因水分含量较高，在贮存中总皂苷含量明显下降，其中红参下降 25.18%，生晒参下降 32.85%，冻干参因贮存前后含水量较低，在贮存中总皂苷含量几乎无变化。

为确保注射剂的质量，对毒性或刺激性大，或鞣质、钾离子含量高，而在精制过程中难以除去，影响注射剂安全性、稳定性的中药材，可以在遵循中医药理论的前提下，用毒性低、刺激性小，或鞣质、钾离子含量低而功效相同的另外的药材进行替换，亦即使用新的《药品注册管理办法》（试行）中所指的中药材的代用品。但是，必须注意，使用了中药材代用品的中药注射剂处方，除需进行药效、毒理的相关研究外，还需按规定申报中药材的代用品（中药、天然药物注册分类 3）。

其次，用于注射剂的原料应建立相应的药材质量标准，如药材指纹图谱、有效成分（或有效部位）含量测定方法及限度、杂质限度检查等。

总之，中药注射剂原料药材的生产、管理应执行 GAP（《药材生产质量管理规范》）标准，这样可以规范中药材的生产过程，保证和提高中药材的质量，以满足制药企业和临床用药的需要，是中药注射剂现代化的基础和必由之路。GAP 标准主要包括生产基地环境、种子和繁殖材料、栽培生产、采收及产地加工、包装、运输与贮藏、质量检测、人员及设备、文件记录及档案管理等。

《中药注射剂研究的技术要求》规定："以净药材为组分的复方注射剂，应该用半成品配制，并制定其内控质量标准，符合要求方可投料"。因此，以净药材为原料的复方中药注射剂，必须制定半成品（中间提取物）的企业内控质量标准，配液时应以半成品计算投料量，而不是以原药材计算投料量。半成品的内控质量项目主要包括：半成品名称、处方、制法、性状、鉴别、检查（蛋白质、鞣质、重金属、砷盐、草酸盐、钾离子、树脂、炽灼残渣、水分、农药残留量及有可能引入的有害有机溶剂残留量等）、主要成分的含量限度，等等。

3. 以有效成分或有效部位为组分的注射剂对原料的要求

除了以原药材投料外，中药注射剂也可以以有效成分或有效部位为原料，如灯盏花素注射剂、猪苓多糖注射剂等。有效成分是指从中药、天然药物中得到的未经化学修饰的单一成分，如灯盏花素注射剂中的灯盏花素。而有效部位则是从中药或天然药物中提取的一类或数类成分，如三七中的总皂苷。作为中药注射剂原料的有效成分或有效部位，其质量标准项目主要包括：名称、处方、制法、性状、鉴别、检查（蛋白质、鞣质、重金属、砷盐、草酸盐、钾离子、树脂、炽灼残渣、水分、农药残留量及有可能引入的有害有机溶剂残留量等）、含量测定、功能主治、用法用量、贮藏、有效期，等等。其中，对含量测定有严格规定。有效成分中单一成分的含量应当占总提取物的 90% 以上，同时还需要提供有关理化性质的试验资料。以有效部位为组分配制的中药注射剂应根据有效部位的理化性质，研究其单一成分或指标成分的含量测定方法，选择重现性好的方法，并进行方法学考察试验，所测定的有效部位的含量应不少于总固体量的 70%（静脉用不少于 80%）。建立质量标准时应将总固体量、有效部位量和某单一成分量均列为质量标准项目。

作为中药注射剂原料的有效成分或有效部位，可以是生产注射剂的企业自己生产，也可以从别的生产企业购入。企业自身生产时，必须按 GMP（《药品生产质量管理规范》）要求管理生产过程，并且要符合相应的国家药品标准（有可能是企业申报制剂时一并申报的药品标准）。

从别的生产企业购入作为中药注射剂原料的有效成分或有效部位，原料生产企业必须符合 GMP 要求，原料必须为注射用规格，并符合相应的国家药品标准。为保证中药注射剂的质量，一般而言，原料购入要有固定的企业来源。

4. 小容量溶液型中药注射剂的制剂处方的设计

中药注射剂包括溶液型、混悬液型、乳浊液型及注射用无菌粉末等几个类型，溶液型中药注射剂还有小容量和大输液之分。不同类型的中药注射剂对于制剂处方的设计要求不同。在此仅介绍小容量溶液型中药注射剂的制剂处方设计。

小容量溶液型中药注射剂中的溶质以分子或离子形式分散，制剂的安全、稳定、有效是制剂处方设计的根本目的。为此，对此类型的中药注射剂的处方设计，主要从以下几个方面考虑：首先，应对配液前的半成品（中间提取物）、有效成分或有效部位进行有关的理化性质与生物学性质研究，了解其溶解性、药物的稳定性（包括物理化学稳定性与生物学稳定性）、配伍特性、生理适应性等。其次，根据溶解性能选择适宜的溶剂。供注射剂选用的溶剂虽然不少，但一般使用水和植物油作为注射用溶剂较常见（有关注射剂溶剂的种类及选用在后面将会详细介绍）。由于从中药或天然药物中提取的有效物质大多非单一成分，很难用一种溶剂解决溶解问题，往往需要选择使用增溶剂或助溶剂，以提高药物在溶剂中的溶解度，因此，在中药注射剂处方设计中，增溶剂与助溶剂的选择也很重要。pH 值调节剂在中药注射剂制剂处方中也较重要，有的中药注射剂只要调节适当的 pH 值药物就能达到较好溶解度。选择 pH 值调节剂时，要注意所选的物质是否对主药的稳定性等有影响，调节的 pH 值不能超过人体的生理耐受范围。然后再根据需要选择抗氧剂、止痛剂、抑菌剂等。中药注射剂附加剂的选用一定要慎重，可以通过实验考察所选的附加剂与药物的配伍变化，看其是否影响药物的稳定性和药效。尤其是抑菌剂的使用，有些注射剂，如用于静脉注射的注射剂是不能加入抑菌剂的。另外，适宜的成型工艺和方法也是提高小容量溶液型中药注射剂的质量和稳定性的有效手段。

5. 中药注射剂有效成分含量低的解决方法

中药、天然药物及其复方制成注射剂后疗效不满意或不稳定，主要是因为有效成分含量低或含量不稳定。造成这一问题的原因是多方面的，可以通过以下几个方面进行解决：

一是把好药材关。对于以净药材为组分的中药注射剂，药材的来源、产地、采收季节、贮存条件与时间长短等因素直接影响药材的质量，有可能导致中药注射剂有效成分含量不足。

二是选择科学合理的中药的前处理工艺，包括药材的加工炮制、提取分离、纯化、精制等工艺。在中药注射剂制备过程中，由于工艺设计不当，如运用的提取、纯化方法欠合理，有效成分大量损失，而使注射剂有效成分含量低。如丹参注射液传统的提取工艺为水煎煮三次，以此工艺制得的产品只考虑了丹参素和原儿茶醛，而指标成分丹参酮II_A水中溶解度较低，产品中含量也低。有人采用95%乙醇~50%乙醇~水综合提取工艺，其提取物中丹参素、原儿茶醛、丹参酮II_A三个指标成分的提取量均较理想。另外，提取过程中成分之间产生反应，使溶解度降低等都会造成有效成分含量降低，如含有大黄和黄连的注射液。另外，混合提取会使某些成分含量增加，甚至产生新化合物，而增强疗效。有人比较生脉散合煎液与分煎液中化学成分的变化，发现合煎过程中产生了具有抗氧化作用的新成分5-HMF。含有黄芩、甘草的注射液在醇沉时需注意pH值调节不合理造成有效成分黄芩苷、甘草酸损失。

三是设计合理的制剂处方。制剂处方中溶剂、增溶剂、助溶剂、pH值调节剂等的选择直接影响着药物的溶解度，因此，如果制剂处方设计不合理，有可能直接导致中药注射剂中有效成分的含量降低。

四是选择科学合理的成型工艺。成型工艺包括配液、溶解、滤过、灌封、灭菌等工序，这些工序方法选择或操作不当，也可能导致中药注射液的有效成分含量降低。

如有些有效成分在配液时如果加热有可能产生物理或化学变化，冷却后则产生沉淀被滤除，从而使有效成分的含量降低。解决这一问题的办法，除每一工序选择科学合理的方法外，还应以有效成分的含量与药效学等多指标相结合对成型工艺进行考察，以确定科学的工艺条件。

6. 制备中药注射剂的溶剂及选择方法

溶剂是中药注射剂的重要组成部分，在保证产品的安全、有效、稳定方面起着非常重要的作用，所以正确选择溶剂对保证注射剂的质量很关键。注射剂常用的溶剂有：

水，是最常用的溶剂，本身无药理作用，能与乙醇、甘油、丙二醇等溶剂以任意比例混溶。水也能溶解大多数无机盐和有机物，但水性液体制剂中药物稳定性较差，容易霉变。注射用水的质量要求在《中国药典》中有严格的规定。除一般纯化水的检查项目如酸碱度、氯化物、钙盐、铵盐、硫酸盐、二氧化碳、易氧化物、不挥发物及重金属等均应符合规定外，还必须无菌、无热原。2010年版《中国药典》规定注射用水为纯化水经蒸馏法所得的水，有些国家规定也可用反渗透法制备。注射用水无论以何种方法制得，配制注射液时，都以新制注射用水为好。注射用水宜用优质不锈钢容器密闭贮存，排气口应有无菌滤过装置。若贮存时间需要超过12小时者，必须在80℃以上保温、或65℃以上循环保温、或2~10℃冷藏及其他适宜方法无菌贮存，贮存时间以不超过24小时为宜。注射用水贮槽、管件、管道都不得采用聚氯乙烯材料制备。

注射用油，《中国药典》规定注射用油应无异臭、无酸败味，色泽不得深于黄色5号标准比色液，在10℃时应保持澄明，皂化价为185～200，碘化价为78～128，酸价不大于0.65，并不得检查出矿物油。凡经过精制后符合注射用油要求，对人体无害，能被组织所吸收者，都可选为注射用油。常用的注射用油为植物油，主要为注射用大豆油，其他还有注射用麻油、花生油、菜油等。注射用油应贮存于避光、洁净的密闭容器中，低温贮存后滤过，以除去油中蛋白质以及一些高熔点的脂类物质，可增加油的稳定性和耐寒性。为防止注射用油氧化酸败，可考虑加入抗氧剂如没食子酸、生育酚等。使用前需150℃加热1小时灭菌，然后冷至60～80℃配料。

其他常用的非水溶剂：

（1）乙醇：能与水、甘油、挥发油等任意比混合，能溶解生物碱、苷类、挥发油、内酯等成分，延缓强心苷等的水解，有一定的生理作用。做注射用溶剂时乙醇的浓度可高达50%，可供肌内或静脉注射，但当乙醇浓度 >10%，肌内注射时就可能有疼痛感。对小鼠 LD_{50} 静脉注射为1.973g/kg，皮下注射为8.285g/kg。

（2）甘油：能与水或乙醇任意比混溶，由于黏度及刺激性等原因不能单独作为注射用溶剂，常与水、乙醇、丙二醇混合使用，以增加药物的溶解度。一般用量为15%～20%（应注意通针性问题）。对小鼠 LD_{50}，皮下注射为10ml/kg，肌内注射为6ml/kg。甘油是鞣质和酚类成分的良好溶剂。

（3）丙二醇：能与水、乙醇、甘油相混溶，在注射剂中，使用1，2－丙二醇。本品在一般情况下稳定，但在高温下（250℃以上）可被氧化成丙醛、乳酸、丙酮酸及醋酸。丙二醇能溶解多种挥发油与多种类型药物，具有溶解范围广的特点，但不能与脂肪油相混溶。因丙二醇低毒，可供肌内注射或静脉滴注给药。此外，不同浓度的丙二醇水溶液有使冰点下降的特点，可用以制备各种防冻注射剂。小鼠腹腔注射的 LD_{50} 为9.7g/kg，皮下注射为18.5g/kg，静脉注射为5～8g/kg。

（4）聚乙二醇：为环氧乙烷的聚合物，常用作注射用溶剂的是低分子量的PEG300、PEG400等，系无色略有微臭的液体，略有引湿性。能与水、乙醇相混合，化学性质稳定，不易水解。采用PEG作溶剂的注射液有洋地黄苷注射液（用PEG300做溶剂）、毒毛旋花子苷G注射液（用PEG300做溶剂）、黄体酮注射液（用丙二醇：苯甲醇：PEG300 = 15：5：80 的混液）等。PEG300对大鼠的腹腔注射 LD_{50} 为19.125g/kg，PEG400对小鼠的 LD_{50} 为4.2g/kg。

（5）油酸乙酯：为浅黄色油状液体，有微臭，不溶于水，能与乙醇、乙醚、氯仿及脂肪油等相混合。其性质与脂肪油相似，仅黏度较小，在5℃时仍保持澄明，能迅速被组织吸收，但贮存后将变色。

以上溶剂的安全性（刺激性、溶血性）顺序（由大到小）为：

PEG300→丙二醇→甘油→PEG400→乙醇

此外，还有苯甲酸苄酯、二甲基乙酰胺、乳酸铵、肉豆蔻异丙基脂等可以作为中药注射剂的辅助溶剂。

正确选择注射剂溶剂是成功制备注射剂的关键。选择注射用溶剂应遵循"相似者相溶"的原则。注射用水和注射用植物油是中药注射剂常用的溶剂，一般根据配液前的药物的溶解性，选择其中之一作为注射剂的溶剂。其他注射用非水溶剂根据药物的需要也可以选择使用，但必须注意安全性问题。如单一溶剂不能解决溶解性问题，可考虑采用混合溶剂及其他增加药物溶解度的方法。另外，选择溶剂时还应考虑所选溶剂对药物稳定性的影响，以保证制成的产品安全、有效，质量稳定、可控。

【课堂讨论】

1. 制备中药注射剂的原料有几种入药方式？
2. 用中药处方制备注射剂应注意哪些问题？
3. 解决中药注射剂有效成分含量低的方法有哪些？
4. 本节讲述了几种中药注射剂易出现的质量问题？

1. 中药注射剂　2. 鞣质　3. 蛋白质　4. 色差

演讲的能力并不总是与丰富的想象力相伴。

第四节　配制、滤过

主题　丹参注射液的配制、滤过如何进行？

【所需设施与器材】

①配液罐；②滤器。

【步骤】

1. 人员按 GMP 净化程序一更、二更进入配液岗。
2. 生产前的准备工作。
3. 原辅料的验收配料。
4. 配液、滤过

药液的配制与滤过（配液间、粗滤间属 D 级洁净区，精滤间属 C 级洁净区）

人员经"一更""二更"后进入配液间粗滤间，经"一更""三更"后进入精滤间；配料用的原辅料在暂存间（外清室）用不脱落纤维抹布取 75% 乙醇擦拭表面，放置 15 分钟，经传递窗送入配液间，存放在原辅料存放室。洁净区剩余物料及包装物返出时，立即对传递窗进行消毒。

（1）准备

①检查上批清场情况，将《清场合格证》附入批生产记录。

②检查配制过滤系统是否具有"完好"及"已清洁"标示。

③配制间、粗滤间按《D级洁净区清洁消毒规程》进行清洁消毒，精滤间按《C级洁净区清洁消毒规程》进行清洁消毒。经QA人员检查合格后，签发《生产许可证》。

④根据公司下发的《批生产指令》填写领料单，领取化验合格的原辅料。原辅料在暂存间（外清室）用不脱落纤维抹布取75%乙醇擦拭表面，放置15分钟，经传递窗送入配液间，存放在原辅料存放室。

⑤测定注射用水的pH值、氯化物、氨，均应合格。

⑥需要使用的器具用75%乙醇溶液消毒。

⑦按《过滤器完整性测试规程》逐个检查过滤器滤芯的完整性，合格后用注射用水冲洗过滤器至冲洗水pH值在5.0～7.0之间。

附：过滤器完整性测试规程

（1）测试频次：终端过滤器每班使用前测试。预过滤器每周测试一次。

（2）操作方法：

①将滤芯充分湿润。

②将滤芯安装在过滤器里，关闭上下排气口，过滤器进口与压缩空气连接好，出口连接上软管，软管另一端放入水槽。

③缓慢开启压缩空气输送阀。

④过滤器加压到0.035MPa，维持1～2分钟，观察是否漏气或产生气泡。以大约0.14Mpa/分的速率，再加压到每种滤芯相应起泡点数值，在相应的起泡点值前如果未观察到气泡的话，滤芯完整性符合要求。

⑤空气过滤器（呼吸器）起泡点测试时，先将配制罐排气阀关闭，取下过滤罐，从滤器进口加入异丙醇，将滤器内滤芯浸泡15分钟，排出异丙醇，装上检测用压力表。进口与压缩空气相连，出口用软管连接并放入盛有异丙醇的水槽，缓慢开启压缩空气，进行测试，起泡点应≥0.126MPa，说明此过滤器无泄露，可以使用。

⑥填写过滤器完整性测试记录。

根据《批生产指令》挂贴标有产品名称、规格、批号、批量等内容的"正在生产"标示。

（2）生产操作

①根据《批生产指令》经计算、复核后，填写处方并进行原辅料的称量，称量按《称量操作规程》进行，必须一人称量，一人复核并及时填写批原辅料配/核料单。剩余原料、辅料应封口贮存，并标明名称、批号、剩余量及使用人等内容。

②活性炭的称量在配炭柜中进行，向盛有称量好的活性炭的容器中加入容器容量50%的注射用水搅拌均匀，防止活性炭飞散。

③打开配料灌上注射用水冲洗器阀门，冲洗罐内壁，从罐底排放阀取样，冲洗水pH值在5.0～7.0之间，关闭清洗阀、罐底排放阀。

④打开注射用水注入阀向配液罐中加入注射用水至配制量的60%。

⑤打开加料盖，开启搅拌，将上述滤液，加注射用水至 1000ml；并加入 10% 氢氧化钠溶液调节 pH 值至 6.8。

⑥将活性炭投入罐内，搅拌均匀，吸附 20 分钟。

说明：加入活性炭是为了吸附药液中的热原、色素和其他杂质等，提高澄明度与安全性。

⑦打开过滤系统回流阀、泵前阀，开启药液输送泵，开始过滤。从取样口检查澄明度合格后，打开稀配罐进料阀，关闭回流阀，打开稀配罐呼吸器，将药液滤至稀配罐中，待浓配液滤完后，打开注射用水清洗器阀门冲洗罐内壁，使剩余药液全部打入稀配罐中，并不断加入注射用水至配制全量，停止过滤。

⑧充分搅拌 15 分钟使药液完全均匀，从取样口取 200ml 药液，进行中间体检查：测 pH 值应在 5.0～7.0，每 1ml 含原儿茶醛（$C_7H_6O_3$）不得少于 0.2mg。若不合格应进行相应调整，直至合格。

⑨待中间体 pH、含量合格后，将药液由终端过滤器精滤至澄明度合格，送灌封。填写配制—灌封交接单。

说明：过滤系统由药液输送泵，钛棒脱炭过滤器、0.45μm 膜过滤器组成。终端过滤器为 0.22μm 过滤器。

⑩配制完毕，及时填写生产原始记录。

⑪设备发生故障不能正常工作时，及时请维修人员维修。发生异常情况时填写《异常情况处理报告》交车间主任及时处理，并通知 QA 人员。

（3）清场

①将生产废弃物按车间规程处理。

②更换品种时，将剩余原辅料放入原包装桶中，贴上标有产品名称、批号、剩余量、使用人等内容的退料卡，经传递窗传出现场，退回仓库并登记入账。

③配制间、粗滤间按《D 级洁净区清洁消毒规程》清洁消毒，精滤间按《C 级洁净区清洁消毒规程》清洁消毒。

④配液系统及其他配制器具的处理按《配制过滤系统清洁消毒规程》和《生产区容器、器具清洁消毒规程》进行清洁消毒，QA 人员检查合格后挂贴"已清洁"标示。

附：配制过滤系统清洁消毒规程

（1）相同品种连续生产时，每天生产结束后：

①将各过滤器滤芯分别拆下，滤筒用注射用水刷洗干净后重新安装好。

②打开配制罐清洗阀，用热注射用水喷洗配制罐内壁 5 分钟，从排污口排出冲洗水。

③打开注射用水注入阀往配制罐中加入 5 万 ml 注射用水，开启过滤系统循环冲洗 10 分钟，从下药管道出口处排出冲洗水。

④重复上述方法，连续清洗三次。

⑤抽液管道用注射用水自上而下冲洗干净即可。

（2）更换品种，每周生产结束，重新开工时：

①按转产品方法处理。

②清洗完成后，用 110℃ 流通纯蒸汽灭菌 20 分钟。

（3）抽药管道每周生产结束后，重新开工时：①用注射用水冲去残余药液。②将盛有1%氢氧化钠溶液的不锈钢桶放在抽药管道下端，用真空自下而上抽至贮液瓶，接近抽完时夹住软管，浸泡20分钟。③将注射用水放入洁净的不锈钢桶中，放在抽药管道下端，自下而上用真空抽至贮液瓶中，直至抽洗水pH值在5.0~7.0之间即可。

（4）贮液瓶：用注射用水冲去残留药液后，用清洁液荡洗内壁，使瓶内壁挂满清洁液，放置30分钟以上，用注射用水冲去残留清洁液，再用注射用水冲洗4~5遍，备用。使用前用75%乙醇擦拭外壁。

（5）过滤器滤芯

①相同品种连续生产时，每天生产结束后过滤器及滤芯用注射用水反冲10分钟，用压缩空气吹干，备用。

②更换品种时

◆钛棒：用纯化水冲去其表面附着物，再用压缩空气吹干，放入稀释1倍的清洁液中浸泡20分钟，取出后用纯化水洗去残余清洁液，用注射用水冲洗至冲洗水pH在5.0~7.0之间，用压缩空气吹干，备用。

◆聚砜滤芯：将滤芯用纯化水冲去表面残留物；用1%氢氧化钠溶液（40~60℃）将滤芯浸泡2小时，取出，用纯化水冲洗干净；用0.5%盐酸溶液将滤芯浸泡10分钟；用注射用水冲洗干净；每次使用前用2%双氧水浸泡消毒，时间控制在10分钟以内，然后用纯化水冲洗干净，再用注射用水冲洗干净。

所有处理过的容器具超过24小时不得使用，应重新处理。

（6）检查配制过滤系统运行正常后，挂贴"完好"标示。

（7）清场结束，填写清场记录，经QA人员检查合格后，签发《清场合格证》。

（8）将《清场合格证》挂贴于配制室门上。

（9）生产结束后，关闭水、电、汽。

（4）质量控制标准及注意事项

①室内温、湿度及压差应符合标准，温度18~26℃、相对湿度45%~65%，压差≥10Pa。洁净区的门必须紧闭。

②药液色泽、pH、含量应符合该生产品种工艺要求。

③毒性、精神类及中间体不能作含量测定的药品必须有QA人员监督投料。

④搅拌转动时，罐口应密闭，手和工具严禁插入罐内。不得裸手操作。

【结果】

经过配制滤过得到合格的待灌封的丹参注射液原液。

【相关知识和补充资料】

1. 注射剂的附加剂

为了保证注射剂的有效性、安全性与稳定性，配制注射剂时，除了主药外还可添加其他物质，这些物质称为"附加剂"，可归属于主药以外的辅料。应根据药物的理化性质和治疗要求选用最为合适的附加剂，其所用浓度必须对机体无毒性，与主药无配伍禁忌，且不影响主药疗效与含量测定。

（1）抗氧剂　许多注射用药物灭菌后或贮存期间，由于氧化作用逐渐发生变色、分解、析出沉淀，或使疗效减弱、消失或毒性增大。为了延缓和防止注射剂中药物的氧化变质，提高注射剂的质量，常向注射剂中加入抗氧剂或采取抗氧措施（加金属螯合剂和通入惰性气体）。

①加抗氧剂：抗氧剂本身为还原剂，其氧化电势比药物低，故当与易氧化的药物同时存在时，药液中存在的氧可先与抗氧剂发生作用，从而使主药保持稳定。选择抗氧剂应根据主药的化学结构和理化性质决定，此外还应尽量做到还原性强、使用量小，对机体安全、无害，且不影响主药的疗效、含量测定和稳定性。常用的抗氧剂见表6－1。

表6－1　注射剂中常用的抗氧剂

抗氧剂名称	使用浓度（溶液总量，%）	使用情况
焦亚硫酸钠	0.1～0.2	水溶液呈酸性。适用于偏酸性药液。热压灭菌后，pH值常下降
亚硫酸氢钠	0.1～0.2	水溶液呈弱酸性，适用于偏酸性药液。与肾上腺素、氯霉素不可配伍，因可使前者生成无生理活性的肾上腺素磺酸盐，可使氯霉素失去光学活性
亚硫酸钠	0.1～0.2	水溶液呈中性或弱碱性。适用于肾上腺素类药物、磺胺类药物的钠盐，异丙嗪与氯丙嗪类药物的注射液，不可与盐酸硫胺配伍
硫代硫酸钠	0.1	水溶液呈中性或弱碱性。适用于肾上腺素类药物、磺胺类药物的钠盐，异丙嗪与氯丙嗪类药物的注射液，不可与盐酸硫胺配伍
硫脲	0.05～0.1	水溶液呈中性或微碱性．适用于偏碱性药液。遇酸、CO_2、氧，或加热均易分解。不可与重金属盐类配伍水溶液呈中性，适用于肾上腺素，抗坏血酸、盐酸硫胺等药物的注射液
抗坏血酸	0.05～0.2	水溶液呈酸性。适用于pH值4.5～7.0的药物水溶液．如酚噻嗪衍生物，酒石酸麦角胺等类药物的注射剂，且常与焦亚硫酸钠合用
焦性没食子酸	0.05～0.1	主要用于油溶性药物注射剂

②加金属螯合剂：许多注射液，如维生素C、肾上腺素、青霉素等的氧化降解作用可因微量重金属离子（如铜、铁、锌等）存在而加速。这些金属离子主要来源于原辅料、溶剂、容器、橡皮塞以及制造过程中接触的金属设备等。为了减少重金属离子污染，生产上需注意选用质量符合要求的原辅料、容器及设备等。且在注射液处方中加入金属螯合剂，常用的有依地酸的盐（EDTA）及枸橼酸、酒石酸、二羟乙基甘氨酸等。

③通惰性气体：为了避免水中溶解的氧和安瓿剩余空间存在的氧对药物的氧化，除加入抗氧剂外，还需通入惰性气体以驱除安瓿空间的空气。目前使用的惰性气体有氮气和二氧化碳两种。在配液时可直接通入药液，或在灌注时通入安瓿中以置换药液液面上空间的空气。因二氧化碳能改变药液的pH，且易使安瓿熔封时破裂，故应尽量使用氮气。

惰性气体必须选用纯品，否则应进行处理。

通惰性气体的方法：一般是先在注射用水中通入惰性气体使其饱和，配液时再通入药液中，并在惰性气体的气流下灌封（一般在药液灌注前、后各通一次），以尽可能排尽安瓿内残留的空气。

（2）抑菌剂　凡采用低温灭菌、滤过除菌或无菌操作法制备的注射液，以及多剂量装的注射液，应加入适宜的抑菌剂。加入量应能抑制注射液内微生物的生长并对人体无毒、无害。抑菌剂本身不应受热或 pH 值改变而降低其抑菌效能，且不影响主药疗效和稳定性，亦不应与橡胶塞起作用。

加抑菌剂的注射液，仍应采用适宜方法灭菌。凡注射量超过 5ml 的注射液添加的抑菌剂，应审慎选择。供静脉或脊椎注射用的注射液，除另有规定外，均不得加入抑菌剂。常用的抑菌剂见表 6 - 2。

表 6 - 2　常用的抑菌剂及使用浓度

抑菌剂名称	使用浓度	适用情况
苯酚	0.5%	适用于偏酸性注射液。在碱性溶液中或与甘油、油类醇类共存时，抑菌效能降低
甲酚	0.3%	适用于药物油溶液，不宜与铁盐或生物碱类等配伍
氯甲酚	0.05%~0.02%	适用于偏酸性注射液。不宜与青霉素、麦角新碱、盐酸奎宁、二甲基砷酸钠、铁盐、部分生物碱配伍
三氯叔丁醇	0.5%	适用于偏酸性注射液。本品在高温及碱性溶液中易分解而降低抑菌效能
硝酸苯汞	0.001%~0.002%	适用于狄奥宁、氯霉素、醋酸氢化可的松、硫酸链霉素等注射液和滴眼剂。不适用于磺胺类、含卤素的药物及含巯基的药物注射液，亦不能与青霉素、荧光素钠等药物配伍
苯甲醇	1%~3%	适用于偏碱性的注射液，并有局部止痛作用
尼泊金类	0.1%左右	适用范围较广，水溶液呈中性，pH 值 3~6 时较稳定，pH 值 8 以上时易水解，不宜与荧光素钠、聚山梨酯 80 配伍。常以两种酯混合使用

在选用抑菌剂时还应注意到影响抑菌效能的各种因素，特别是溶液的 pH 值、黏度，以及抑菌剂在溶液中和在微生物体内的分配系数。若抑菌剂在微生物体内的溶解度大于在溶液中的溶解度，则抑菌效能好，反之则差。例如苯酚作为水溶液的抑菌剂，用 0.5% 即可，而在油中，则需 1% 浓度。

（3）局部止痛剂　有的注射液由于药物本身或其他原因，对组织产生刺激而引起疼痛，为了缓和或减轻疼痛，可酌加局部止痛剂。常用的止痛剂有 1%~2% 苯甲醇、0.3%~0.5% 三氯叔丁醇、0.5%~2% 盐酸普鲁卡因、0.25% 利多卡因等。应注意，苯甲醇连续注射可使局部产生硬结；盐酸普鲁卡因对个别患者能产生过敏反应。

（4）pH 调节剂　为了保证药物稳定及减少对机体的局部刺激性，常需调节注射液的 pH 值。人体血液 pH 值为 7.4 左右，保持这一值大体恒定主要靠血液缓冲体系，以及呼吸调节和肾脏调节。只要不超过血液的缓冲极量，人体可自行调节 pH 值，所以，一般注射液 pH 值宜在 3~10 之间，对于大量静脉注射液要求 pH 值 4~9 之间，否则，大量静脉注射后有引起酸、碱中毒的危险。

常用的 pH 调节剂有盐酸、硫酸、枸橼酸、碳酸氢钠、氢氧化钠、磷酸氢二钠与磷酸二氢钠等。选择 pH 调节剂时也应考虑主药的溶解度、澄明度、稳定性等各方面的因素，一般选择与主药同离子的酸（或作用后能产生水的碱），避免反调。如需反调则用主药本身调整。如维生素 C 注射液用碳酸氢钠调节 pH 可避免碱性过强而影响稳定性，同时，中和时产生二氧化碳，对驱除溶剂中的氧也颇为有利。

（5）等渗调节剂　两种溶液渗透压相等称等渗溶液，医药学中的等渗溶液是指与血浆渗透压相等的溶液，高于血浆渗透压的溶液称高渗溶液；反之，为低渗溶液。0.9% 氯化钠溶液和血浆具有相同的渗透压，故为等渗溶液。注射液的渗透压最好与血浆渗透压相等。肌内注射，人体可耐受 0.45%～2.7% 的氯化钠溶液，亦即相当于 0.5～3 个等渗浓度的溶液。静脉滴注的大剂量输液，应调为等渗或偏高渗。如果血液中注入大量低渗溶液，水分子可迅速进入红细胞内，使之膨胀破裂，发生溶血现象，甚至可引起死亡。临床上除特殊病例外，应绝对避免静脉注射低渗溶液。如果血液注入大量高渗溶液时，红细胞中的水分就会大量渗出，使红细胞皱缩，有形成血栓的可能，但若注入量不大，速度缓慢，机体可自行调节，使渗透压恢复正常。例如，临床上使用的 50% 葡萄糖溶液，20%～25% 甘露醇溶液即为高渗溶液。常用于调节渗透压的物质有葡萄糖、氯化钠、磷酸盐和枸橼酸盐等，另外还有增溶剂、助溶剂、润湿剂、助悬剂及乳化剂等。

2. 投料量计算

配制注射剂前先按处方规定算出原辅量的用量，然后准确称取，再经核对后投料。如原料含结晶水应进行换算。一般投料可按下式计算：

$$原料实际用量 = \frac{原料理论用量 \times 相当标示量的百分数}{原料实际含量}$$

$$原料理论用量 = 实际配液数 \times 标示量$$

$$实际配液数 = 计划配液数 + 灌注时损耗量$$

举例：制备 2ml 装的 2% 盐酸普鲁卡因注射液 1000 支，原料计算用量如下：

（1）计划配液数 =（2 + 0.15）× 1000 = 2150ml

0.15ml 系应增加的装量

为保证用药剂量，灌装量必须比标示量稍多些（表 6-3）。

表 6-3　注射剂的增加装量通例表

标示装量（ml）	增加量（ml）	
	易流动液	粘稠液
0.5	0.10	0.12
1.0	0.10	0.15
2.0	0.15	0.25
5.0	0.30	0.50
10.0	0.50	0.70
20.0	0.60	0.90

（2）实际配液数 = 2150 + （2510 × 5%）= 2257ml

5% 为实际灌注时损耗量

（3）原料理论用量 = 2257 × 2% = 45.14g

原料实际含量为 99%。药典规定盐酸普鲁卡因注射液的含量应为标示量的 95% ~ 105%，故按平均值 100% 计

（4）代入公式

$$原料实际用量 = \frac{45.14 \times 100\%}{99\%} = 45.59\%$$

若在灭菌或贮藏过程中含量下降者，可适当提高"相当标示量的百分数"。

3. 配制方法

质量好的原料可采用稀配法，即将原料药加入所需溶剂中，一次配成所需的浓度。质量较差的原料，采用浓配法，即将全部原料药加入部分溶剂中，配成浓溶液，加热过滤或冷藏过滤，然后稀释至所需浓度。溶解度小的杂质在浓配时可以滤过除去。如处方中含两种或多种药物时，难溶性药物宜先溶；如有易氧化药物需加抗氧剂时，应先加抗氧剂，后加药物。一般小剂量注射剂尽可能不使用活性炭处理，以防止有效成分被吸附。对于澄明度不佳而必须使用时，最好选用一级针用炭。

活性炭可吸附药液中的热原、色素和其他杂质。活性炭以选用一级针用炭为宜，一般用量为配液量的 0.02% ~ 1%，吸附时间 20 分钟左右，使用时一般采用加热煮沸后，冷却至 45 ~ 50℃ 再过滤，也可趁热过滤。活性炭在酸性溶液中吸附力强，在碱性溶液中少数品种会出现"胶溶"现象，造成过滤困难。活性炭分次吸附比一次吸附效果好，因活性炭吸附杂质到一定程度后，吸附与脱吸附处于平衡状态时，吸附效力降低所致。此外，还应注意活性炭对有些药物，特别是溶解度小的药物如生物碱等，同样具有吸附作用。

药液配好后，半成品需经质量检查（澄明度、色泽、pH 值、含量等），合格后方可灌封。

有时配出的含量超出半成品控制的范围，此时则应补水或补料。

（1）药液实际含量高于标示量的百分含量时，应按下式计算补水量：

补水量 = （实测标示量的百分数 – 拟补到标示量的百分数）× 配制药液的体积

例 如配制 5% 维生素 B_1 50 万 ml，测得含量为标示量的 102%，拟补水到标示量的 100%，问需补水多少 ml？

解：补水量 = （102% – 100%）× 500000ml = 2% × 500000ml = 10000ml

答：需补水 10000ml。

一般补水量超过 3% 时应相应补加其他辅料。

（2）药液实际含量低于标示量的百分含量时，应按下式计算补料量：

补料量 = （拟补到标示量的百分数 – 实测标示量的百分数）× 配制药液的体积 × 药液的百分含量

例 如配制 5% 维生素 C 50 万 ml，测得含量为标示量的 98%，拟补料到标示 102%，问须补料多少克？

解：补料量 = （102% - 98%） × 500000ml × 5% （g/ml）

$$= 4\% \times 500000ml \times 5\% \ （g/ml）$$

$$= 1000g$$

答：需补料 1000g。

配制油性注射液，其器具必须充分干燥，注射用油可先用 150℃ ~ 160℃ 干热灭菌 1 ~ 2 小时，冷却后进行配制。

4. 含挥发油成分的中药注射剂的配制方法

挥发油（volatile oil）也称精油（essential oil），是存在于植物中的一类具有挥发性、可随水蒸气蒸馏出来的油状液体的总称，广泛分布于植物界中，我国野生与栽培的含挥发油的药用植物有数百种之多。植物中挥发油的含量一般在 1% 以下，少数在 10% 以上，如丁香中丁香油的含量高达 14% ~ 21%。有的同一植物的药用部位不同，其所含挥发油的组成成分也有差异，有的由于采收时间不同，同一药用部位所含挥发油成分也不完全相同。因此，原料中有含挥发油的中药时，必须注意药材植物品种、产地、采收时期以及药用部位等。

挥发油是中药中一类常见的有效成分，具有止咳、平喘、祛痰、消炎、驱风、解热、抗癌等多种作用，如芸香油、满山红油等在止咳、平喘、祛痰、消炎等方面有显著疗效；莪术油具有抗癌活性；藁本油有抑制真菌作用等。所以，中药注射剂中有含挥发油类成分的药材作原料时，若该成分又为其主要有效成分，则须将挥发油提取出来与其他提取物一起配制成注射剂。挥发油的提取方法有水蒸气蒸馏法、溶剂提取法、超临界流体萃取等。

一种挥发油中一般含有几十种甚至上百种化学成分，其中以萜类化合物（主要是单萜和倍半萜）多见。挥发油大多为无色或微黄色透明油状液体，具有特殊的气味，难溶于水而易溶于有机溶剂，能全溶于高浓度的乙醇，但在低浓度的乙醇中只能溶解一定量。因此，含挥发油成分的中药注射剂如柴胡、莪术、鱼腥草等注射液等，配制时为了增加其溶解度、稳定性和提高其澄明度，可用复合溶剂或加入增溶剂。如配制莪术油注射液时采用无水乙醇、丙二醇、水做为混合溶剂，并加入苯甲醇做止痛剂，所制得的产品稠度适当，无痛感。常用的增溶剂为吐温 80。采用吐温 80 做增溶剂时应先将其与挥发油研磨，然后逐渐加入注射用水，挥发油能很快分散溶解。但有些注射液可因加入吐温 80 而使药物的疗效降低或引起一些副作用。在研究莪术油抗肿瘤时，用 1% 莪术油乳剂静脉注射，发现兔有一过性血压下降，狗可发生持续数小时的降压，经深入研究发现这是由于制剂中加入的吐温 80 所引起。所以在制备中药注射剂时，应当慎用附加剂。挥发油多半易分解变质，特别是有萜烯结构的挥发油更容易被氧化，氧化后不但失去了原味，而且生成树脂性黏稠物沉淀或粘着于瓶口。为了防止中药注射剂中挥发油被氧化而变色或产生沉淀，配液时可适当加入抗氧剂。

5. 滤器的选择与处理

（1）过滤的机理及影响因素

①过滤机理　一种是过筛作用，即大于滤器孔隙的微粒全部被截留在过滤介质的表面；另一种情况是颗粒截留在滤器的深层，如砂滤棒、垂熔玻璃漏斗等深层滤器，

深层滤器所截留的颗粒往往小于介质空隙的平均大小。例如砂滤棒最大孔径为2.5μm，但能除去直径1μm的细菌。有人认为深层滤器除过筛作用外，在过滤介质表面存在范德华力。并且在滤器上还有静电吸引或吸附作用。通过显微照相，发现在石棉滤器纤维上确有酵母菌吸附。另外由于这些滤器具有不规则的多孔结构，孔隙错综迂回，每一厘米厚度，约有2000个弯弯曲曲孔道，小的微生物被截留在这些弯弯曲曲的袋形孔道中而不易通过，但在加大压力或长时间的滤过过程中，小的微生物或微粒有可能"漏下"，而污染药液。再有，在操作过程中，颗粒沉积在滤过介质的孔隙上而形成所谓"架桥现象"，而架桥现象和颗粒形状及可压缩性有关，针状或粒状坚固颗粒可集成具有间隙的致密滤层，滤液可通过流下，而小于间隙的微粒被阻留。但扁平状软的以及可压缩的颗粒，则易于发生堵塞现象而致过滤困难。同时由于深层滤器孔径不可能完全一致，较大的滤孔就能容许部分细小固体通过。因此，初滤液常常不合要求，滤过开始时，要将滤液回流至配液缸，这种操作叫回滤。随着过滤的进行，固体物质沉积在滤材的表面，通过架桥现象形成滤层，此时药液就易于滤净。在注射剂生产中，我们往往用活性炭作滤层，提高注射液的澄明度，也是同样道理。

②影响过滤的因素：a. 加大过滤压力，可增加滤速。但絮状、软的、可压缩的沉淀在压力增加时，滤速减小。b. 增加过滤面积，滤速增加。c. 滤饼厚度增加，阻力增加，滤速减慢。d. 滤饼固体颗粒大小，影响滤饼比阻力，即颗粒直径减小则比阻力增大，滤速减慢。e. 滤液黏度与滤速成反比。

因此，为了提高过滤速度，可以加压或减压滤过以提高压力差；升高药液温度（如右旋糖酐注射液需75～85℃）可降低黏度；先进行预滤，以减少滤饼的厚度；设法使颗粒变粗以减少滤饼的比阻力等办法来达到加速过滤的目的。

还可以使用助滤剂。因为黏性或胶凝性沉淀物或高度可压缩性的物质可形成不可渗透的滤饼，对液体的流动具有很高的阻力。甚至过滤介质被聚积的杂质堵塞或变黏而使滤液的流动停止。助滤剂的作用就是减少这种阻力。因为助滤剂是一种特殊形式的过滤介质，它是多孔性物质，可在过滤介质表面形成微细的表面沉积物，是一种不可压缩的滤层，它能挡住所有杂质，阻止它们接触和堵塞过滤介质。

（2）滤器的种类与选择

①垂熔玻璃滤器　这种滤器采用中性硬质玻璃的均匀微粒烧结而成孔径均匀的滤板，再经粘连制成不同规格的漏斗、滤球和滤棒，如图4-21所示。根据滤板孔径大小分为1～6号或G_1～G_6号，由于生产厂家不同，代号亦不同，长春玻璃厂出产的垂熔玻璃滤器的规格及用途见下表。

表6-4　长春玻璃厂垂熔玻璃滤器规格表

编号	滤板代号	滤板孔径（μm）	一般用途
1234	G_1	20～30	滤除大沉淀物及胶体沉淀物
2254	G_2	10～15	滤除大颗粒沉淀物及气体洗涤
3468	G_3	4.5～9	滤除细沉淀物及水银过滤

编号	滤板代号	滤板孔径（μm）	一般用途
4508	G₄	3～4	滤除液体中细或极细沉淀物
5345	G₅	1.5～2.5	滤除较大杆菌及酵母菌
6360	G₆	1.5 以下	滤除 0.6～1.4μm 的细菌

垂熔玻璃滤器大多用于注射液的精滤或膜滤器前的预滤。这种滤器操作压力不能超过 98kPa，3 号多用于常压滤过，4 号可用于减压或加压滤过。水溶液针剂过滤可以采用 3 号或 4 号，油性针剂可以采用 2 号，无菌过滤可以采用 6 号。

垂熔玻璃滤器化学性质稳定，除强碱或氢氟酸外，一般药品对其无影响，过滤时无碎渣脱落，吸附性低，一般不影响药液 pH，易于清洗，可以热压灭菌。

新垂熔玻璃滤器在使用前，先浸入纯化水中以橡胶管连接于气压机上，鼓以少量空气观察气泡是否均匀，滤板与漏斗接缝处有无裂隙，决定能否使用。每次滤过完毕，用蒸馏水反冲干净，放入 1%～2% 硝酸钠 - 硫酸液中浸泡 12～24 小时，再用热蒸馏水、注射用水抽洗至中性且澄明。一般垂熔玻璃滤器不宜使用重铬酸钾硫酸清洁液处理。

②砂滤棒　砂滤棒系用硅藻土、石棉及有机黏合剂等混合，在 1200℃高温下烧制而成的棒形滤器。一般按滤速分三种规格：快速（粗号）600～1000ml/min、中速（中号）300～600ml/min、慢速（细号）100～300ml/min。滤棒孔径 4～8μm，耐压强度为 294kPa。一般针剂与输液生产采用中速砂棒过滤即可。

新砂滤棒必须经检验合格后，方可使用。检验方法是先将新砂滤棒浸于蒸馏水中 24 小时，将砂滤棒一端接在压力机上，压入适量的空气，观察砂滤棒中冒出的气泡是否均匀，特别应注意金属接合处，如有漏气或气孔不均匀的现象，则不可使用。检验合格后的砂滤棒，先用软毛刷以常水冲刷，再用热注射用水反复抽洗至滤出的水基本澄明（或煮沸 3 次，每次一小时），取水样检查重金属、铁盐呈阴性反应时，即可供滤过药液用。使用后的砂滤棒可先用水反冲（用橡皮管与自来水龙头连接），用毛刷刷其表面，再用沸水冲洗，然后用注射用水抽洗至水液澄明，抽干、包扎、高压灭菌、烘干备用。

③板框压滤器　板框压滤器是由中空的框和支撑过滤介质的实心板组装而成。此种滤器，可以用来粗滤，注射剂生产中一般作预滤之用。过滤面积大，截留固体量多，经济耐用，滤材也可以任意选择，适于大生产使用。主要缺点是装配和清洁较为麻烦，如果装配不好，容易滴漏。

④微孔滤膜　微孔滤膜在注射剂的滤过中，用于终端精滤。微孔滤膜是一种高分子薄膜滤过材料，在薄膜上分布有很多微孔，孔径以 0.025μm 到 14μm，分成多种规格，微孔总面积占薄膜总面积的 80%，孔径大小均匀，如 0.45μm 的滤膜，其孔径范围为 0.45～0.02μm。0.45～0.8μm 用于除微粒，0.22μm 用于除菌。滤膜厚度 0.12～0.15mm。微孔滤膜的种类有醋酸纤维滤膜、硝酸纤维滤膜、醋酸纤维与硝酸纤维混合酯滤膜、聚酰胺硝化纤维素滤膜、聚酰胺滤膜、聚四氟乙烯滤膜等多种。

微孔滤膜孔径小，截留能力强，能截留一般常规滤器所不能截留的微粒，有利于提高注射液的澄明度。在截留颗粒大小相同，滤过面积相同的情况下，膜滤器的流速比其他滤器（如砂滤棒）要快40倍。此外，滤膜没有滤过介质（如纤维）的迁移；不影响药液的pH；滤膜用后弃去，不会在产品之间发生交叉污染；滤膜吸附性小，不滞留药液。滤膜的主要缺点是易于堵塞。

微孔滤膜过滤器常用的有两种，一种叫圆盘形膜滤器，另一种叫圆筒形膜滤器。圆盘形膜滤器由底盘、底盘垫圈、多孔筛板（或支撑网）、微孔滤膜、盖板垫圈及盖板等部件所组成。滤膜安放时，反面朝向被滤液体，有利于防止膜的堵塞。安装前，滤膜应放在注射用水中浸润12小时（70℃）以上。圆筒形膜滤器最简单的是将微孔滤筒直接装在滤筒内，微孔滤筒有一只的，也有三只的，多的达10~20只，此种滤器滤过面积大，适用于大生产。

除菌过滤也是微孔滤膜应用的一个重要方面，常用0.22μm（或0.45μm）滤膜。

微孔滤膜的性能测定：为了保证微孔滤膜的质量，制好的膜应进行必要的质量检验，通常主要测定孔径大小、孔径分布、流速等。孔径大小测定一般用气泡法，每种滤膜都有特定的气泡点，它是滤膜孔隙度额定值的函数，是推动空气通过被液体饱和的膜滤器所需的压力。在未达此压力以前，滤孔仍滞留着液体，当压力不断增加达到克服滤膜孔中液体的表面张力时，则滤液从孔中排出，使气泡出来，这个压力值就是气泡点。通过实验测定气泡点，可以算出微孔滤膜孔径的大小。故测定滤膜的气泡点，即能知道该膜的孔径大小。我国GMP规定微孔滤膜使用前后均要进行气泡点试验。

气泡点测试：将微孔滤膜湿润后装在过滤器中，并在滤膜上覆盖一层水，从滤过器下端通入氮气，以每分钟压力升高34.3kPa（0.35kg/cm²）的速度加压，水从微孔中逐渐被排出。当压力升高至一定值，滤膜上面水层中开始有连续气泡逸出时，此压力值即为该滤膜气泡点。

流速的测定：常在一定压力下，以一定面积的滤膜滤过一定体积的水求得。此外对用于除菌滤过的滤膜，还应测定其截留细菌的能力。

微孔滤膜的处理：在使用前用70℃左右的注射用水浸泡12小时以上备用。临用前再用注射用水冲洗后装入滤器。

⑤钛滤器 钛滤器是用粉末冶金工艺将钛粉末加工制成的滤棒或滤片。$F_{2300}G-30$钛滤棒其气孔试验最大孔径不大于30μm，适用于配制注射液中脱炭过滤。$F_{2300}G-60$微孔钛滤片适用于代替滤膜滤器中的不锈钢或塑料筛板支撑微孔滤膜，具有不引起滤膜破裂、泄漏的优点。钛滤器抗热震性能好、强度大、重量轻、不易破碎、阻力小、滤速大。

我国药品生产管理规范中已规定微孔滤膜使用前后均需作气泡点试验。其装置如图6-5。

操作方法：先关闭B、D阀，打开A、C、E阀。使膜浸透约0.5小时，然后关闭A、C、E阀。打开D阀，缓慢开启B阀。观察三角瓶中冒出气泡的相应压力，从压力的大小可以确定该微孔滤膜的最大孔径（表6-4）。流速的测定：在一定的压力下，以一定面积的滤膜滤过一定体积的水求得，各种不同孔径纤维素酯混合滤膜在9.3kPa（70mmHg）压力下在25℃要求的滤速见表6-4。

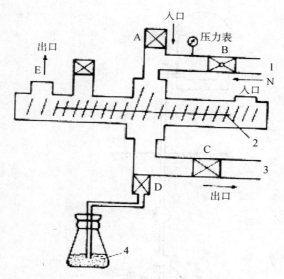

图 6-5 微孔滤膜气泡点压力检查装置
1. 空气压缩机 2. 微孔滤膜及滤器 3. 安装灭菌洗涤装置
4. 观察气泡处 A、B、C、D、E 均为阀门

表 6-4 不同孔径纤维素酯混合滤膜气泡点与流速

孔径大小 μm	气泡点 kPa（kg/cm²）	流速 ml/min. cm
0.80	103.9（1.06）	212
0.65	143.2（1.46）	150
0.45	225.5（2.30）	52
0.22	377.5（3.85）	21

6. 滤过装置

注射液的滤过通常有高位静压滤过，减压滤过及加压滤过等装置。

（1）高位静压滤过装置：此种装置在生产量不大，缺乏加压或减压设备情况下应用。该法压力稳定，滤过质量好，但滤速慢（图 6-6）。

（2）减压滤过装置：此法适用于各种滤器，设备要求简单，但压力不够稳定，操作不当，易使滤层松动，影响滤过质量。一般可采用如图 6-7 所示注射液减压连续滤过装置。

该装置可以连续进行滤过，整个系统从滤过到灌注都处在密闭状态，药液不易污染，但应注意，进入滤过系统中的空气必须经过滤过。

（3）加压滤过装置：加压滤过适用于药厂大量生产，压力稳定，滤速快，质量好，由于全部装置保持正压，若滤过中途停顿，对滤层影响也小，外界空气亦不易进入滤过系统。因此，滤过质量比较稳定。该法需要离心泵和压滤器等耐压设备，适合于配液，滤过及灌封等工序在同一平面时使用。如图 6-8 所示为一自动控制的加压滤过装置。限位开关可控制滤过系统。当贮液瓶内药液减少到一定程度时，弹簧伸张，连板压点将限位开关的触点顶合，继电器通电，借磁性将离心泵的开关吸合，离心泵启动

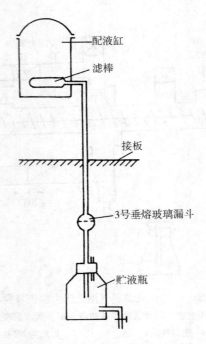

图 6-6　高位静压滤过装置

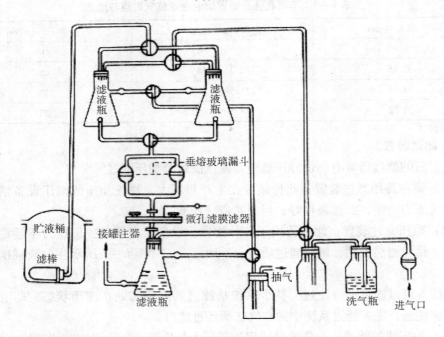

图 6-7　注射液减压连续滤过装置

而继续滤过药液；当瓶内药液增加，重量加大，弹簧压紧，限位开关的触点脱离，继电器的自锁作用使离心泵继续开动；至瓶内药液增至一定重量时，连板压点将限位开关的触点顶开，继电器释放，离心泵因此关掉，瓶内药液不再增加；当瓶内药液减少到一定程度时又重复上述情况。操作中，注射液经滤棒和垂熔玻璃滤球预滤后，再经薄膜滤器精滤。工作时压力为 98.1～147.5kPa（1～1.5kPa/cm²），滤速基本能满足灌封需要。

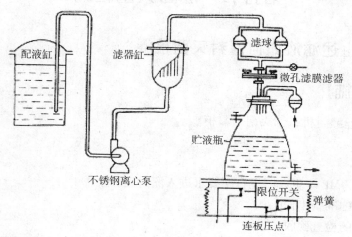

图 6－8　自动控制的加压滤过装置

7. 粗滤及精滤操作要点

滤过是保证注射液澄明的重要操作，一般分为初滤和精滤。有时也将二者结合起来同时进行。如果药液中沉淀较多，特别是加过活性炭的溶液须经初滤后方可精滤，以免阻塞滤孔，影响过滤速度。粗滤常用的滤材有滤纸、长纤维脱脂棉、绸布、尼龙等。小量制备以布氏滤器减压滤过最为常用。大量生产多用滤棒（可外包尼龙布或绸布，以便清洗）进行。新绸布等使用前要先用常水洗涤，再分别用 2% 碳酸钠溶液和 1% 盐水溶液搓洗并煮沸后，用蒸馏水，滤过澄明的蒸馏水冲洗至无纤维、无混浊后灭菌备用。

精滤多用垂熔玻璃滤器、微孔滤膜滤器，在过滤注射液时可根据药物的理化性质、设备条件等合理选用。操作时应注意清洁，尽量减少微生物污染。

【课堂讨论】

1. 活性炭在药液过滤中有何作用？
2. 稀配适宜什么样的药液？
3. 浓配适宜什么样的溶液，本次实践用的何种配液方法？
4. 影响滤过速度因素有哪些？

1. 精滤　2. 粗滤　3. 稀配　4. 浓配

今日思考

原谅别人，就是给自己的心灵留下空间，以便回旋。

第五节　灌封灭菌检漏

主题　上述滤液如何灌封灭菌检漏？

【所需设施】

①安瓿拉丝灌封机；②灭菌检漏柜。

【步骤】

1. 人员按 GMP 一更、三更自净要求进入灌封岗。
2. 生产前的准备工作。
3. 原辅料的检查验收。
4. 灌封：用拉丝灌封机（图 6-9）灌封，每支 2ml。已配好的药液由终端过滤器精滤至澄明度合格后，经管道输入灌封机。

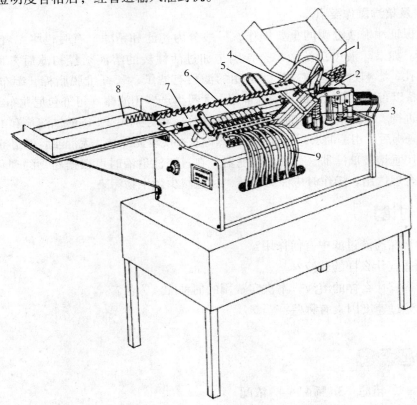

图 6-9　拉丝灌封机示意图

1. 加瓶斗；2. 进瓶转盘；3. 灌注器；4. 灌注针头；5. 止灌装置；6. 火焰熔封针头

7. 传动齿板；8. 出瓶斗；9. 燃气管道

（1）灌装前的检查及准备

①检查上批清场情况，将《清场合格证》附入批生产记录。

②检查灌封机是否具有"完好"及"已清洁"标示。

③灌封间按《C级洁净区清洁消毒规程》清洁消毒，QA人员检查合格后，签发《生产许可证》。

④根据公司下达的《批生产指令》挂贴标有产品名称、规格、批号、批量等内容的"正在生产"标示。

⑤需要使用的工具用75%乙醇溶液消毒。

⑥从热风循环烘箱中取出已清洁消毒后的不锈钢周转盘，备用。

⑦用手轮顺时针转动灌封机，检查各部运转情况有无异常，并在各运转部位加润滑油。

⑧用75%乙醇溶液对灌封机的进料斗、出瓶斗、齿板及外壁消毒。

（2）灌装

①将清洁消毒后的硅胶管、灌装器、活塞、针头组成灌装系统连接就位。需充惰性气体时，将充气系统安装就位。

②检查进出液管、惰性气体输气管、液化气管、氧气管。

③首先打开层流电机，滚子电机运转，主拖动电机和走瓶电机做运行前准备，视灌装量多少设定主电机运行速度。等输瓶带上堆满了安瓿瓶，通过压紧瓶带使压下的限位开关松开后，绞龙电磁铁控制的绞龙和走瓶电机才能运转。绞龙向伞形块输送瓶，为灌装作准备。

④取少许合格安瓿摆放在齿板上，查看所有充气针头与灌封针头插入安瓿的深度和位置是否合适，并按技术标准调整。

⑤插上回流管，接通0.22μm微孔滤膜过滤后的注射用水，开动灌封机，冲洗灌装系统10分钟，并将灌装系统内的注射用水排空。

⑥检查终端过滤器过滤后药液的澄明度、色泽均符合标准后，将药液经灌装系统打回流，检查每支针头回流药液的澄明度应符合标准，每200ml异物≤1个。回流药液集中于指定容器，用真空抽回配制岗位重新过滤。回流管送容器清洗间，清洗、消毒后存放。

⑦用注射器及校正过的相应规格的量筒调整装量至规定值（本品应为2.15ml）。

⑧打开抽风电机，将燃气、氧气开关阀打开，向管道分别送燃气和氧气，调节好气流量，按下安全点火器，即可送气点火，调整火焰。需充惰性气体时打开惰性气体阀门（本品通氮气罐封）。此时机器全部打开。

⑨在进行灌封操作过程中，随时检查半成品的澄明度、装量及封口状态，用镊子挑出封口质量不合格品。

⑩在出料斗将封口合格产品装入不锈钢盘，满盘后放入标明品名、规格、产品批号、生产日期、灌封机号及顺序号的流动卡。

⑪及时将合格品经传递窗传至灭菌岗位，计数并填写灌封—灭菌交接单。

⑫将挑出的封口质量不合格品及时回收，并将回收药液用真空抽回配制岗位重新

过滤。

⑬需要紧急停机时，按下紧急停机按钮。

⑭如设备发生故障不能正常生产时，应填写《异常情况处理报告》交车间技术主任及时处理，并通知 QA 人员。

（3）灌封结束

①关闭氧气阀门，待火焰变红后，关闭燃气阀门，关闭惰性气体阀门，关闭电源。

②及时填写生产原始记录。

（4）清场

①灌装系统按《灌装系统清洁消毒规程》进行清洁、消毒，其他容器均按《生产区容器、器具清洁、消毒规程》清洁、消毒。

②将灌封废弃物按车间规程处理。

③将灌封室按《C 级洁净区清洁消毒规程》进行清洁、消毒。

④对灌封机按进行清洁、消毒，检查合格后放置"已清洁"标示。

⑤机修工检查、保养灌封机。QA 人员检查合格后，放置"完好"标示。

⑥清场结束，填写清场记录，经 QA 人员检查合格后签发《清场合格证》，将《清场合格证》挂于灌封间门上。

⑦生产结束后，关闭水、电、门。

附：灌装系统清洁消毒规程

（1）同品种同规格生产时，安装好灌装系统，插上回流管，接通 0.22μm 微孔滤膜过滤的注射用水，开机在线冲洗该系统 10 分钟，并将残留在系统内的注射用水排空。

（2）每次生产结束：

①过滤器滤芯用注射用水反冲 10 分钟，用压缩空气吹干，备用。

②贮液罐用注射用水洗 4～5 遍。

③拆下呼吸器用注射用水冲洗干净后装上新滤膜。

（3）更换品种，每周生产结束后，重新开工时：

①针头：将针头拆下，用注射用水冲洗去残余药液，用 10% 碳酸钠溶液煮沸 30 分钟，再用注射用水煮沸 30 分钟，最后用注射用水冲洗干净。

②将过滤器及滤芯拆下后，放入洁净袋中，经传递窗传出现场，至配制岗位器具处理室，按《配制过滤系统清洁消毒规程》处理。

③将活塞、灌装器、玻璃三通用注射用水冲洗，加入适量 1% 碳酸钠溶液，将其内外的油污除去，再用注射用水冲洗干净后放入清洁液中浸泡 30 分钟，取出，用注射用水冲去残留的清洁液，再用注射用水冲洗三遍。

④硅胶管：用注射用水冲去残余物后，用 10% 碳酸钠溶液煮沸 30 分钟，最后用注射用水冲洗至冲洗水电导率 ≤2μs/cm。

⑤贮液瓶：用注射用水冲去药液后，用清洁液荡洗内壁，使贮液瓶内壁挂满清洁液，放置 30 分钟以上，用注射用水冲去残余清洁液，再用注射用水冲洗 4～5 遍，使用前用 75% 乙醇擦拭外壁。

（4）灌装系统的清洁、消毒在器具处理室进行。

（5）所有处理过的容器、器具超过 24 小时后不许使用，应重新处理。

（6）本操作所用清洁液为重铬酸钾浓硫酸洗液。

（5）质量控制标准及注意事项

①室内温度、相对湿度、压差应符合标准，室温 18～26℃，相对湿度 45%～65%，压差≥10Pa。灌封室门必须关闭。

②随时检查半成品的澄明度、装量及封口状态：药液色泽、澄明度符合药典标准；装量符合标准，药液不沾瓶口；要求封口圆滑无泡头、焦头、瘪头、勾头等。

③药液从稀配到灌封结束一般 4 小时内完成。

④随时查看针头喷药情况，更换针头、活塞等器具应检查药液澄明度、装量合格后，方可继续生产。

⑤注意安瓿移动情况，如安瓿破碎，应停车清除碎玻璃，查明碎瓶原因，排除故障后继续生产。

⑥需充填惰性气体的品种在灌封操作中要注意气体压力变化，保证充填足够的惰性气体。

⑦不得裸手操作。

（6）灌封机的清洁消毒

①清洁频度：a. 生产操作前、生产结束后：清洁消毒 1 次。b. 更换品种时必须按规程清洁消毒。c. 设备维修必须彻底清洁消毒。

②清洁工具：不脱落纤维的灭菌清洁布、橡胶手套、毛刷、清洁盆、镊子。

③消毒剂：0.2% 新洁而灭溶液；75% 乙醇溶液。

④清洁消毒方法：

a. 生产操作前：用消毒剂清洁、消毒灌封机进瓶斗、出瓶斗、齿轮及外壁。

b. 生产结束后：关闭燃气阀，关闭电源开关，拔下电源插头，拆卸灌注系统，放在指定容器内。将进瓶斗、出瓶斗、齿轮及灌封机各部件存在的碎玻璃屑清除干净。用灭菌清洁布将进瓶斗、出瓶斗、齿轮及灌封机上的药液、油垢擦洗干净，用灭菌清洁布擦一遍。用消毒剂清洁、消毒进瓶斗、出瓶斗、齿轮及灌封机外壁。清洁灌封机周围地面上的玻璃屑，用消毒剂清洁、消毒地面。灌封机清洁消毒后，填写设备清洁记录，经 QA 人员检查合格，并贴挂"已清洁"标示卡，退出灌封室将门关好。

⑤清洁效果评价：目测灌封机表面无污迹，光亮清洁。

⑥清洁工具按《清洁工具的使用、清洁、灭菌操作规范》进行，在清洁工具室指定地点存放，并贴挂状态标志。

（7）灌封机的维护保养

①每次开机前必须先用手柄转动机器，察看其转动是否有异状，确实判断正常后才可开机。但要注意：开机前一定要将手柄拉出，使伞齿轮脱离齿合；保证操作安全。

②调整机器时，工具要使用适当，严禁用过大的工具或用力过猛来拆卸零件，避免损坏机器性能。每当机器进行调整后，一定要将松过的螺钉紧好，再用手柄转动机

器，察看其动作是否符合要求后，方可以开机。

③燃气头应该经常从火头的大小来判断是否良好。因为燃气头的小孔经过使用一定时间后，容易被堵塞或变形而影响火力。

④机器必须保持清洁，严禁机器上有油污、药液或玻璃碎屑。机器在生产过程中应及时清除药液或玻璃碎屑。

⑤下班前应将机器各部位清洁一次，每周大清洗一次，特别是将平时使用中不宜清洁到的地方擦净，并用压缩空气吹净。

⑥下班前对机器各润滑部分进行润滑。

⑦经常检查机器气源接口是否松动，皮管是否有破损，松动的应紧固，破损皮管更换。

5. 灭菌检漏

人员经"一更"后进入灭菌检漏岗；灌封好的安瓿由缓冲间（传递窗）转入灭菌前室。操作以神农药机生产的 AM－0.3 型安瓿灭菌检漏柜（图 6－10）为例。

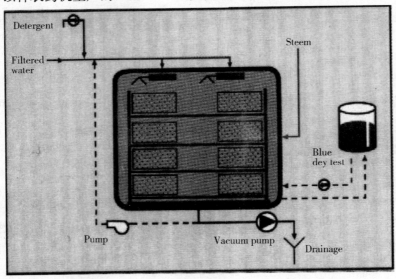

图 6－10　安瓿灭菌检漏柜

（1）准备

①检查上批清场情况，将《清场合格证》附于批生产记录。

②检查设备是否具有"完好"标示及"已清洁"标示。

③灭菌检漏室按《一般生产区清洁规程》进行清洁。QA 人员检查合格后，签发《生产许可证》。

④安瓿灭菌检漏柜的准备

a. 气源：启动空气压缩机，使压缩空气储罐内充盈额定工作压力。

b. 汽源：打开蒸汽阀门，并排放管路内冷凝水及确认汽源压力正常。

c. 水源：打开进水阀，并确认其压力正常。

d. 电源：相继打开进线电源开关、控制电源开关。

⑤根据生产需求，称取食用红（或食用蓝）溶解后倒入色水贮罐中配制成0.1‰色

水。色水使用期限为 24 小时。

⑥在灭菌柜的醒目位置贴挂标明所灭菌产品的产品名称、规格、批号、生产日期、批量等的"正在生产"标示。

（2）操作过程

①开门　a. 启动面板上人机界面（触摸屏）至工作状态显示神农商标，进入程序界面，按"门操作"界面，显示前门操作状态，按"门真空"键，门圈抽真空系统启动，抽排门圈内密封用压缩空气。b. 约 15 秒钟以后，按一下进柜端开门键"开前门"，门圈抽真空系统复位，前门气缸收缩，前门向右移开。

②装载　核对待灭菌、检漏药品的品名、规格、产品批号等，准确无误后，将灭菌物品装入灭菌柜内的灭菌车上，利用搬运车移至柜门，送入灭菌腔。

③关门　装载完毕，同样在"门操作"界面下，按"关前门"键，前门向左关闭。

④密封　如果此时前后门均为关闭位，准备进行灭菌操作，即可将门圈密封。

⑥自控运行　在界面选择画面中按下"自动界面"将转入"自动控制"，此时按下"启动"操作键，设备将按预设程序自动运行，画面将同时动态显示实时工况。

a. 抽真空：抽一次真空，把柜内空气排出柜外。

b. 升温：打开进汽阀，向柜内进蒸汽，柜内温度逐渐升高。

c. 灭菌：当温度、压力稳定在设定值，至设定灭菌时间。

d. 排汽：打开排汽阀，表压为零。

e. 进色水检漏：抽真空，色水进入柜内，达到上水位，真空系统停止。

f. 色水排放：充压缩空气，排色水达到下水位，压缩空气关闭。

g. 清洗：打开进水阀喷淋清洗。

h. 排放：打开排水阀。

i. 程序结束：当内室压力为零，整个程序自动终了。

⑥手控运行　当有特殊的灭菌需求，或自控程序出现无法满足灭菌需要时，任何时刻均可经"界面选择"画面进入"手动界面"操作，利用手控操作键继续完成灭菌操作。

（手控操作是一种非常规范的应用，需要操作者在理解该设备运行原理的基础上，不偏离灭菌的常规原则，合理地应用这些手控操作键，达到预期的结果。）

⑦按下"后门真空"按钮，约 15 秒钟以后，再按"后门真空"按钮，真空系统停止，然后按开后门按钮，后门锁紧机构开启，用手拉开后门，用搬运车把灭菌车拉出即可。

⑧报警处理　在整个工作运行过程中，针对各工作段可能出现的异常情况，该设备都列出了详尽的报警信息，实时而醒目地闪烁于用户界面，操作者碰到这类情况要冷静而准确地作出判断，从而采用相应的处理措施。

a. 内室压力异常：这是一个很关键的参数，如出现这种情况，在确认短时间内无法排除时，必须立即停止其他一切操作，将柜内压力蒸汽迅速排完，方法是停止自动程序的运行，转入手控操作界面，利用"排汽"操作键得以实施。

b. 循环泵过热：循环泵是产品的关键部件，出现这种现象，必须停止程序运行，找出原因再作相应处理。

　　c. 真空泵过热：真空泵缺水或阀门开启不良引起。

　　d. 锁紧机构不灵活：有无异物在转动部件卡住，连接螺栓有无松动、脱落。

　　⑨灭菌过程结束后，将灭菌后的半成品逐盘检查，剔出漏封（安瓿内有色水的）的，计数后，丢于废弃物桶内，通知 QA 人员逐柜取样做无菌检查。

　　⑩检漏后的半成品放在已灭菌区，挂上"已灭菌"标示牌，QA 人员取样后，填写无菌检验请验单，通知 QC 人员检验。计数后移交灯检工序，并做记录，填写灭菌—灯检交接单。

　　⑪及时填写生产记录，将灭菌参数的记录纸附于批生产记录（记录纸每 5 分钟打印一次）。

　　⑫所用设备不能正常运转，影响生产及产品质量应填写《异常情况处理报告》，交车间主任处理，并通知 QA 人员。

　　⑬蒸汽、冷却水、压缩空气无供应时，应及时通知相应岗位人员及时供给。

　　（3）清场

　　①清除灭菌柜内遗留药品。

　　②将生产废弃物按车间管理规程处理。

　　③灭菌、检漏室按《一般生产区清洁规程》进行清洁。

　　④按相应的灭菌柜清洁规程进行清洁，由 QA 人员检查合格后，挂贴"已清洁"标示。

　　⑤维修工检查、保养灭菌柜，QA 人员检查合格后，挂贴"完好"标示。

　　⑥清场结束，填写清场记录，并由 QA 人员检查合格后，签发《清场合格证》。将《清场合格证》挂贴于灭菌检漏室门上。

　　⑦生产结束后，关闭水、电、门、气、汽。

　　（4）质量控制标准及注意事项

　　①灌封后的安瓿应立即灭菌，一般注射剂从配液开始到灭菌不应超过 8 小时。

　　②灭菌后的药品应符合无菌检查规定标准。

　　③灭菌的时间、温度、压力参数应符合生产指令的要求。

　　④领取药品时，应复核所领药品的名称、数量、规格等。

　　⑤操作时应将灭菌前、后的药品严格区分开，以防止漏灭、漏检及重复灭菌的现象发生。

　　（5）灭菌检漏柜的维护与保养

　　①日常维护：a. 每次灭菌结束，需对灭菌室进行清理，去除柜内、滤污网上的污物。b. 每天灭菌终了，在手控操作界面排放柜底存水，对灭菌室进行清洗。c. 长时间不用，需将腔室擦洗干净，保持干燥清洁，并将双门关闭。

　　②安全阀：是保证设备在设计压力安全运行的重要部件，每月应反复提拉数次，保证其灵活状态。

　　③管路各滤网应每天清洗，确保畅通。

　　④压力表、测温探头应每年校验一次。

⑤每天排放压缩空气管路分水过滤器内存水。

⑥密封圈表面保持清洁，及时消除异物，如有残损应及时更换。

⑦锁紧机构应每月检查一次，有无松动、卡住现象，发现及时调整。

【结果】

1. 经过灌封、灭菌检漏得 2ml/支丹参注射液。

2. 填写生产原始记录。

3. 本批产品生产完毕，按 SOP 清场，质检人员作清场检查，发清场合格证。待后续不同规格或不同产品的生产。

【相关知识和补充资料】

1. 灌封机操作要点

灌封机具有垂直输送系统，有数个灌封头。灌封机上灌注药液封口由四个协调动作进行：即移动齿档送洗净的安瓿；灌注针头下降；灌注药液入安瓿；灌注针头上升后封口，安瓿离开。上述四个动作主要通过主轴上的侧凸轮和灌注凸轮来完成的。药液容量由容量调节螺旋上下移动调节。灌封机运行时如遇缺瓶，能通过自动止灌装置停灌，若无瓶则停止启动和瓶子过多则停止洗瓶等连锁装置。

灌封包括灌注药液和封口两步。灌封一般在同一台设备上进行，已灌注药液的安瓿，应立即封口，以免污染。药液灌封时，要求做到剂量准确，药液不沾瓶颈口。注入容器的药液量可比标示量稍多，以抵偿使用时被瓶壁黏附和注射器、针头等的吸留造成的药量减少。易流动液体可增注些，黏稠性液体可多些。增加量可参照药典规定。为使灌注容量准确，每次灌注以前，必用精确量筒校正注射器的吸取量，试灌若干支安瓿后，依《中国药典》一部附录注射剂装量检查法检查，符合装量规定后再灌封。

2. 灌封操作注意事项

安瓿封口要熔封严密，不漏气，顶端圆整，光滑，无尖头或小泡。封口方法有拉封和顶封两种。拉封封口严密，但速度慢；顶封速度快，但易出现未熔密的细毛孔，使封口不严。故目前主张拉封。粉末安瓿或具广口的其他类型安瓿，都必须拉封。

①剂量不准确，可能是剂量调节螺丝松动；②封口不严密，出现毛细孔，特别是顶封易经常出现此情况，是由于总的火焰不够强所致；③出现大头（鼓泡），是火焰太强，位置又低，使安瓿内空气突然膨胀所致；④出现瘪头，主要因安瓿不转动，火焰集中一点所致；⑤焦头，是药液沾颈所致，而瓶颈沾药液的原因，可能是：灌药太急，溅起药液在安瓿壁上，封时形成炭化点；针头往安瓿中注药后，未能立即回药，尖端还带有药液水珠，粘于瓶颈；针头安装不正；压药与针头打药的行程配合不好，造成针头刚进瓶口就给药或针头临出瓶口时才给完药；或针头升降轴不够润滑，针头起落迟缓等。应根据具体原因解决。

3. 惰性气体选择

对一些主药易氧化的注射剂，灌封时，安瓿内要通入惰性气体来置换安瓿中的空气。常用的有氮气及二氧化碳。通气时，1~2ml 安瓿可先灌药液后通气；5~10ml 安瓶应先通气，再灌药液，最后再通气。一般以氮气为好，二氧化碳易使安瓿爆裂。若多台机器使用，为保证产品通气一致，应先将气体通入缓冲缸，使压力均稳，再分别通入各机台。各机台应有测定气体压力的装置。通气效果可用测氧仪进行残余氧气的测定。惰性气体的选择，要根据品种决定，例如一些碱性药液或钙制剂，则不能使用二氧化碳。

目前，已设计了从切割到灌封连续完成的切、洗、灌联动机，并配有层流装置，大大提高了生产效率和产品质量。注射剂生产的自动化流水线，正在不断改进与发展中。

4. 灭菌检漏柜操作要点

一般安瓿多用流通蒸气灭菌，1～5ml 安瓿用 100℃，30min；10～20ml 安瓿用 100℃，45mim，也可根据品种延长或缩短灭菌时间。凡对热稳定的产品应该热压灭菌。通常可与检漏结合起来。应注意相同品种、不同批号或相同色泽、不同品种的注射剂，不能在同一灭菌器内同时灭菌，以免混药。

在灭菌完毕后，稍开锅门，从进水管放进冷水淋洗安瓿使温度降低，然后关紧锅门并抽气，使灭菌器内压力逐渐降低。如有漏气安瓿，其安瓿内空气也被抽出。当真空度达到（85.12～90.44）kPa（640～680mmHg）时，停止抽气，将有色溶液（如 0.05% 曙红或酸性大红 G 溶液）吸入灭菌锅中，至盖过安瓿后，关闭色水阀，开启放气阀，再将有色溶液抽回贮液器中，开启锅门，取出注射剂，淋洗后检查，剔去带色的漏气安瓿。也可在灭菌后，趁热将色水放入灭菌器内，使安瓿因遇冷而降低内部压力，有色溶液即可从漏气的毛细孔或裂缝中通入安瓿而被检出。

5. 灭菌检漏操作注意事项 灌封后的注射剂应及时灭菌。可根据药液中原辅料的性质，选择不同的灭菌方法和时间。必要时采取几种灭菌方法联用。且要对灭菌效果进行验证。检漏目的是将熔封不严，有毛细孔或微小裂缝的注射剂检出，剔除。一般采用能灭菌检漏两用的灭菌器完成。中药注射剂多为透明的棕红色液体，灭菌后趁热放入无色的冷水中，漏气的安瓿即会冲入冷水，药液颜色变浅，装量增加，即可检出。

6. 灭菌法

灭菌法是指杀死或除去所有微生物的方法，是灭菌制剂生产中的主要过程，对于注射剂尤为重要。微生物包括细菌、真菌、病毒等，它们繁殖很快。细菌的芽胞具有较强的抗热力，不易杀死，因此，灭菌效果应以杀死芽胞为标准。在药剂中选择灭菌方法，与微生物学上的要求不尽相同，不但要求达到灭菌的目的，而且要保证药物的稳定，不影响药效。

（1）F 与 F_0 值在灭菌中的应用

判断药物无菌的传统方法是对已灭菌药物作抽样检验，由于抽样误差的存在，即使检验无菌也不可靠。随着科学技术的发展，人们认识到有必要对灭菌方法的可靠性进行验证，F（或 F_0）值可作为验证灭菌可靠性的参数。因为它是在科学试验和严格的数学理论的基础上推导出来的。

①D 值

微生物受高温、辐射、化学药品等作用后的死亡过程属于一级过程：

$$\frac{-\mathrm{d}N_t}{\mathrm{d}t} = kN_t$$

它可改写成 $\lg N_t = \lg N_0 - \dfrac{k}{2.303}t$

式中 N_t 为 t 时刻微生物存活数，N_0 为 0 时刻微生物数（即原始的微生物数），t 为时间，k 为速度常数。

lgN_t 对 t 作图可得一直线，其斜率 $\dfrac{-k}{2.303}$ 可由 $\dfrac{\lg N_t - \lg N_0}{t}$ 求出。

通常将其负倒数即 $\dfrac{t}{\lg N_0 - \lg N_t}$ 定义为 D 值（图 6 – 12），即 $\lg N_0 - \lg N_t = 1$ 时的 t（min），或者说是在特定条件下杀灭 90% 微生物所需的灭菌加热时间（或化学灭菌时间、或辐射灭菌剂量）。由 Dr 的定义可得：

$$\lg N_t = \lg N_0 - \frac{t}{D_T}$$

$\dfrac{1}{D_T}$ 为微生物数量的对数（$\lg N_t$）的减少速率，或称灭菌效率。D 值越小，灭菌效率越高。D 值因微生物种类、环境、灭菌温度不同而不同。

②Z 值　当灭菌温度升高时，D 即减少。在一定温度范围内（100～138℃），$\lg D$ 与温度成直线关系（图 6 – 12）。将直线斜率（$\lg D_2 - \lg D_1$）／（$T_2 - T_1$）的负倒数定义为 Z 值，即 Z 值为使 D 值下降 90% 所需升高的温度。Z 值计算式为：

$$Z = \frac{T_2 - T_1}{\lg D_1 - \lg D_2}$$

Z 值反映了微生物对热的敏感程度，Z 值越小，$\dfrac{1}{D}$ 变化越快。

由此可得

$$\frac{D_{T_1}}{D_{T_2}} = 10^{\frac{T_2 - T_1}{Z}}$$

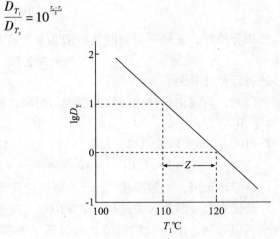

图 6 – 11　微生物存活率与时间的关系　　　　图 6 – 12　$\lg D$ 与 T 的关系图

③F（或 F_0）值　正确评价灭菌效果，需计算微生物的残存数或残存概率。恒温

灭菌后微生物残存数可导出，恒温时：

$$\lg \frac{N_0}{N_t} = \frac{t}{D_T} = \frac{1}{D_{T_0}} \cdot \frac{D_{T_0}}{D_T} t = \frac{1}{D_{T_0}} \cdot 10^{\frac{T-T_0}{Z}} \cdot t$$

实际上灭菌温度是变化的，在变温条件下，经过 t 分钟灭菌后，$\lg \frac{N_0}{N_t}$ 可如下计算

$$\lg \frac{N_0}{N_t} = \frac{1}{D_{T_0}} \int_0^t 10^{\frac{T-T_0}{Z}} \mathrm{d}t$$

令

$$F = \int_0^t 10^{\frac{T-T_0}{Z}} \mathrm{d}t$$

F 值表示在变温条件下 t 分钟灭菌的效果，与在温度为 T_0 时灭菌 F 分钟的效果是相同的。即 F 值可把变温条件下的灭菌时间转化成在 T_0 时灭菌的等效的时间值。

通常取 T_0 为 121℃，Z 值为 10℃ 时的 F 值为 F_0 值，F_0 值是由温度 T 和时间 t 两个物理量决定的，故称为物理 F_0。

得

$$\lg \frac{N_0}{N_t} = \frac{F_0}{D_{121}}$$

即　　$F_0 = D_{121}(\lg N_0 - \lg N_t)$

式中的 F_0 值由微生物的 D_{121} 值及微生物的初始数 N_0 和残存数 N_t 所决定，称生物 F_0。对于热压灭菌，应定期用生物 F_0 值去验证物理 F_0 值，其生物指示剂为特别耐湿热的嗜热脂肪芽胞杆菌，它的 $Z = 10℃$。

当计算出物理 F_0 后，可计算出微生物残存数 N_t。当 $N_t \geq 1$ 时，它表示微生物的残存数；当 $N_t < 1$ 时，它表示微生物存活的概率。就湿热灭菌而言，微生物检出概率要求为 10^{-6}。

实际应用时，因温度与时间的函数关系无法用代数式表示，所以求

$$F_0 = \int_0^t 10^{\frac{T-121}{10}} \mathrm{d}t$$

的积分值时，是隔一定时间（一般为 0.5 或 1min）测定温度一次，通过计算

$$F_0 \approx \Delta t \sum 10^{\frac{T-121}{10}}$$

进行近似计算的。

灭菌时，只需记录被灭菌物的温度与时间，就可算出 F_0，假设如下数据

t	0	1	2	3	4	5	6	7	…21	22	23	24	25
T	100	105	110	112	114	116	118	120	…120	115	110	105	100

$$F_0 = 1 \times \left[10^{\frac{100-121}{10}} + 10^{\frac{105-121}{10}} + \cdots + 10^{\frac{100-121}{10}} \right] = 12.2 \ (\mathrm{min})$$

药品湿热灭菌，一般要求 $F_0 \geq 8$，即可达到微生物检出概率为 10^{-6}。

F_0 是任意温度湿热灭菌过程以 $Z = 10℃$、理想灭菌温度（121℃）为参比标准的杀菌效率（以时间为单位）的量值，它包括了灭菌过程中升温、恒温、冷却三个阶段热能对微生物的总致死效果，所以，它不是时间的量值，仅是用时间作单位表示效果的量值。

热压灭菌时，为使测温准确，应选用灵敏度高、重现性好，精密度为 0.1℃ 的热电

偶，热电偶的探针应置于被测物内部，后经灭菌器通向柜外的温度记录仪。有些灭菌器上安装有自动显示 F_0 值的仪表。

应该定期用生物指示剂——嗜热脂肪芽胞杆菌去验证热压灭菌器的杀菌效率。

F 值常用于干热灭菌，其参比温度 T_0 为 170℃，生物指示剂为枯草杆菌亚种芽胞，其 Z 值为 22℃；如以大肠杆菌内毒素为指示剂，则 Z 值为 54℃。其微生物检出概率要求为 10^{-12}。

（2）物理灭菌法

①干热灭菌法 利用高温使细菌的原生质凝固或变性，并使细菌的酶系统失活而杀灭细菌。

◆火焰灭菌法 灼烧是最迅速、可靠、简便的灭菌方法，适用于火焰灼烧不受损坏或不发生影响的用具，如金属制品（药刀）、瓷制品（研钵）、玻璃器皿（玻棒）等。一般将需灭菌的物品加热 20 秒以上，可分次迅速通过火焰 3 ~ 4 次。操作时玻璃与瓷质品应充分干燥，以免灼烧时炸裂。乳钵、不锈钢配料桶灭菌，常注入少量乙醇，点火燃烧。

◆干热空气灭菌 干热空气穿透力弱、不均匀、比热低，因此，必须长时间作用才能达到灭菌的目的。一般需 140℃ 至少 3 小时或 160 ~ 170℃ 至少 1 小时。

凡不能湿热灭菌的非水性物质或极黏稠的液体，如甘油、液状石蜡、油类及某些耐热的药物均可用本法灭菌。空安瓿灭菌可置密盖的金属盒中，在 200℃ 或 200℃ 以上的高温加热至少 45 分钟以上。

②湿热灭菌法 本法是制剂生产中应用最广泛的一种灭菌法，具有可靠、操作简便、易于控制和经济等优点，但不适用于对湿热不稳定药物或制剂的灭菌。

影响湿热灭菌的因素如下。

微生物种类和数量 各种细菌对热的抵抗力相差很大，处于不同发育阶段的微生物对热的抵抗力也不同。繁殖时期的微生物比衰老时期的微生物对热的抵抗力小得多。芽胞对热的抵抗力最大。初始菌数愈少，达到灭菌的时间愈短；初始菌数越多，增加了耐热个体出现的概率，需提高灭菌温度。因此，制剂生产中应尽可能避免微生物污染，对于注射剂，灌封后应立即灭菌。

介质的性质 溶液中含有糖类、氨基酸等营养物质对微生物有保护作用，能增强抗热性。pH 不同，微生物耐热性不同，中性溶液中微生物耐热性最强，碱性次之，酸性不利于微生物的生长。

药物的性质 温度增加，药物分解速度增加，时间越长，起反应的物质越多。为此，在能达到灭菌效果的前提下，可适当降低温度或缩短灭菌时间。

蒸汽的性质 湿热灭菌法效力高，是由于在高热时有水分存在，能加速菌体内蛋白质的凝固。蒸汽的性质不同，灭菌的效力不同，蒸汽一般有以下情况存在：

湿饱和蒸汽：即饱和水蒸气带有水分，常由于蒸汽输送管路中热量损失，使蒸汽中形成部分微细水滴。此种蒸汽的含热量较低，穿透力较差，灭菌效力较低。

饱和蒸汽：即蒸汽的温度与水的沸点相当，当蒸汽的压力达到平衡时，蒸汽中不含微细水滴。此种蒸汽含热量高、穿透力强、灭菌效力高。

过热蒸汽：热压灭菌器中加水量不足时，当水完全蒸发后，再继续加热即生成过热蒸汽。在压力不变温度继续上升的情况下，此蒸汽虽比饱和蒸汽温度高，但穿透力很差。灭菌效力不如饱和蒸汽。

不饱和蒸汽：若灭菌器内空气未排尽，则蒸汽内含有部分空气，因空气是热的不良导体，空气与被灭菌的材料接触后又无潜热放出，故灭菌效力降低。因此，灭菌器压力与温度不相对应，温度偏低。

◆热压灭菌法　本法系在热压灭菌器内，利用高压蒸汽使菌体内蛋白凝固而达到灭菌效果。在115.5℃30分钟（表压68.6kPa）情况下，能杀死所有细菌繁殖体和芽胞。

热压灭菌法的原理是利用在高压下加热，可以使水的沸点提高到100℃以上。在一定条件下，饱和水蒸汽的温度和压力大小成正比。通常加热灭菌所需的温度及与温度相当的压力和时间如下：115℃，68.6kPa，30分钟；121.5℃，98.0kPa，20分钟；126.5℃，137.2kPa，15分钟。

热压灭菌器种类很多，常用的是卧式热压灭菌器，如图3-1-15。此灭菌器为全部用坚固的金属制成带有夹层的灭菌柜，柜内带有轨道的格车分为若干格，车上有活动的铁丝网格架。另附有可移动的搬运车，可将格车推于搬运车上，送至装卸灭菌物品的地点。灭菌柜顶部装有压力表两只，一只指示灭菌器蒸汽夹层的压力，另一只指示柜室的压力。两压力表中间为蒸汽控制活门。灭菌柜底部装有排气口，在排气管上装有温度计和夹层回气装置。

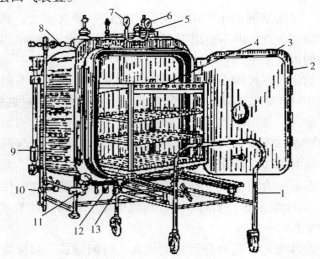

图6-13　卧式热压灭菌器

1. 搬运车　2. 门闩　3. 灭菌器门　4. 铅丝网格架　5. 蒸汽控制活门
6. 夹层压力计　7. 室内压力计　8. 蒸汽旋塞　9. 灭菌器外壳
10. 夹套回气装置　11. 温度计　12. 活动格车　13. 排气口

使用前，将柜室内用刷子刷净。先开放蒸汽旋塞，使蒸汽通入夹层中加热约10分钟，夹层压力上升至灭菌时所需压力。在开蒸汽旋塞同时，将待灭菌物品在铁丝篮中装好，排列于格车架上，借搬运车推入柜室，关闭柜门，并将门闩旋紧。待夹层加热完成后，将蒸汽控制活门上的刻线转至对准"消毒"二字的线上。此后应注意温度计，当温度上升达115.5℃时，此时定为灭菌开始的时间，柜室内压力表应固定在68.6kPa左右，到达灭菌时间后，先将蒸汽关闭，将蒸汽控制活门上的刻线旋至对准"排气"二字的线上。此时排气开始，使柜室内压力表上的压力降至"0"点，再将蒸汽控制活门的刻线转至对准"关闭"二字的线上，柜门即开启，将灭菌物品取出。

使用灭菌压力器的注意事项：必须采用饱和蒸汽，在灭菌前加入足量的水，以防产生过热蒸汽；必须将灭菌器内空气排尽；压力表和温度表应灵敏，且使用时两表数值应相互对应；避免压力骤降，灭菌完毕立即将蒸汽关闭或停止加热，使温度和压力慢慢下降，然后稍开放放气阀门，压力慢慢降至零后，先将柜门小开，再逐渐大开，决不可骤然使冷空气大量进入，尤其外界气温较低时更要注意，以免大输液等由于压力骤降或遇冷，引起容器炸裂，液体喷出伤人；灭菌时间必须从全部溶液温度真正升高到所要求的温度算起，对不易传热或体积大的物品，可适当延长灭菌时间，保证灭菌完全；为保证完全灭菌，可采用留点温度计、碘淀粉温度指示剂或化学药品如升华硫（117℃）、苯甲酸（121℃）等熔融温度指示剂，以检查灭菌器内灭菌温度的准确性。

◆流通蒸汽灭菌法　此法是在常压下用100℃流通蒸汽加热30～60分钟灭菌的方法。可用热压灭菌器开启排气阀进行灭菌。本法不能保证杀死所有的芽孢。当药液中加入适当抑菌剂时，经100℃加热30分钟可杀死耐热性细菌芽孢。1～2ml的安瓿剂、口服液或不耐热的制剂一般采用此法灭菌。

◆煮沸灭菌法　此法为将待灭菌物品放入水中煮沸30～60分钟灭菌的方法。若在高原地区，由于水的沸点降低，可在水中加入1%～2%碳酸钠或5%苯酚以提高水的沸点；也可用适当延长灭菌时间的方法来解决。一般每升高300m可延长灭菌时间20%。此法对增殖型微生物效果好，但不能保证完全杀灭芽孢。

◆低温间歇灭菌法　此法系将待灭菌物品用80℃加热1小时后，在20～25℃保持24小时，如此连续操作三次以上的灭菌法。此法在80℃温度下可杀灭细菌增殖体，在20～25℃条件下，让芽孢发育变成增殖体，这样在第二次加热时可消灭之，同法处理三次，至全部芽孢消灭为止。由于此法灭菌时间长，效果不甚理想，一般尚需加入适量抑菌剂。现已少用。

③紫外线灭菌法　一般用于灭菌的紫外线波长是200～300nm，灭菌力最强的是254nm，它作用于核酸蛋白质，使蛋白质变性而起杀菌作用。另外，空气受紫外线照射后，产生微量臭氧共同起杀菌作用。不同微生物对紫外线的敏感顺序为：杆菌＞球菌＞霉菌、酵母菌。

紫外线对生长型细菌最敏感，对细胞型细菌效力较差。

紫外线灭菌以在温度10～55℃之间，相对湿度在45%～60%比较适宜。空气中灰尘很容易吸收紫外线而降低灭菌效力。紫外线的灭菌只限于被照射物的表面，不能透入溶液或固体物质的深部，普通玻璃亦可吸收紫外线，因此，安瓿中药物不能用此法灭菌。

紫外线能促使易氧化物或油脂等氧化变质，故生产此类药物制剂时不宜与紫外线接触。

紫外线广泛用作空气灭菌和表面灭菌，紫外线的强度、照射时间与距离对灭菌效果影响较大，一般在 $6 \sim 15m^3$ 空间装置 30W 紫外线灯一只，距离地面 $2.5 \sim 3m$ 为宜。各种紫外灯有效使用时限，一般为 3000 小时。

紫外线对人体照射过久，能产生结合膜炎、红斑及皮肤灼伤等。因此，用紫外线灭菌时，一般在操作前开启 $1 \sim 2$ 小时，如必须在操作中使用时，则应对工作者的皮肤及眼睛作适当防护。

④过滤除菌法　此法是将药液通过除菌的滤器，除去活的或死的微生物而得到不含微生物的滤液，适用于不耐热的药液灭菌。本法需配合无菌操作技术进行。成品应作无菌检查，以保证除菌质量。

供除菌用的滤器，要求能有效地从溶液中除尽微生物，使溶液顺畅地由滤器通过，滤液中不落入任何不需要的物质，滤器容易清洗，操作简便。常用的滤器有：G_6 号垂熔玻璃漏斗，其滤孔直径在 $2\mu m$ 以下；石棉板滤器，其孔径在 $0.8 \sim 1.8\mu m$；白陶土滤棒，其孔径在 $1.5 \sim 1.7\mu m$；膜滤器，可选用孔径 $0.22\mu m$ 的滤膜。

应注意：多数滤器具有吸附性，可降低某些药物的含量；凡室温下易挥发、易氧化的药物不宜用此法；石棉板滤器需用适当方法中和其碱性。

⑤辐射灭菌法　辐射灭菌是应用 β 射线、γ 射线杀菌的方法。其特点是不升高产品的温度，穿透性强，特别适用于不耐热药物的灭菌。γ 射线适用于较厚样品，而 β 射线适用于较薄和密度低的物质灭菌。可用于固体、液体药物的灭菌，对已包装的产品也可以灭菌，因而大大减少了污染的机会。γ 射线通常由放射性同位素如 ^{60}Co 产生，β 射线由电子加速器产生。辐射灭菌法已成功地应用于某些物质如维生素类、抗生素类、激素类以及医疗器械的灭菌。辐射灭菌设备费用高，某些药品经辐射灭菌后，有可能效力降低，产生毒性物质或发热性物质。

⑥微波灭菌、高速热风灭菌法　微波是指频率大于 300MHz 或波长短于 lm 的高频交流电。微波灭菌的原理是物质在外加电场作用下，产生分子极化现象，随着电压按高频率交替变换方向，电场方向亦交替改变，极化分子随之不停地转动，结果有一部分能量转化为热运动的能量，分子运动加剧，分子相互摩擦生热，使物质温度升高，由于热是在被加热物质的内部产生的，因此，加热均匀，升温迅速。由于水可强烈地吸收微波，且微波穿透物质较深，所以可以用作水性注射液的灭菌。

将含菌量高达 350 万个大肠杆菌的生理盐水混悬液，密封在 $1 \sim 2ml$ 的安瓿中，经 $3 \sim 5kW$ 功率，2450MHz 微波作用 15 秒以上，安瓿温度接近 110℃ 左右，可将细菌全部杀灭，金黄色葡萄球菌与此结果近似。实验证明，经过微波灭菌后的复方氨基林林、维生素 B_1、维生素 C、速尿、庆大霉素、卡那霉素注射液，除维生素 C 的溶液色泽有部分变黄外，其他五种色泽、pH 和主要成分含量都无明显变化。目前国内已有微波灭菌器定型产品。

河尻晴三等 1975 年提出高速热风灭菌法，应用风速为 $30 \sim 80m/s$、风温最高为 190℃，2ml 安瓿注射液用此法灭菌，3 分钟内温度即可升高到 140℃。对于耐热性高的嗜热脂肪芽胞杆菌，当温度达到 130℃ 以上，就呈现显著灭菌效果。与热压灭菌法比较不仅达到同等以上灭菌效果，而且注射液变质较少。高速热风灭菌法适用于小容量安瓿注射液的灭菌。

（3）化学灭菌法

①气体灭菌法　此法是指用化学药品的气体或蒸汽对需要灭菌的药品或材料进行灭菌。

制药工业上多用环氧乙烷气体灭菌，沸点是 10.9℃，室温下为气体，每毫升水中可溶解 195ml（20℃，101.3kPa），扩散和穿透力强，易穿透塑料、纸板及固体粉末，作用快，为广谱杀菌剂。其杀菌作用是由于环氧乙烷为烷化剂，可使菌体蛋白的—COOH，—NH$_2$，—SH，—OH 基中的氢被—CH$_2$—CH$_2$—OH 所置换。

环氧乙烷适用于对热敏感的固体药物、塑料容器、纸、橡胶、注射器、衣服、敷料、皮革制品等。环氧乙烷具可燃性，当与空气混合，空气含量达 3.0%（V/V）时即可爆炸，故应用时需用惰性气体 CO$_2$ 或氟利昂稀释。环氧乙烷吸入毒性与氨相似，可损害皮肤及眼黏膜，产生水泡或结膜炎等，使用时应注意。

灭菌程序：将灭菌物品置灭菌器内，减压排除空气，在减压状态下输入环氧乙烷混合气体（环氧乙烷 12% 和氟利昂 88% 或环氧乙烷 10% 和二氧化碳 90%），保持一定浓度、温度和湿度。经过一定时间后，抽真空排除环氧乙烷，然后送入无菌空气完全排除环氧乙烷气体。环氧乙烷浓度为 850～900mg/L，45℃3 小时或 450mg/L，45℃5 小时，相对湿度以 40%～60% 为宜，温度为 22～25℃。

甲醛溶液加热熏蒸也是常用灭菌法，每立方米空间用 40% 甲醛溶液 30ml 可使空间达到灭菌效果。室内相对湿度宜高，以增进甲醛气体灭菌效果。甲醛对黏膜有强烈刺激，灭菌后可通入灭菌空气排除剩余甲醛气体，或通入氨气予以吸收。

臭氧是一种广谱杀菌剂，可杀灭细菌繁殖体与芽胞、病毒、真菌等。臭氧主要依靠其强大的氧化作用而杀菌。它能氧化分解细菌的葡萄糖氧化酶、脱氢氧化酶，导致细菌的死亡。臭氧在水中杀菌速度较氯快 600～3000 倍。例如，对大肠杆菌，用 0.1mg/L 活性氯，需作用 4 小时，而同样剂量臭氧只需 5 秒钟。用臭氧进行空间空气消毒，相对湿度高，则效果好，否则效果差。臭氧也可以用于原水的消毒。

此外亦可将丙二醇（1ml/m^3）、乳酸（2ml/m^3）置蒸发器中加热产生的蒸汽，用于室内空气灭菌。

②化学杀菌剂　在制药工业上应用化学杀菌剂，其目的在于减少微生物的数目，以控制无菌状态至一定水平。化学杀菌剂并不能杀死芽胞，仅对繁殖体有效。化学杀菌剂的效果，取决于微生物的种类及数目、物体表面光滑与否，以及化学杀菌剂的性质。常用的有 0.1%～0.2% 苯扎溴铵溶液，2% 左右的酚或煤酚皂溶液，75% 酒精等。由于化学杀菌剂常施于物体表面，故也要注意其浓度不要过高，以防其化学腐蚀作用。

（4）无菌操作法　无菌操作法在技术上并非灭菌操作，因其与灭菌操作有密切联系，故在此讨论。

无菌操作法，是整个过程控制在无菌条件下进行的一种操作方法。某些药品加热灭菌后，发生变质或降低含量者，可采用无菌操作法制备。此种无菌操作，不仅用于注射剂，而且对其他如滴眼剂、海绵剂等用于黏膜和创伤的制剂也均适用。无菌操作所用的一切用具、材料以及环境，均须应用前述灭菌法灭菌，操作须在无菌操作室或无菌操作柜内进行。

①无菌操作室的灭菌　无菌操作室的空间灭菌，可以用臭氧，也可用紫外线照射或用甲醛、丙二醇、乳酸等蒸汽熏蒸。室内墙壁、地面、用具等可用3%酚溶液、2%甲酚皂溶液、2%苯扎溴铵或75%酒精喷洒或擦拭。其他用具尽可能用湿热或干热灭菌处理。

②无菌操作　进入无菌室工作，要洗澡并更换已灭菌的工作服和清洁的鞋帽，不使头发、内衣等露出来，以免造成污染的机会。安瓿要经150～180℃，2～3小时干热灭菌。橡皮塞要经121℃，1小时热压灭菌。有关器具、设备都要经过灭菌。小量无菌制剂的制备，已普遍采用层流洁净工作台进行无菌操作，方法简便而可靠，也可在无菌操作柜中进行，操作时可完全与外界隔绝，柜内装有紫外灯，可进行空气灭菌，亦可用药液喷雾灭菌，然后经消毒过的双手可在柜内操作。

③无菌检查法　注射剂或其他无菌制剂经灭菌或无菌操作处理后，尚需经无菌检查验证已无微生物存在，方能使用。无菌检查的全过程应严格遵守无菌操作，以防污染。《中国药典》规定的无菌检查法有试管法和薄膜过滤法。其具体操作方法、结果判断均应按中国药典规定进行。

7. 造成中药注射剂灭菌不完全的因素

灭菌是保证中药注射剂用药安全的重要措施。造成中药注射剂灭菌不完全的因素很多，首先是灭菌方法的选择，若方法选择不当，则不能保证杀灭所有的细菌及芽胞。中药注射剂的灭菌一般选用湿热灭菌法，而影响湿热灭菌的因素如下。

（1）细菌的种类与数量：不同细菌，同一细菌的不同发育阶段对热的抵抗力有所不同，繁殖期对热的抵抗力比衰老期小得多，细菌芽胞的耐热性更强。细菌数越少，灭菌时间越短。因此，整个生产过程尽可能缩短。注射剂在配制灌封后，应当日灭菌。

（2）药物的性质与灭菌时间：一般来说，灭菌温度越高，灭菌时间越短。但是，温度越高，药物分解速度加快，灭菌时间越长，药物分解越多。因此，考虑到药物的稳定性，在杀灭细菌同时还要保证药物的有效性，应在有效灭菌的前提下可适当降低灭菌温度或缩短灭菌时间。

（3）蒸汽的性质：蒸汽有饱和蒸汽、过热蒸汽和湿饱和蒸汽之分。饱和蒸汽热含量高，热的穿透力大，因此灭菌的效力高；湿饱和蒸汽带有水分，热含量较低，穿透力差，灭菌效力较低。过热蒸汽温度高于饱和蒸汽，但穿透力差，灭菌效率低。因此，湿热灭菌时应使用饱和蒸汽。

（4）介质的性质：中药注射剂中常含有一些营养物质，如糖类、蛋白质等，能增强细菌的抗热性。细菌的生活能力也受介质pH值的影响。一般中性环境耐热性较强，碱性次之，酸性不利于细菌的发育。灭菌时应考虑到介质对细菌耐热性的影响。

因此，为避免灭菌不完全，应正确选择灭菌方法、确定灭菌条件，控制湿热灭菌的不利影响因素。通常，在GMP条件下生产的注射剂，1～5ml的安瓿可用流通蒸汽灭菌（100℃）30分钟，10～20ml的安瓿灭菌时间可延长至45分钟。凡对热稳定的产品，应采用热压灭菌。有的中药注射剂不易灭菌，必要时可采用几种方法联合使用，这样可防止灭菌不完全的问题。

近年来对灭菌过程和无菌检查中存在的问题已引起人们的关注。在检品中存在微量的微生物时，往往难以用现行无菌检验法检出。因此，有必要对灭菌方法的可靠性进行验证。

【课堂讨论】

1. 中药注射剂有几种配液方法，本次实践用的是哪一种配液方法？

2. 造成中药注射剂灭菌不完全的因素有哪些？

3. 中药注射剂配制应注意哪些问题？

4. 解决中药注射剂含量低的方法有哪些？

1. 饱和蒸汽　2. 水提醇沉　3. 水处理　4. 活性炭处理

![今日思考]

当你在深水里时，闭上你的嘴是个好主意。

第六节　灯检、印字及包装

主题　丹参注射液的灯检、印字、包装如何进行？

【所需设施与器材】

①伞棚式澄明度检查装置；②印字包装机。

【步骤】

1. 人员按 GMP 一更净化程序进入灯检岗。

2. 生产前的准备工作。

3. 物料的验收同前。

4. 灯检

（1）灯检：灭菌检漏后的安瓿由灭菌室转入灯检室的待检室。

①准备

a. 检查上批清场情况，将《清场合格证》附入批生产记录。

b. 灯检室按《一般生产区清洁规程》进行清洁，QA 人员检查合格后，签发《生产许可证》。

c. 准备不合格品分类盘，废品存放盘。

d. 到待检室核对"已灭菌"药品的品名、规格、批号、盘数，并全部转至灯检室指定位置。

e. 挂上有品名、规格、批号、生产日期等的"正在生产"标示牌。

②操作

a. 将盘子端上灯检台，剔除泡头、焦头、勾头等，放入不合格分类盘内。

b. 将待检品平铺于特制的白色斜板上，用衬有海绵的木夹夹起，于灯检箱边缘处，使灯光照亮全部药液，在与待检品同一水平线的位置，并相距约 20～25cm 处，按直立、倒立，用眼检视。

c. 将药液中带有玻屑、纤维、点块、装量不符合标准的不合格品挑出来，放入不合格品分类盘中。

d. 将烂口、颜色超标，药液浑浊的废品剔除，放入废品存放盘。

e. 将检查合格的半成品整齐排放于铝盘内，排满一盘后，放入注明产品名称、规格、批号、生产日期、灯检者代号等的流动卡。

f. 将使用后的不锈钢盘及时送回理瓶工序，盘清洗岗位清洁烘干。

g. 每批灯检结束，班组兼职 QA 人员抽查操作人员的已灯检半成品是否符合标准（灯检视差率≤3%），不合格的作返工处理。

h. 将抽查合格的半成品按灯检工号全部装到车上，转至烫瓶区，挂贴"已灯检"标示，并填写灯检—印包交接单。

i. 生产结束后，及时填写生产原始记录。

j. 工作完毕，应关闭灯检箱。

k. 灯检箱日光灯的性能变坏，可能影响正常的灯检操作或灯检质量时，应填写《异常情况处理报告》，通知 QA 人员，请维修人员及时修理。

③清场

a. 将可利用的不合格品收集于专用容器内，清点数目，及时存放于不合格间，挂上红色不合格品牌，填写不合格品存放状态单及不合格品存放记录。

b. 将烂口、颜色超标、药液浑浊等废品收集专用容器内，清点数目后集中销毁。

c. 灯检室按《一般生产区清洁规程》进行清洁。

d. 灯检设施按《灯检设施清洁规程》进行清洁。

e. 填写清场记录，并由 QA 人员检查合格后，签发《清场合格证》，将《清场合格证》附于灯检室门上。

f. 生产结束后，关闭水、电、门。

（2）质量控制标准及注意事项

①复核检查所领取的药品名称、规格、数量是否正确。

②复核清点合格品、不合格品及废品数目。

③QA 人员抽检操作人员的灯检合格品质量是否符合标准（灯检视差率≤3%）。

④进行灯检时，必须注意力集中。在操作 2 小时后，休息 20 分钟，以保护、恢复视力。

⑤操作人员的视线应与待检品处于同一水平线上，并距待检品 20~25cm。

⑥每周检查灯检箱照度应在 1000~1500Lux 之间。

附：灯检设施清洁规程

（1）清洁条件及频次：每班一次。

（2）清洁地点：就地清洁。

（3）清洁用具：抹布、塑料扫帚、水桶。

（4）清洗剂：市售洗涤剂。

（5）清洁方法：①每班生产结束后应及时用塑料扫帚除去灯检台、灯检棚等上的碎瓶及垃圾。②用洁净抹布蘸取海利尔清洗剂擦拭灯检台、灯检棚上面的油迹、污迹。③用洁净抹布蘸取饮用水擦拭灯检台、灯检棚上面的清洗剂。④再用洁净干抹布擦拭灯检台、灯检棚上面的水分。

（6）清洁效果评价：灯检设施的表面应无油迹、污迹。

（7）注意事项：①清洗前应先切断电源。②不得用水冲刷。

5. 印字包装（印字包装间属一般生产区）

人员经"一更"后进入印字包装间；物料灯检后的安瓿由灯检室转入印包间的烫瓶区。

（1）准备

①检查上批清场情况，将《清场合格证》附入批生产记录。

②检查设备是否具有"完好"标示及"已清洁"标示。

③包装室按《一般生产区清洁规程》进行清洁。QA 人员检查合格后，签发《生产许可证》。

④在醒目位置挂上写有本批产品名称、批号、批量、规格、生产日期等的"正在生产"标示牌。

⑤根据公司下达的《批包装指令》填写领料单，领取所需包装材料及标签、说明书。

⑥核对标签上的品名、规格并打印该批产品的生产日期、产品批号、有效期。

⑦对安瓿印字机、包装机的各润滑点加润滑油进行润滑。

（2）操作

①按《批包装指令》领取待包装半成品，逐盘放入盛有 70~80℃饮用水的水池中加热 2~3 分钟，取出，放入甩干机中甩干，放在运装车上并移交印字人员，摆放至印包机旁。

②将印字板校对无误后，安装于滚筒的垫板上，不得偏斜，并锁紧固定螺钉。

③将排印好的铅字批号校对无误后，安装于铅字座内，活字应高度一致，不得歪斜，拧紧固定螺钉，将铅字座安装于滚筒的凹槽内，不得偏斜，拧紧固定螺钉。

④调好印字油墨，将合格干燥的待包装半成品放入印字机料斗，用手转动手轮试印，观察印字是否清晰，位置是否正确，落瓶是否整齐，并调整至正常后可开始印字（调整过程中，工具要使用适当，严禁用过大的工具或用力过猛，以免损坏零件）。

⑤启动印字机电机，注意运转是否正常，如有故障立即停车排除故障。

⑥在生产中要密切注意印字清晰度，不符合要求的要及时擦掉重印。

⑦摆放说明书。

⑧剔除印字不合格品，并补加到规定数量，将安瓶平整摆放在小盒内，扣盖。

⑨在盒盖上均匀适量的涂刷浆糊，贴标签。

⑩捆扎，根据不同规格确定每捆盒数。

⑪打印外包装箱的生产日期、产品批号、有效期，贴上箱签。填写合格证，合格证上填写装箱人及检验人员工号。

⑫将捆扎后的药品按灯检工号整齐码放于箱中，数量符合规定。然后放入合格证进行封箱。

⑬整批产品包装结束后，将零盒产品计数记录，放入暂存间，与下批相同品种、相同规格的产品拼箱。拼箱按《拼箱管理规程》进行。更换品种时零头随成品入库。

附：拼箱管理规程

（1）本规程所述的各类产品在包装后的余数，是指中包装和大包装的余数。

（2）小包装工序的余数，不得入拼箱，小包装的余数进行回收。按"生产过程中可利用物料的管理"的规定处理。

（3）每批产品的包装余数应由包装岗位班长负责记数并入柜贮存，每批需要拼箱的产品应及时拼入下一个批号。

（4）拼箱时应在批包装记录上写明本批接受上一个批号的拼箱产品数和本批拼入下一个批号的拼箱数。计算物料平衡时应扣除上批拼入的和加上拼入下批的。

（5）药品零头包装只限两个批号为一个拼箱，拼箱外应标明全部名称、批号、数量、拼箱日期并建立拼箱记录。拼箱应将原有批号和本批号分别打印在包装材料上，如一个中盒内有拼箱的小包装，则在中盒上打印二个批号；如大包装中有拼箱的中包装，则在大包装外打印上二个批号。

（6）如果相邻的两个批号不在同一个月，入拼箱时则必须在包箱上面标明两个跨月生产的批号，有效期以最早的生产日期为准，拆箱时失效的按《不可利用物料的标准管理规程》执行，有效的按《可利用物料的标准管理规程》执行。

（7）入库单上应注明拼箱情况，便于仓库发货时注意先进先出。

（8）工艺员及班长在包装工作开始前，应首先指令操作人将上批包装余数拼箱，然后正常包装操作。

（9）更换品种或规格时，最后一批产品的零头随产品一起入库。

①填写请验单，通知QC人员取样，按成品寄库规定，办理寄库手续。待收到检验合格报告单后，重新办理入库手续。

②生产结束后，及时填写生产原始记录。

③所有影响正常生产及产品质量的情况，应填写《异常情况处理报告》交车间主任处理，并通知QA人员。

（3）清场

①将剩余包装材料，清点数量交物料管理员，退回仓库。

②将有缺陷及已打印生产日期、产品批号、有效期的包装材料、标签清点数量，记录并集中销毁。

③将残损废药清点支数，记录并销毁。

④印包室按《一般生产区清洁规程》做清洁工作。

⑤印包机、甩干机按规程进行清洁，经 QA 人员检查合格后，放置"已清洁"标示。

⑥机修工在生产结束后对设备进行保养，经 QA 人员检查合格后放置"完好"标示。

⑦清场完毕，填写清场记录。经 QA 人员检查合格后，签发《清场合格证》，将《清场合格证》挂贴于印包室门上。

⑧生产结束后，关闭水、电、门。

（4）质量控制标准及注意事项

①不合格外包装、纸盒不许使用。

②标签及外包装箱上打印的生产日期、产品批号、有效期要正确、字迹清晰，应由专人独立复核。

③印字字迹清晰、端正，油墨均匀。每盒内盛装的安瓿、说明书的数量准确，应由专人独立复核。

④装箱数量准确，应由专人独立复核，封箱牢固、四角正直、箱签工整。

⑤包装材料的领用量、使用量、破损量、销毁数量、退库量正确，应由专人独立复核。

⑥合箱须标示有两批产品的批号，并作好合箱记录。

【结果】

1. 经过灯检、印字包装制得 2ml/支丹参注射液。

2. 填写生产原始记录。

3. 本批产品生产完毕，按 SOP 清场，质检人员作清场检查，发清场合格证。待后续不同规格或不同产品的生产。

【相关知识和补充资料】

1. 印字包装

（1）操作要点　印字可用手工或印字机。手工印字可用刻好字的蜡纸反放在涂有玻璃油墨的橡胶板或其他适宜材料上，将安瓿在蜡纸上轻轻滚过即可。机械印字速度快，质量好。目前已有印字、装盒、贴标签及包扎等联成一体的印包联动机。

（2）注意事项　注射剂经质量检查项目检查合格后，方可进行印字与包装。每支注射剂上应标明品名、规格及批号等。包装对保证注射剂在贮存期的质量，具有重要的作用。既要避光又要防止破损。一般用纸盒，内衬瓦楞纸，分隔成行盛装，并应放有割颈用的小砂石及说明书。盒面印有标签，标明品名、规格、生产批号、生产厂名，及药品生产批准文号等。

2. 丹参注射液处方和制法

［处方］　　丹参 1500g　注射用水 1000ml

［制法］　　取丹参 1500g，加水煎煮 3 次，第一次 2 小时，第二、三次各 1.5 小时，合并煎液，滤过，滤液减压浓缩至 750ml。加乙醇沉淀二次，第一次使含醇量为 75%，第二次使含醇量为 85%，每次均冷藏，放置后滤过，滤液回收乙醇，并浓缩至约 250ml，加注射用水至 400ml，混匀，冷藏，放置，滤过，用 10% 氢氧化钠溶液调节 pH 值至 6.8，煮沸 30 分钟，滤过，加注射用水至 1000ml，灌封，灭菌，即得。

3. 小容量注射剂工艺流程

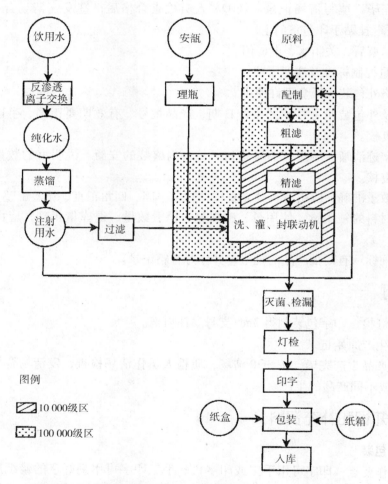

图 6-14　最终灭菌小容量注射剂洗、灌、封联动工艺流程及
环境区域划分示意图

4. 中药注射剂对生产环境和人员的要求

注射剂是直接注入体内的，对其质量要求必须严格。为了能保证产品质量合格，应注意生产环境与条件必须达到 GMP 要求。环境及条件控制的标准，随着所属工艺性

质（洗涤、配制、灌封、灭菌、包装）和所制产品类型的不同而不同。

药品生产洁净室（区）空气洁净度分为四个等级，无菌药品生产所需的洁净区可分为以下 4 个级别。

A 级：高风险操作区，如灌装区、放置胶塞桶与无菌制剂直接接触的敞口包装容器的区域、及无菌装配或连接操作的区域，应当用单向流操作台（罩）维持该区的环境状态。单向流系统在其工作区域必须均匀送风，风速为 0.36～0.54m/s（指导值）。应当有数据证明单向流的状态并经过验证。在密闭的隔离操作器或手套箱内，可使用较低的风速。

B 级：指无菌配制和灌装等高风险操作 A 级洁净区所处的背景区域。

C 级和 D 级：指无菌药品生产过程中重要程度较低操作步骤的洁净区。

中药注射剂的生产车间按生产工艺及产品质量要求划分为一般生产区、洁净区，而且要求洁净区相对集中。一般生产区是指无空气洁净度要求的生产或辅助房间，主要用于中药材的前处理、去离子水的制备、理瓶、灭菌检漏、灯检、印字、包装及粉针剂的轧盖等工序。洁净区是指对室内空气洁净度或菌落数有一定要求的生产或辅助房间，洁净度分为 A、B 级或 C、D 级，与一般生产区的连接要有缓冲室（区），进入洁净区的人员要更衣后经缓冲室（区）才能进入生产工序，主要用于灌封、瓶冷却、贮藏及粉针剂原料过筛、混合、分装加塞。

洁净室（区）内人员数量应严格控制，其工作人员（包括维修、辅助人员）应定期进行卫生和微生物学基础知识、洁净作业等方面的培训以及考核。工作人员进入灌封车间必须穿戴相应洁净区的工作服，并按我国现行的《药品生产质量管理规范》中不同生产区人员的净化程序进行净化后，经缓冲室（区）才能进入洁净（室）区。

5. 中药注射剂定义

注射剂系指饮片经提取、纯化后制成的供注入人体内的溶液、乳浊液及供临用前配制成的溶液的粉末或浓溶液的无菌制剂。注射剂可分为注射液、注射用无菌粉末或浓溶液的无菌制剂。

注射液 包括溶液型或乳浊液型注射液。可用于肌内注射、静脉注射或静脉滴注等。其中，供静脉滴注用的大体积（除另有规定外，一般不小于 100ml）注射液也称静脉输液。

注射用无菌粉末 系指供临用前用适宜的无菌溶液配制成溶液的无菌粉末或无菌块状物。可用适宜的注射用溶剂配制后注射，也可用静脉输液配制后静脉滴注。无菌粉末用冷冻干燥法或喷雾干燥法制得；无菌块状物用冷冻干燥法制得。

注射用浓溶液：系指临用前稀释供静脉滴注用的无菌浓溶液。

6. 注射剂质量检查

（1）澄明度检查 又称异物检查，是注射剂生产中的重要工序。通过对注射剂澄明度的检查，不但可确保用药安全，而且可以根据检查中发现异物的形状、种类和性质，找出生产中出问题环节，及时改进，以保证注射剂的质量。

近年来，对注射剂中微粒的污染，特别是对大输液中所含微粒异物对人造成危害的等问题已引起了普遍的注意。注射剂中的细微颗粒已经鉴别出来的有橡皮屑、纤维素、纸屑、黏土粒、玻璃屑、细菌、真菌、芽孢、结晶体等异物。这些异物可来源于溶液、原辅料、管道、容器或滤材、滤器及生产环境的空气中，如将这些异物注入体内，较大微粒可以阻塞毛细血管形成血栓。当这些微粒侵入肺、脑、肾等重要器官组织后，可引起这些组织的栓塞和巨噬细胞的包围及增殖，造成肉芽肿。因此，一些国家的药典已对注射液，特别是大输液规定了微粒杂质的限度。

除特殊规定外，注射剂必须完全澄明，不得有任何肉眼能见的不溶性微粒异物。

（2）装量检查　注射液的标示装量为 2ml 或 2ml 以下者取供试品 5 支，2ml 以上至 10ml 者取供试品 3 支，10ml 以上者取供试品 2 支。开启时应注意避免损失。将内容物分别用干燥的注射器（预经标化）抽尽，在室温下检视，测定油溶液或混悬液的装量时，应先加温摇匀，再用干燥注射器抽尽后，放冷至室温检视，每支注射液装量均不得少于其标示量。

（3）无菌检查　任何注射液在灭菌后都应抽取一定量样品进行无菌检查，以确保注射液的灭菌质量。通过无菌操作制备的成品更应注意无菌检查。一般检查的微生物包括需氧细菌、厌氧细菌及霉菌等三种。具体检查法应按《中国药典》附录"无菌检查法"项下的规定进行。

（4）热原检查。

（5）有效成分含量检查。

（6）安全性试验　包括急性毒性试验、慢性毒性试验、溶血试验、局部刺激性试验及过敏性试验。

（7）杂质检查　包括鞣质、蛋白质、草酸、钾离子、重金属离子及炽灼残渣。

（8）鉴别。

（9）pH 值一般应在 4.0～9.0 之间。

7. 中药注射剂鞣质不合格的解决办法

鞣质是一类复杂的多元酚类化合物，其水溶液在放置后会发生氧化、聚合等反应而生成沉淀；并且能与组织蛋白结合形成硬结，导致注射部位疼痛、坏死。同时，鞣质又是一些中药（如五倍子）的活性成分。但是，对于大多数中药注射剂而言，鞣质的存在会影响注射液的质量，注射时也可能使局部产生硬块和肿痛。因此，中药注射剂应检查鞣质并设法除去。

鞣质的检查方法为：取注射液 1ml，加含 1% 蛋清的生理盐水（须新鲜配制）5ml，放置 10 分钟，不得出现浑浊或沉淀。或取注射液 1ml，加稀醋酸 1 滴，再加明胶氯化钠试液（含明胶 1%，氯化钠 10% 的水溶液，须新鲜配制）4～5 滴，不得出现浑浊或沉淀。含有吐温、聚乙二醇或聚氧乙烯基物质的注射液虽有鞣质也不产生沉淀，不能用此法检查鞣质，可在未加吐温前对中间体进行检查或改用其他方法进行成品检查。有的中药注射剂，如丹参注射剂用常规方法不准确，可以用葡萄糖凝胶分离后再用常规方法检查。

常用的除去鞣质的方法如下。

（1）明胶沉淀法：利用蛋白质与鞣质在水溶液中形成不溶性鞣酸蛋白而沉淀，然后将其除去。可向中药材水浸浓缩液中，加入 2%～5% 明胶溶液至不产生沉淀为止。

静置后滤过除去鞣酸蛋白沉淀，溶液浓缩，再加乙醇使含醇量达 75% 以上，除去过量明胶。蛋白质与鞣质反应通常在 pH 4~5 最灵敏。

（2）醇溶液调 pH 法：向中药材浸出液中加入约 4 倍量的乙醇（使含醇量在 80% 以上），放置，滤出沉淀，再用 40% 氢氧化钠溶液调节 pH 值 8.0，则鞣质成盐不溶于醇中而析出，滤过。此法可除去大部分鞣质。一般醇浓度和 pH 值越高鞣质除去越完全。

（3）聚酰胺除鞣质法：聚酰胺又称锦纶、卡普伦、尼龙 -6，分子中有多个酰胺键，可与酚类、酸类、醌类、硝基化合物等形成氢键。鞣质是多元酚类化合物，能被聚酰胺吸附，此法可除去中药注射剂中的鞣质。聚酰胺可用醋酸法和氢氧化钠法精制回收。

此外，尚有铅盐沉淀法、石灰沉淀法等。

8. 中药注射剂蛋白质检查不合格的解决办法

中药注射液中如植物蛋白未除尽，由于机体组织对蛋白质等杂质吸收困难，注射后对肌体有刺激性，可引起疼痛。

蛋白质的检查方法为：取注射液 1ml，加新鲜配制的 30% 磺基水杨酸试液 1ml 混合，不得出现浑浊，注射液中如含有遇酸能产生沉淀的成分如黄芩素、蒽醌类等，则上法不适用，可改加鞣酸试液 1~3 滴。

常用的除去蛋白质的方法有如下几种。

（1）水提醇沉法：将中药材用水煮提，中药材中的有效成分如生物碱、苷类、有机酸盐、氨基酸等可以提取出来，同时也提取出了许多杂质如淀粉、多糖类、蛋白质、鞣质、黏液质等。树脂类在热水中也有部分溶解。加入乙醇可将部分或大部分淀粉、多糖、无机盐等杂质除去，随乙醇浓度的增加，杂质沉淀更完全。蛋白质在 60% 以上的乙醇中即能沉淀。鞣质可溶于水和乙醇，但不溶于无水乙醇中。处理方法是向煎煮液中加 3 倍量乙醇可将淀粉、多糖、蛋白质除去，但对鞣质、水溶性色素、树脂等不易除去。

（2）蒸馏法：某些中药材中含有效成分为挥发油或其他挥发性成分时，可用蒸馏法提取、纯化，以避免蛋白质类成分带入。

（3）透析法和反渗透法：透析法是利用溶液中的小分子物质能通过半透膜，而大分子物质则不能通过而将物质分开的方法。中药材提取液中的杂质如多糖、蛋白质、鞣质、树脂等均为大分子物质，不能通过半透膜，若有效成分为小分子物质，可采用透析法将有效成分分离，再制备注射液。透析法不能除去色素和钙、钾、钠等无机离子，所以制得的中药注射液颜色较深，杂质含量相对较多。反渗透法可用于中药材水提液的浓缩，可避免药物受热变质，有利于提高注射液的质量。

（4）超滤法：是利用各种异性结构的高分子膜为滤过介质，在常温和加压条件下，将溶液中不同分子量的物质分离的一种方法。此法用于中药注射液的杂质分离，能有效地提高注射液的质量。有以下特点：以水为溶剂提取，用超滤法纯化，有利于保持中药原方的有效性；制备过程中不需反复加热，也不用有机溶剂，有利于保持原有药材的生物活性和有效成分的稳定性；超滤法制备的中药注射液的质量优于其他方法制备的产品。中药材的有效成分分子量常在 1000 以下，而蛋白质等大分子量杂质，可被 10000~30000 截留值的膜孔所截留，故可用此范围的醋酸纤维素膜将药液中有效成分与大分子杂质分离。药液的预处理，一般可用 3500~4000r/min 以上的高速离心机处理，使药液澄清。

9. 检查与防止中药注射剂色差的方法

中药注射剂由于大多数是以植物药材为原料制备提取物后再配制成注射液，颜色一般较深。《中药注射剂研究的技术要求》的质量标准内容中，也对色泽的检查有具体要求。造成中药注射剂色差不合格的原因很多，也较复杂。有的是因为所含有效成分的含量发生变化造成色差，有的是因为所含成分被氧化或与金属离子络合产生色差，也有可能因药材中的色素等杂质除去不完全产生色差。总之，色差不合格，预示着制剂的质量不合格或不稳定。因此，对于溶液型的中药注射剂，应建立其色泽检查项目，以防止中药注射剂产生色差。

《中国药典》规定了溶液颜色的检查法，有三种方法：第一法属于目测比色法；第二法属于分光光度法；第三法为色差计法。

中药注射剂色泽检查一般采用第一法，按照《中国药典》方法配制比色对照液比较，色号应不超过规定色号的 ±1 个色号。但由于有的中药注射剂成分很复杂，颜色较深，采用第一法难以判断色泽的变化，可以通过实验研究，制定出可行的检查方法（包括第二法或第三法）及标准。

防止中药注射剂色差，首先要认真分析产生色差的原因，然后才能采取相应的措施。一般可通过下列环节防止中药注射剂产生色差。

（1）选用符合注射剂质量要求的原料、辅料，防止因杂质存在制备时产生有色物质。

（2）如果因金属离子引起的色差，可以添加金属络合剂除去金属离子。

（3）以药材为原料的中药注射剂，应采用切实可行的纯化方法，尽量减少色素、鞣质、蛋白质、金属离子等杂质的含量，严格控制中间体的质量。

（4）尽量减少生产过程中与不锈钢管道、容器等的接触时间。

（5）热压灭菌后迅速冷却，成品应避光保存。

10. 中药注射剂出现溶血、过敏、刺激性等安全问题的解决方法

中药注射剂由于所含成分较复杂，未知成分较多，临床使用有时会产生溶血、过敏、刺激性等安全性问题。出现这些问题时，首先分析其原因，然后才能有针对性地解决问题。

溶血现象是中药注射剂可能出现的安全性问题之一，引起溶血的原因较复杂，主要有两方面：含皂苷类成分浓度过高和药液的渗透压过低造成。大量的皂苷类成分进入血液内，改变了细胞膜的通透性，降低了膜表面张力，改变细胞膜的结构状态，使细胞膜大量破裂，产生溶血现象。因此，中药注射剂，尤其是供静脉注射用的中药注射液，必须作溶血实验。

处理因皂苷类成分引起的中药注射剂溶血时，首先应清楚皂苷在其中是有效成分还是杂质。如果是杂质则可以根据皂苷的理化性质，在制备过程中采取措施除去皂苷。如果是有效成分，则应通过实验找出引起溶血的皂苷"临界浓度"，配液时浓度要低于"临界浓度"，临床上使用这类中药注射剂应慎重，并应在使用说明书中特别注明。若是由于渗透压过低引起的溶血问题，可以通过调节药液的渗透压解决。也有些注射液含少量鞣质等杂质、或因酸碱性、附加剂等产生溶血现象，可以通过试验找出引起溶血的原因后解决。

刺激性包括局部刺激性、血管刺激性，是中药注射剂常见的问题，临床表现为局部疼痛、红肿、硬结等。其产生的原因，除了因用药方法引起的机械刺激外，主要有下列几个方面：①杂质包括鞣质、蛋白质、树胶、叶绿素、淀粉等的存在，其中，鞣质是中药注射剂引起疼痛的主要因素；②中药有效成分产生的化学刺激性。中药注射剂中含有皂苷、蒽醌、酚类、有机酸等成分时，对机体组织有一定的刺激性；③注射剂药液是高渗溶液；④注射剂药液 pH 值不适宜。针对这些原因，可以采用不同的方法解决。因杂质存在引起的刺激性，分析杂质的来源，然后采取相应的方法除去杂质。中药注射剂杂质除去的同时常可引起有效成分损失。因此，选择适宜的指标，进行科学的工艺研究，在注意安全性的同时保证药物的有效性，确定合理的中药前处理工艺，是解决此类问题的关键。主药本身有刺激性，则可在确保疗效的前提下，尽量避免投入引起疼痛的原料或减少其投料量，否则，可加入适量的符合注射要求的止痛剂，如苯甲醇、三氯叔丁醇等。由于 pH 值和渗透压不当而引起的刺激性，则可以通过调节注射剂的 pH 值和渗透压，使其在人体耐受的范围内。

中药注射剂过敏现象轻者可出现药物疹、皮肤瘙痒、血管神经性水肿、红斑、皮疹，重者则可引起胸闷气急、血压下降，甚至过敏性休克或死亡。其产生过敏反应主要是因为有些中药含有抗原或半抗原物质，如天花粉注射液中的天花粉蛋白、银杏注射剂中的银杏酚酸。还有一些含有动物药材原料的中药注射剂中，含有蛋白质、生物大分子物质等也可能引起过敏反应。解决中药注射剂过敏反应的问题，也要根据具体原因有针对性地加以解决。首先要找到致敏成分，致敏成分为非有效成分者，可通过各种纯化方法在保证有效成分不受损失的情况下去除；致敏成分是有效成分的，则应考虑其他的给药剂型。有些中药注射剂致敏成分难以确认，或者可能与药材产地、采收季节、加工制备等有关，过敏成分的控制较困难，可考虑在原料、中间体、成品的质量标准中增加过敏试验项目，以保证其用药的安全性。

【课堂讨论】

1. 注射剂质量检查有哪些？
2. 目前澄明度检查方法有哪两种？
3. 热原的基本性质有哪些？
4. 注射剂中及有关溶剂、器具除去热原的方法主要有哪些？

1. 热原　2. 灯检　3. 无菌检查　4. 澄明度检查

有时你终其一生去寻找的东西，可能就在你身边。

参考文献

[1] 药典委员会. 中华人民共和国药典（2010 年版）［M］. 北京：化学工业出版社，2005.

[2] 张绪乔主编. 药物制剂设备与车间工艺设计. 北京：中国医药科技出版社，2003.

[3] 郑品清主编. 中药制剂学［M］. 北京：中国医药科技出版社，2006.

[4] 曹春林主编. 中药药剂学［M］. 上海：上海科学技术出版社，1986.

[5] 唐得时主编. 中药化学［M］. 北京：人民卫生出版社，1988.

[6] 陆蕴如主编. 中药化学［M］. 北京：学苑出版社，1998.

[7] 范碧亭主编. 中药药剂学［M］. 上海：上海科学技术出版社，2002.

[8] 国家药品监督管理局. 药品生产质量管理规范［M］. 2010.

[9] 国家中医药管理局. 中成药生产管理规范暨中成药生产管理规范实施细则［M］. 1990.

[10] 侯世祥. 徐英莲主编. 中药制药技术解析［M］. 北京：人民卫生出版社，2003.